U0372876

科学元典丛书

The Series of the Great Classics in Science

主　　编　任定成
执行主编　周雁翎

策　　划　周雁翎
丛书主持　陈　静

科学元典是科学史和人类文明史上划时代的丰碑，是人类文化的优秀遗产，是历经时间考验的不朽之作。它们不仅是伟大的科学创造的结晶，而且是科学精神、科学思想和科学方法的载体，具有永恒的意义和价值。

狭义与广义相对论浅说

Relativity, the Special and the General Theory

(A Popular Exposition)

[美] 爱因斯坦◎著
杨润殷◎译
胡刚复◎校

北京大学出版社
PEKING UNIVERSITY PRESS

图书在版编目(CIP)数据

狭义与广义相对论浅说：彩图珍藏版/（美）爱因斯坦著；杨润殷译. —北京：北京大学出版社，2018.8
（科学元典丛书）
ISBN 978-7-301-29322-5

Ⅰ.①狭… Ⅱ.①爱…②杨… Ⅲ.①狭义相对论②广义相对论 Ⅳ.0412.1

中国版本图书馆CIP数据核字(2018)第036912号

RELATIVITY：THE SPECIAL AND THE GENERAL THEORY
（A popular exposition），15th ed.
By Albert Einstein
Translated by Robert W. Lawson
London：Methuen，1957

书　　名	狭义与广义相对论浅说（彩图珍藏版） XIAYI YU GUANGYI XIANGDUILUN QIANSHUO
著作责任者	（美）爱因斯坦　著　杨润殷　译　胡刚复　校
丛书策划	周雁翎
丛书主持	陈　静
责任编辑	陈　静
标准书号	ISBN 978-7-301-29322-5
出版发行	北京大学出版社
地　　址	北京市海淀区成府路205号　100871
网　　址	http://www.pup.cn　　新浪微博：@北京大学出版社
微信公众号	通识书苑（微信号：sartspku）　科学元典（微信号：kexueyuandian）
电子邮箱	编辑部 jyzx@pup.cn　　总编室 zpup@pup.cn
电　　话	邮购部010-62752015　发行部010-62750672　编辑部010-62707542
印 刷 者	天津裕同印刷有限公司
经 销 者	新华书店
	787毫米×1092毫米　16开本　20.25印张　300千字
	2018年8月第1版　2024年5月第4次印刷
定　　价	138.00元

未经许可，不得以任何方式复制或抄袭本书之部分或全部内容。

版权所有，侵权必究

举报电话：010-62752024　电子邮箱：fd@pup.cn

图书如有印装质量问题，请与出版部联系，电话：010-62756370

弁　　言

·Preface to the Series of the Great Classics in Science·

任定成

这套丛书中收入的著作，是自古希腊以来，主要是自文艺复兴时期现代科学诞生以来，经过足够长的历史检验的科学经典。为了区别于时下被广泛使用的“经典”一词，我们称之为“科学元典”。

我们这里所说的“经典”，不同于歌迷们所说的“经典”，也不同于表演艺术家们朗诵的“科学经典名篇”。受歌迷欢迎的流行歌曲属于“当代经典”，实际上是时尚的东西，其含义与我们所说的代表传统的经典恰恰相反。表演艺术家们朗诵的“科学经典名篇”多是表现科学家们的情感和生活态度的散文，甚至反映科学家生活的话剧台词，它们可能脍炙人口，是否属于人文领域里的经典姑且不论，但基本上没有科学内容。并非著名科学大师的一切言论或者是广为流传的作品都是科学经典。

这里所谓的科学元典，是指科学经典中最基本、最重要的著作，是在人类智识史和人类文明史上划时代的丰碑，是理性精神的载体，具有永恒的价值。

一

科学元典或者是一场深刻的科学革命的丰

碑，或者是一个严密的科学体系的构架，或者是一个生机勃勃的科学领域的基石，或者是一座传播科学文明的灯塔。它们既是昔日科学成就的创造性总结，又是未来科学探索的理性依托。

哥白尼的《天体运行论》是人类历史上最具革命性的震撼心灵的著作，它向统治西方思想千余年的地心说发出了挑战，动摇了“正统宗教”学说的天文学基础。伽利略《关于托勒密和哥白尼两大世界体系的对话》以确凿的证据进一步论证了哥白尼学说，更直接地动摇了教会所庇护的托勒密学说。哈维的《心血运动论》以对人类躯体和心灵的双重关怀，满怀真挚的宗教情感，阐述了血液循环理论，推翻了同样统治西方思想千余年、被“正统宗教”所庇护的盖伦学说。笛卡儿的《几何》不仅创立了为后来诞生的微积分提供了工具的解析几何，而且折射出影响万世的思想方法论。牛顿的《自然哲学之数学原理》标志着17世纪科学革命的顶点，为后来的工业革命奠定了科学基础。分别以惠更斯的《光论》与牛顿的《光学》为代表的波动说与微粒说之间展开了长达200余年的论战。拉瓦锡在《化学基础论》中详尽论述了氧化理论，推翻了统治化学百余年之久的燃素理论，这一智识壮举被公认为历史上最自觉的科学革命。道尔顿的《化学哲学新体系》奠定了物质结构理论的基础，开创了科学中的新时代，使19世纪的化学家们有计划地向未知领域前进。傅立叶的《热的解析理论》以其对热传导问题的精湛处理，突破了牛顿的《自然哲学之数学原理》所规定的理论力学范围，开创了数学物理学的崭新领域。达尔文《物种起源》中的进化论思想不仅在生物学发展到分子水平的今天仍然是科学家们阐释的对象，而且100多年来几乎在科学、社会和人文的所有领域都在施展它有形和无形的影响。《基因论》揭示了孟德尔式遗传性状传递机理的物质基础，把生命科学推进到基因水平。爱因斯坦的《狭义与广义相对论浅说》和薛定谔的《关于波动力学的四次演讲》分别阐述了物质世界在高速和微观领域的运动规律，完全改变了自牛顿以来的世界观。魏格纳的《海陆的起源》提出了大陆漂移的猜想，为当代地球科学提供了新的发展基点。维纳的《控制论》揭示了控制系统的反馈过程，普里戈金的《从存在到演化》发现了系统可能从原来无序向新的有序态转化的机制，二者的思想在今天的影响已经远远超越了自然科学领域，影响到经济学、社会学、政治学等领域。

科学元典的永恒魅力令后人特别是后来的思想家为之倾倒。欧几里得的《几何原本》以手抄本形式流传了1800余年，又以印刷本用各种文字出了1000版以上。阿基米德写了大量的科学著作，达·芬奇把他当作偶像崇拜，热切搜求他的手稿。伽利略以他的继承人自居。莱布尼兹则说，了解他的人对后代杰出人物的成就就不会那么赞赏了。为捍卫《天体运行论》中的学说，布鲁诺被教会处以火刑。伽利略因为其《关于托勒密和哥白尼两大世界体系的对话》一书，遭教会的终身监禁，备受折磨。伽利略说吉尔伯特的《论磁》一书伟大得令人嫉妒。拉普拉斯说，牛顿的《自然哲学之数学原理》揭示了宇宙的最伟大定律，它将永远成为深邃智慧的纪念碑。拉瓦锡在他的《化学基础论》出版后5年被法国革命法庭处死，传说拉格朗日悲愤地说，砍掉这颗头颅只要一瞬间，再长出这样的头颅一百年也不够。《化学哲学新体系》的作者道尔顿应邀访法，当他走进法国科学院会议厅时，院长和全体院士起立致敬，得到拿破仑未曾享有的殊荣。傅立叶在《热的解析理论》中阐述的强有力的数学工具深深影响了整个现代物理学，推动数学分析的发展达一个多世纪，麦克斯韦称赞该书是“一首美妙的诗”。当人们咒骂《物种起源》是“魔鬼的经典”“禽兽的哲学”的时候，赫胥黎甘做“达尔文的斗犬”，挺身捍卫进化论，撰写了《进化论与伦理学》和《人类在自然界的位置》，阐发达尔文的学说。经过严复的译述，赫胥黎的著作成为维新领袖、辛亥精英、五四斗士改造中国的思想武器。爱因斯坦说法拉第在《电学实验研究》中论证的磁场和电场的思想是自牛顿以来物理学基础所经历的最深刻变化。

在科学元典里，有讲述不完的传奇故事，有颠覆思想的心智波涛，有激动人心的理性思考，有万世不竭的精神甘泉。

二

按照科学计量学先驱普赖斯等人的研究，现代科学文献在多数时间里呈指数增长趋势。现代科学界，相当多的科学文献发表之后，并没有任何人引用。就是一时被引用过的科学文献，很多没过多久就被新的文献所淹没了。科学注重的是创造出新的实在知识。从这个意义上说，科学是向前看的。但是，我们也可以看到，这么多文献被淹没，也表明划时代的科学文献数量是很少的。大多数科学元典不被现代科学文献所引用，那是因为其中的知识早已成为科学中无须证明的常识了。即使这样，科学经典也会因为其中思想的恒久意义，而像人文领域里的经典一样，具有永恒的阅读价值。于是，科学经典就被一编再编、一印再印。

早期诺贝尔奖得主奥斯特瓦尔德编的物理学和化学经典丛书《精密自然科学经典》从1889年开始出版，后来以《奥斯特瓦尔德经典著作》为名一直在编辑出版，有资料说目前已经出版了250余卷。祖德霍夫编辑的《医学经典》丛书从1910年就开始陆续出版了。也是这一年，蒸馏器俱乐部编辑出版了20卷《蒸馏器俱乐部再版本》丛书，丛书中全是化学经典，这个版本甚至被化学家在20世纪的科学刊物上发表的论文所引用。一般把1789年拉瓦锡的化学革命当作现代化学诞生的标志，把1914年爆发的第一次世界大战称为化学家之战。奈特把反映这个时期化学的重大进展的文章编成一卷，把这个时期的其他9部总结性化学著作各编为一卷，辑为10卷《1789—1914年的化学发展》丛书，于1998年出版。像这样的某一科学领域的经典丛书还有很多很多。

科学领域里的经典，与人文领域里的经典一样，是经得起反复咀嚼的。两个领域里的经典一起，就可以勾勒出人类智识的发展轨迹。正因为如此，在发达国家出版的很多经典丛书中，就包含了这两个领域的重要著作。1924年起，沃尔科特开始主编一套包括人文与科学两个领域的原始文献丛书。这个计划先后得到了美国哲学协会、美国科学促进会、美国科学史学会、美国人类学协会、美国数学协会、美国数学学会以及美国天文学学会的支持。1925年，这套丛书中的《天文学原始文献》和《数学原始文献》出版，这两本书出版后的25年内市场情况一直很好。1950年，沃尔科特把这套丛书中的科学经典部分发展成为“科学史原始文献丛书”出版。其中有《希腊科学原始文献》《中世纪科学原始文献》和《20世纪（1900—1950年）科学原始文献》，文艺复兴至19世纪则按科学学科（天文学、数学、物理学、地质学、动物生物学以及化学诸卷）编辑出版。约翰逊、米利肯和威瑟斯庞三人主编的“大师杰作丛书”中，包括了小尼德勒编的3卷《科学大师杰作》，后者于1947年初版，后来多次重印。

在综合性的经典丛书中，影响最为广泛的当推哈钦斯和艾德勒1943年开始主持编译的“西方世界伟大著作丛书”。这套书耗资200万美元，于1952年完成。丛书根据独创性、文献价值、历史地位和现存意义等标准，选择出74位西方历史文化巨人的443部作品，加上丛书导言和综合索引，辑为54卷，篇幅2500万单词，共32 000页。丛书中收入不少科学著作。购买丛书的不仅有“大款”和学者，而且还有屠夫、面包师和烛台匠。迄1965年，丛书已重印30次左右，此后还多次重印，任何国家稍微像样的大学图书馆都将其列入必藏图书之列。这套丛书是20世纪上半叶在美国大学兴起而后扩展到全社会的经典著作研读运动的产物。这个时期，美国一些大学的寓所、校园和酒吧里都能听到学生讨论古典佳作的声音。有的大学要求学生必须深研100多部名著，甚至在教学中不得使用最新的实验设备而是借助历史上的科学大师所使用的方法和仪器复制品去再现划时代的著名实验。至20世纪40年代末，美国举办古典名著学习班的城市达300个，学员50 000余众。

相比之下，国人眼中的经典，往往多指人文而少有科学。一部公元前300年左右古希腊人写就的《几何原本》，从1592年到1605年的13年间先后3次汉译而未果，经17世纪初和19世纪50年代的两次努力才分别译刊出全书来。近几百年来移译的西学典籍中，成系统者甚多，但皆系人文领域。汉译科学著作，多为应景之需，所见典籍寥若晨星。借20世纪70年代末举国欢庆“科学春天”到来之良机，有好尚者发出组译出版“自然科学世界名著丛书”的呼声，但最终结果却是好尚者抱憾而终。20世纪70年代初出版的“科学名著文库”，虽使科学元典的汉译初见系统，但以10卷之小的容量投放于偌大的中国读书界，与具有悠久文化传统的泱泱大国实不相称。

我们不得不问：一个民族只重视人文经典而忽视科学经典，何以自立于当代世界民族之林呢?

三

科学元典是科学进一步发展的灯塔和坐标。它们标识的重大突破，往往导致的是常规科学的快速发展。在常规科学时期，人们发现的多数现象和提出的多数理论，都要用科学元典中的思想来解释。而在常规科学中发现的旧范型中看似不能得到解释的现象，其重要性往往也要通过与科学元典中的思想的比较显示出来。

在常规科学时期，不仅有专注于狭窄领域常规研究的科学家，也有一些从事着常规研究但又关注着科学基础、科学思想以及科学划时代变化的科学家。随着科学发展中发现的新现象，这些科学家的头脑里自然而然地就会浮现历史上相应的划时代成就。他们会对科学元典中的相应思想，重新加以诠释，以期从中得出对新现象的说明，并有可能产生新的理念。百余年来，达尔文在《物种起源》中提出的思想，被不同的人解读出不同的信息。古脊椎动物学、古人类学、进化生物学、遗传学、动物行为学、社会生物学等领域的几乎所有重大发现，都要拿出来与《物种起源》中的思想进行比较和说明。玻尔在揭示氢光谱的结构时，提出的原子结构就类似于哥白尼等人的太阳系模型。现代量子力学揭示的微观物质的波粒二象性，就是对光的波粒二象性的拓展，而爱因斯坦揭示的光的波粒二象性就是在光的波动说和微粒说的基础上，针对光电效应，提出的全新理论。而正是与光的波动说和粒子说二者的困难的比较，我们才可以看出光的波粒二象性学说的意义。可以说，科学元典是时读时新的。

除了具体的科学思想之外，科学元典还以其方法学上的创造性而彪炳史册。这些方法学思想，永远值得后人学习和研究。当代诸多研究人的创造性的前沿领域，如认知心理学、科学哲学、人工智能、认知科学等，都涉及对科学大师的研究方法的研究。一些科学史学家以科学元典为基点，把触角延伸到科学家的信件、实验室记录、所属机构的档案等原始材料中去，揭示出许多新的历史现象。近二十多年兴起的机器发现，首先就是对科学史学家提供的材料编制程序，在机器中重新做出历史上的伟大发现。借助于人工智能手段，人们已经在机器上重新发现了波义耳定律、开普勒行星运动第三定律，提出了燃素理论。萨伽德甚至用机器研究科学理论的竞争与接受，系统研究了拉瓦锡氧化理论、达尔文进化学说、魏格纳大陆漂移说、哥白尼日心说、牛顿力学、爱因斯坦相对论、量子论以及心理学中的行为主义和认知主义形成的革命过程和接受过程。

除了这些对于科学元典标识的重大科学成

就中的创造力的研究之外，人们还曾经大规模地把这些成就的创造过程运用于基础教育之中。美国几十年前兴起的发现法教学，就是在这方面的尝试。近二十多年来，全球兴起了基础教育改革的浪潮，其目标就是提高学生的科学素养，改变片面灌输科学知识的状况。其中的一项重要举措，就是在教学中加强科学探究过程的理解和训练。因为，单就科学本身而言，它不仅外化为工艺、流程、技术及其产物等器物形态，直接表现为概念、定律和理论等知识形态，更深蕴于其特有的思想、观念和方法等精神形态之中。没有人怀疑，我们通过阅读今天的教科书就可以方便地学到科学元典著作中的科学知识，而且由于科学的进步，我们从现代教科书上所学的知识甚至比经典著作中的更完善。但是，教科书所提供的只是结晶状态的凝固知识，而科学本是历史的、创造的、流动的，在这历史、创造和流动过程之中，一些东西蒸发了，另一些东西积淀了，只有科学思想、科学观念和科学方法保持着永恒的活力。

然而，遗憾的是，我们的基础教育课本和科普读物中讲的许多科学史故事不少都存在误讹相传的东西。比如，把血液循环的发现归于哈维，指责道尔顿提出二元化合物的元素原子数最简比是当时的错误，讲伽利略在比萨斜塔上做过落体实验，宣称牛顿提出了牛顿定律的诸数学表达式，等等。好像科学史就像网络上传播的八卦那样简单和耸人听闻。为避免这样的误讹，我们不妨读一读科学元典，看看历史上的伟人当时到底是如何思考的。

现在，我们的大学正处于席卷全球的通识教育浪潮之中。就我的理解，通识教育固然要对理工农医专业的学生开设一些人文社会科学的导论性课程，要对人文社会科学专业的学生开设一些理工农医的导论性课程，但是，我们也可以考虑适当跳出专与博、文与理的关系的思考路数，对所有专业的学生开设一些真正通而识之的综合性课程，或者倡导这样的阅读活动、讨论活动、交流活动甚至跨学科的研究活动，发掘文化遗产、分享古典智慧、继承高雅传统，把经典与前沿、传统与现代、创造与继承、现实与永恒等事关全民素质、民族命运和世界使命的问题联合起来进行思索。

我们面对不朽的理性群碑，也就是面对永恒的科学灵魂。在这些灵魂面前，我们不是要顶礼膜拜，而是要认真研习解读，读出历史的价值，读出时代的精神，把握科学的灵魂。我们要不断吸取深蕴其中的科学精神、科学思想和科学方法，并使之成为推动我们前进的伟大精神力量。

任定成
2005年8月6日
北京大学承泽园迪吉所

目　录 | Contents

第一部分　狭义相对论

第二部分　广义相对论

第三部分　关于整个宇宙的一些考虑

附录 I

附录 II

附录 III

附录 IV

导　读

·Introduction to Chinese Version·

李醒民

（中国科学院大学　教授）

2005 年是爱因斯坦创立狭义相对论 100 周年和逝世 50 周年。联合国大会把 2005 年定为“国际物理年”，德国、瑞士等国家也把 2005 年定为“爱因斯坦年”，以表达对爱因斯坦的纪念。

要对20世纪的重大历史事件和人物做出恰当而中肯的评价，仍需假以漫长的时日。然而，我们现在完全可以自信地断定：爱因斯坦是20世纪最伟大的科学家、思想家和人——一个真正的人，他的深邃思想和高洁人格在21世纪依然熠熠生辉。

阿尔伯特·爱因斯坦（Albert Einstein，1879—1955）是20世纪最伟大的科学家、思想家和人。作为科学家，他是19和20世纪之交物理学革命的发动者和主将，是现代科学的奠基者和缔造者。他的诸多科学贡献都是开创性的和划时代的。按照现今的诺贝尔科学奖评选标准，他至少应该荣获五六次物理学奖（狭义相对论、布朗运动理论、光量子理论、质能关系式、广义相对论，以及固体比热的量子理论、受激辐射理论、玻色-爱因斯坦统计、宇宙学等）。爱因斯坦在物理学家心目中的威望和位置遥遥领先。据说，1999年12月，《物理学世界》（*Physics World*）杂志在世界第一流物理学家中间做了一次民意测验，询问在物理学中做出最重要贡献的五位物理学家的名字。在收到的表格上，共有61位物理学家被提及。爱因斯坦以119票高居榜首，牛顿紧随其后得96票。麦克斯韦（67）、玻尔（47）、海森伯（30）、伽利略（27）、费因曼（23）、狄拉克（22）和薛定谔（22）出现在前10名中。130位调查对象只有一人提名斯蒂芬·霍金——要知道，他可是当今全球知名度最高的科学家啊。

作为思想家，爱因斯坦的以开放的世界主义、战斗的和平主义、自由的民主主义、人道的社会主义为标志的社会政治哲学，以及远见卓识的科学观、别具只眼的教育观、独树一帜的宗教观，无一不是人类宝贵的思想遗产，它们将会成为21世纪"和平与发展"主旋律中的美妙音符，永远充当社会进步和文明昌盛的助

这幅画是根据爱因斯坦4岁时的照片绘制的。和牛顿一样，爱因斯坦的童年并没有表现得比其他孩子更为聪明。爱因斯坦甚至直到快3岁时才学会说话。

1884年，爱因斯坦的父亲创办了一家制造厂，图为该制造厂的标记。小时候的爱因斯坦就表现出了对制造的极大兴趣，常常用玩具模型搭建构造复杂的建筑。

Der Erziehungsrat
des
Kantons Aargau
urkundet hiemit:

Herr Albert Einstein von Ulm,
geboren den 14. März 1879,
besuchte die aargauische Kantonsschule & zwar die III. & IV. Klasse
der Gewerbeschule.

Nach abgelegter schriftl. & mündl. Maturitätsprüfung am 18., 19. & 21. September, sowie am 30. September 1896, erhielt derselbe folgende Noten:

1. Deutsche Sprache und Litteratur	5
2. Französische " " "	3
3. Englische " " "	—
4. Italienische " " "	5
5. Geschichte	6
6. Geographie	4
7. Algebra	6
8. Geometrie (Planimetrie, Trigonometrie, Stereometrie & analytische Geometrie)	6
9. Darstellende Geometrie	6
10. Physik	6
11. Chemie	5
12. Naturgeschichte	5
*13. Im Kunstzeichnen	4
*14. Im technischen Zeichnen	4

*Hier gelten die Jahresleistungen

Gestützt hierauf wird demselben das Zeugnis der Reife erteilt.

Aarau den 3ten Oktober 1896.

Im Namen des Erziehungsrates.
Der Präsident:

Der Sekretär:

1896 年 10 月 3 日，阿尔高州州立学校颁发给爱因斯坦的毕业证书，从中可见爱因斯坦的最高分为 6 分。

Albert Einstein

Mes projets d'avenir.

Un homme heureux est trop content de la présence pour penser beaucoup à l'avenir. Mais de l'autre côté ce sont surtout les jeunes gens qui aiment s'occuper de hardis projets. Du reste c'est aussi une chose naturelle pour un jeune homme sérieux, qu'il se fasse une idée aussi précise que possible du but de ses désirs.

Si j'avais le bonheur de passer heureusement mes examens, j'irai à l'école polytechnique de Zurich. J'y resterais quattre ans pour étudier les mathématiques et la physique. Je m'imagine (de) devenir professeur dans ces branches de la science de la nature en choisissant la partie théorétique de ces sciences.

1896 年 9 月，爱因斯坦在他毕业考试的法语作文中精确地描述了对未来的计划。

推器。他的科学哲学是由五种要素——温和经验论、基础约定论、意义整体论、科学理性论、纲领实在论——构成的独特而绝妙的多元张力哲学。在这个兼容并蓄、和谐共存的哲学统一体中，这些不同的乃至异质的要素相互限定、珠联璧合，彼此砥砺、相得益彰，保持着恰如其分的“必要的张力”，从而显得磊落轶荡、气象万千。他的探索性的演绎法、逻辑简单性原则、准美学方法、形象思维等科学方法论别出机杼，所向披靡。他关于科学的客观性、可知性、统一性、和谐性、因果性、简单性、不变性等的科学思想含义深邃，意蕴隽永。它们是19和20世纪之交科学哲学和科学方法论的巅峰——以马赫、彭加勒、迪昂、奥斯特瓦尔德、皮尔逊为代表的批判学派——之集大成和发扬光大，是现代哲学的思想奇葩和智慧结晶，从而在哲学史和思想史上浓墨重彩地大书一笔，成为世人取之不尽、用之不竭的精神宝藏。

爱因斯坦作为一个“大写的人”，他对生命的价值和人生意义的理解，他对真善美的不懈追求，他的独立的人格、仁爱的人性和高洁的人品，这一切形成了他的丰盈的人生哲学和道

1903年，爱因斯坦夫妇在伯尔尼小商场街49号二楼租了一个房间。现在这个房间是爱因斯坦纪念馆。照片中左起第一个门面就是49号楼。

德实践，成为人类高山景行的楷模和人的自我完善的强大的精神力量。在某种意义上，作为人的爱因斯坦比作为科学家和思想家的爱因斯坦还要伟大。当他活着的时候，全世界善良的人似乎都能听到他的心脏在跳动；当他去世时，人们不仅感到这是世界的巨大损失，而且也是个人的不可弥补的损失。这样的感觉和情愫是罕有的，一个自然科学家的生与死能在世人中间引起这样的感觉，也许在历史上还是头一次。

说到此处，我蓦然想起宋人钱惟演的《对竹思鹤》。钱诗云："瘦玉萧萧伊水头，风宜清夜露宜秋。更教仙骥旁边立，尽是人间第一流。"以此诗之意象隐喻爱因斯坦，岂不是神来之笔，惟妙惟肖！

2005年是爱因斯坦创立狭义相对论（写于1905年6月，发表于同年9月）100周年和逝世（1955年4月18日）50周年，联合国不失时机地把2005年定为"国际物理年"，德国、瑞士等国家也把2005年定为"爱因斯坦年"，以表达对爱因斯坦的纪念。为纪念这位百年或千年难得一遇的世界伟人，北京大学出版社适逢其会地出版爱因斯坦的著作《狭义与广义相对论

在苏黎世联邦理工学院上学时期，爱因斯坦偶尔去听音乐会或在Odeon咖啡馆和朋友聊天。图为今日的Odeon咖啡馆。

浅说》等，这既表达了对爱因斯坦的缅怀之心和铭感之情，更表明了继承和发扬他的思想遗产和精神菁华之意。

一、爱因斯坦的“幸运年”

1905年，是爱因斯坦的“幸运年”。是年，晴空响霹雳，平地一声雷——爱因斯坦在德国《物理学杂志》17卷发表了著名的“三合一”论文，当时他还是瑞士伯尔尼专利局的一个默默无闻的小职员。

第一篇论文是《关于光的产生和转化的一个启发性的观点》，即光量子论文，写于1905年3月。爱因斯坦在其中大胆提出光量子假设：从点光源发出来的光束的能量在传播中不是分布在越来越大的空间中，而是由个数有限的、局限在空间各点的能量子所组成；这些能量子能够运动，但不能再分割，只能整个地吸收或产生出来。从这一假设出发，他讨论和阐释了包括光电效应在内的9个具体问题。这篇论文的确是“非常革命的”，它使沉寂了4年之久的普朗克的辐射量子论得以复活，并拓展到光现象的研究之中。它直接导致了1924年德布罗意物质波的概念和1926年薛定谔波动力学的诞生。

第二篇论文是《热的分子运动论所要求的静液体中悬浮粒子的运动》，即布朗运动论文，写于1905年5月。该论文指出古典热力学对于可用显微镜加以区分的空间不再严格有效，并提出测定原子实际大小的新方法。这直接导致

图为今日的苏黎世联邦理工学院。

佩兰 1908 年的实验验证，从而给世纪之交关于原子实在性的旷日持久的论战最终画上句号。

第三篇论文是《论动体的电动力学》，即狭义相对论论文，写于 1905 年 6 月。这篇论文并非起源于迈克尔逊-莫雷实验。它由麦克斯韦电动力学应用到运动物体上要引起似乎不是现象所固有的不对称作为文章的开篇，通过引入狭义相对性原理和光速不变原理两个公理以及同时性的定义，从而推导出长度和时间的相对性及其变换式，一举说明了诸多现象。

紧接着在同年 9 月，爱因斯坦又完成了《物体的惯性同它所含的能量有关吗？》这篇不足 3 页的论文，通过演绎，成功导出了质能关系式 $E = mc^2$，得出“物体的质量是它所含能量的量度”的结论，从而叩开了原子时代的大门。

狭义相对论的提出是物理学中划时代的事件。它使力学和电动力学相互协调，变革了传统的时间和空间概念，揭示了质量和能量的统一，把动量守恒定律和能量守恒定律联结起来。它与 10 年之后创立的广义相对论，在科学史上矗立了一座巍峨而永恒的丰碑，全面打开了物理学革命的新局面。海森伯曾经说过：“在科学

1902—1909 年，爱因斯坦在瑞士伯尔尼专利局工作。照片上是新建的专利局，位于爱因斯坦街 2 号，旧的已经拆去。

史上，以往也许从来没有过一个先驱者像阿尔伯特·爱因斯坦和他的相对论那样，在他在世时为那么多的人所知道，而他一生的工作却只有那么少的人能够懂得。然而，这个名声是完全有理由的。因为有点像艺术领域中的达·芬奇或者贝多芬，爱因斯坦也站在科学的一个转折点上，而他的著作率先表达出了这一变化的开端，因此，看来好像是他本人发动了我们在本世纪①上半期所亲眼目睹的这场革命。"

爱因斯坦的"三合一"论文是在数周之内一气呵成的。当时他只是瑞士伯尔尼专利局一名默默无闻的小职员。奇迹是怎样发生的呢？

"问渠那得清如许？为有源头活水来。"

在叙述爱因斯坦创立狭义相对论之前，我们先回顾一下当时的科学背景以及先驱者们的工作，尤其是洛伦兹和彭加勒的贡献。

① 指 20 世纪。——编辑注

二、19 世纪末的物理学状况

从 19 世纪初光的波动说复活以来，物理学家一直对传光媒质——以太议论不休，其中一个重要问题就是以太和可称量物质（特别是地球）的关系问题。

当时，有两种针锋相对的观点。菲涅耳在 1818 年认为，地球是由极为多孔的物质组成的，以太在其中运动几乎不受什么阻碍。地球表面的空气由于其折射率近于 1，因而不能或者只能极其微弱地以太曳引，可以把地球表面的以太看作是静止的。

斯托克斯认为菲涅耳的理论建立在一切物体对以太都是透明的基础之上，因而是不能容许的。他于 1845 年提出，在地球表面，以太与地球有相同的速度，即地球完全曳引以太。只有在离开地球表面某一高度的地方，才可以认为以太是静止的。由于菲

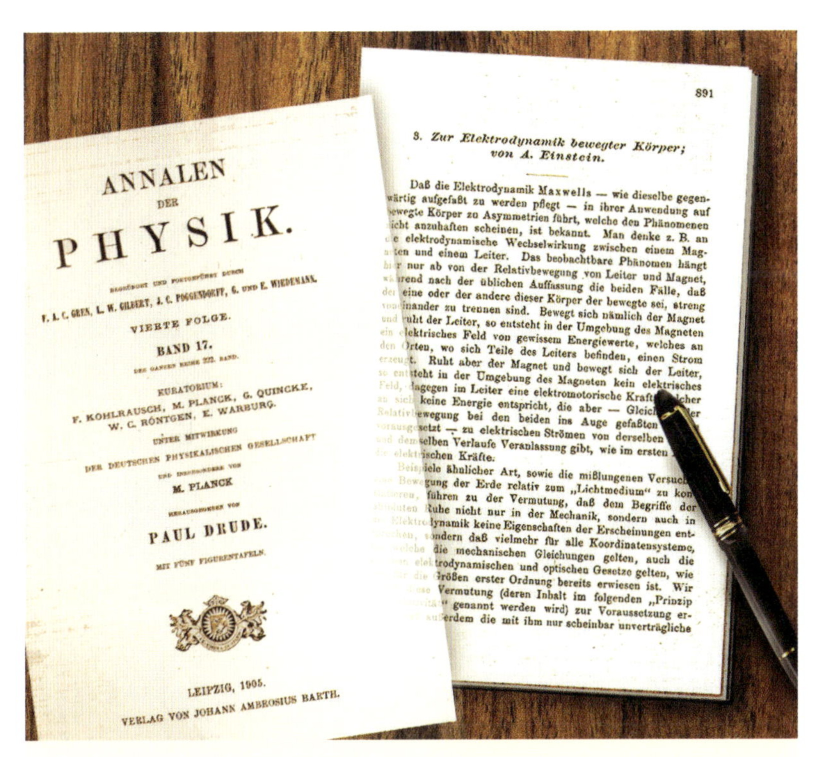

ANNALEN
DER
PHYSIK.

F. A. C. GREN, L. W. GILBERT, J. C. POGGENDORFF, G. UND E. WIEDEMANN.

VIERTE FOLGE.

BAND 17.

KURATORIUM:
F. KOHLRAUSCH, M. PLANCK, G. QUINCKE,
W. C. RÖNTGEN, E. WARBURG.

UNTER MITWIRKUNG
DER DEUTSCHEN PHYSIKALISCHEN GESELLSCHAFT
M. PLANCK

PAUL DRUDE.

MIT FÜNF FIGURENTAFELN.

LEIPZIG, 1905.
VERLAG VON JOHANN AMBROSIUS BARTH.

891

3. *Zur Elektrodynamik bewegter Körper;*
von A. Einstein.

Daß die Elektrodynamik Maxwells — wie dieselbe gegenwärtig aufgefaßt zu werden pflegt — in ihrer Anwendung auf bewegte Körper zu Asymmetrien führt, welche den Phänomenen nicht anzuhaften scheinen, ist bekannt. Man denke z. B. an die elektrodynamische Wechselwirkung zwischen einem Magneten und einem Leiter. Das beobachtbare Phänomen hängt hier nur ab von der Relativbewegung von Leiter und Magnet, während nach der üblichen Auffassung die beiden Fälle, daß der eine oder der andere dieser Körper der bewegte sei, streng voneinander zu trennen sind. Bewegt sich nämlich der Magnet und ruht der Leiter, so entsteht in der Umgebung des Magneten ein elektrisches Feld von gewissem Energiewerte, welches an den Orten, wo sich Teile des Leiters befinden, einen Strom erzeugt. Ruht aber der Magnet und bewegt sich der Leiter, so entsteht in der Umgebung des Magneten kein elektrisches Feld, dagegen im Leiter eine elektromotorische Kraft, welcher an sich keine Energie entspricht, die aber — Gleichheit der Relativbewegung bei den beiden ins Auge gefaßten Fällen vorausgesetzt — zu elektrischen Strömen von derselben Größe und demselben Verlaufe Veranlassung gibt, wie im ersten Falle die elektrischen Kräfte.

Beispiele ähnlicher Art, sowie die mißlungenen Versuche, eine Bewegung der Erde relativ zum „Lichtmedium" zu konstatieren, führen zu der Vermutung, daß dem Begriffe der absoluten Ruhe nicht nur in der Mechanik, sondern auch in der Elektrodynamik keine Eigenschaften der Erscheinungen entsprechen, sondern daß vielmehr für alle Koordinatensysteme, für welche die mechanischen Gleichungen gelten, auch die gleichen elektrodynamischen und optischen Gesetze gelten, wie dies für die Größen erster Ordnung bereits erwiesen ist. Wir wollen diese Vermutung (deren Inhalt im folgenden „Prinzip der Relativität" genannt werden wird) zur Voraussetzung erheben und außerdem die mit ihm nur scheinbar unverträgliche

1905 年第四期德国《物理学年鉴》封面及《论动体的电动力学》首页。这是爱因斯坦发表的第一篇关于狭义相对论的论文。

2005 年（国际物理年）某纪念会会场入口标志。

涅耳的静止以太说能圆满地解释光行差现象（由于地球公转，恒星的表观位置在一年内会发生变化），因而人们普遍赞同它。

假使静止以太说是正确的，那么由于地球公转速度是每秒 30 千米，在地球表面理应存在“以太风”。多年来，人们做了一系列的光学和电学实验（即所谓的“以太漂移”实验），企图度量地球通过以太的相对运动。但是，由于实验精度的限制，只能度量地球公转速度和光速之比的一阶量，这些一阶实验一律给出否定的结果。

随着麦克斯韦电磁理论的发展，人们了解到，与地球公转速度和光速之比的平方有关的效应，应该能在光学和电学实验中检测到。因为麦克斯韦理论隐含着，光、电现象有一个优越的参照系，这就是以太在其中静止的参照系，以太漂移的二阶效应理应存在。但是这个实验精度要求太高，一时还难以实现。

其实，麦克斯韦早在 1867 年就指出，在地球上做测量光速的实验时，因为光在同一路径往返，地球运动对以太的影响仅仅表现在二阶效应上。1879 年，麦克斯韦在致美国航海历书事务所的信中就提出了度量太阳系相对以太运动速度的计划，当时在事务所工作的迈克尔逊采纳了这一建议。

1881 年，迈克尔逊正在德国柏林亥姆霍兹手下留学。由于在柏林无法完成实验，迈克尔逊把别人为他建造的整个装置运到波茨坦天体物理观测站进行实验。他所期望的位移是干涉条纹的 0.1，但实际测得的位移仅仅是 0.004 ～ 0.005，这只不过相当于实验的误差而已。

显然，否定结果（也称“零结果”）表明，企图检测的以太流是不存在的。迈克尔逊面对事实不得不认为：“静止以太的假设被证明是不正确的，并且可以得到一个必然的结论：该假设是错误的”，“这个结论与迄今被普遍接受的光行差现象的解释直接矛盾”，“它不能不与斯托克斯1846年在《哲学杂志》发表的论文附加摘要相一致”。

不过，这次实验的精度还不够高，数据计算也有错误。1881年冬，巴黎的波蒂埃指出了计算中的错误（估计的效果比实际大了两倍），洛伦兹在1884年也指出了这些问题。因此，无论迈克尔逊还是其他人，都没有把这次实验看作是决定性的。迈克尔逊本人此后也将兴趣转移到了精密测定光速值上，对1881年的实验进行改良的工作就这样搁置下去了。

1884年秋，威廉·汤姆孙访问美国，他在巴尔的摩做了多次讲演。到会听讲的迈克尔逊有机会会见了与汤姆孙一起访美的瑞利勋爵，他们就1881年的实验交换了意见。与此同时，瑞利也转达了洛伦兹的意见。瑞利的劝告给迈克尔逊以极大的勇气，他进一步改进了干涉仪，和著名的化学教授莫雷一起，于1887年7月在克利夫兰重新进行了实验，此时的迈克尔逊已是克利夫兰城凯思应用科学院的教授了。

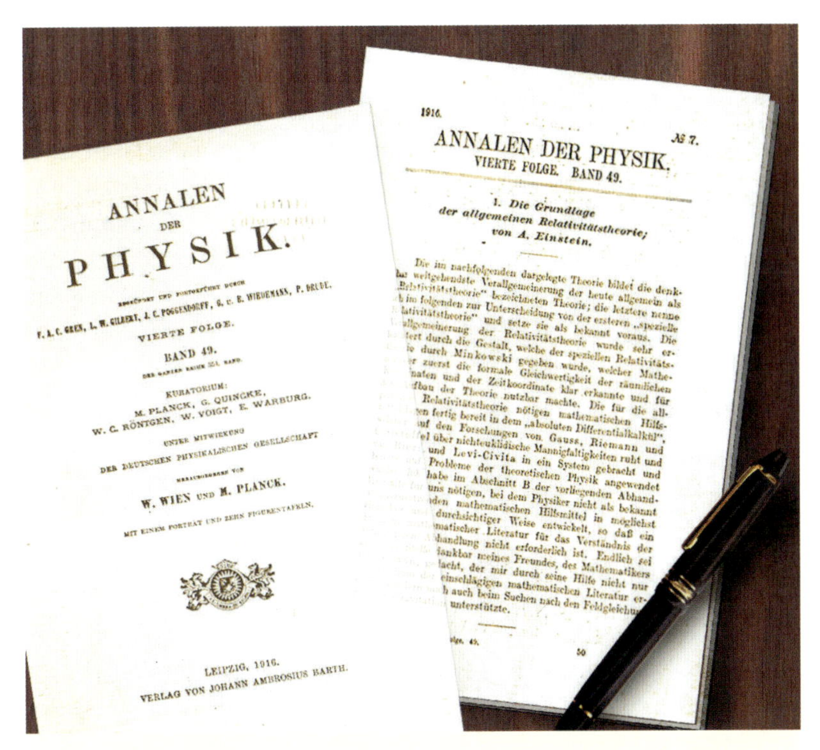
ANNALEN
DER
PHYSIK.
F. A. C. GREN, L. W. GILBERT, J. C. POGGENDORFF, G. u. E. WIEDEMANN, P. DRUDE.
VIERTE FOLGE.
BAND 49.
KURATORIUM:
M. PLANCK, G. QUINCKE,
W. C. RÖNTGEN, W. VOIGT, E. WARBURG.
UNTER MITWIRKUNG
DER DEUTSCHEN PHYSIKALISCHEN GESELLSCHAFT
W. WIEN UND M. PLANCK.
MIT EINEM PORTRÄT UND ZEHN FIGURENTAFELN.
LEIPZIG, 1916.
VERLAG VON JOHANN AMBROSIUS BARTH.

1916. ANNALEN DER PHYSIK. № 7.
VIERTE FOLGE. BAND 49.

1. Die Grundlage
der allgemeinen Relativitätstheorie;
von A. Einstein.

Die im nachfolgenden dargelegte Theorie bildet die denk-
bar weitgehendste Verallgemeinerung der heute allgemein als
„Relativitätstheorie“ bezeichneten Theorie; die letztere nenne
ich im folgenden zur Unterscheidung von der ersteren „spezielle
Relativitätstheorie“ und setze sie als bekannt voraus. Die
Verallgemeinerung der Relativitätstheorie wurde sehr er-
leichtert durch die Gestalt, welche der speziellen Relativitäts-
theorie durch Minkowski gegeben wurde, welcher Mathe-
matiker zuerst die formale Gleichwertigkeit der räumlichen
Koordinaten und der Zeitkoordinate klar erkannte und für
den Aufbau der Theorie nutzbar machte. Die für die all-
gemeine Relativitätstheorie nötigen mathematischen Hilfs-
mittel lagen fertig bereit in dem „absoluten Differentialkalkül“,
welcher auf den Forschungen von Gauss, Riemann und
Christoffel über nichteuklidische Mannigfaltigkeiten ruht und
von Ricci und Levi-Civita in ein System gebracht und
bereits auf Probleme der theoretischen Physik angewendet
wurde. Ich habe im Abschnitt B der vorliegenden Abhand-
lung alle für uns nötigen, bei dem Physiker nicht als bekannt
vorauszusetzenden mathematischen Hilfsmittel in möglichst
einfacher und durchsichtiger Weise entwickelt, so daß ein
Studium mathematischer Literatur für das Verständnis der
vorliegenden Abhandlung nicht erforderlich ist. Endlich sei
an dieser Stelle dankbar meines Freundes, des Mathematikers
Grossmann, gedacht, der mir durch seine Hilfe nicht nur
das Studium der einschlägigen mathematischen Literatur er-
sparte, sondern mich auch beim Suchen nach den Feldgleichungen
der Gravitation unterstützte.

Annalen der Physik. IV. Folge. 49. 50

1916年的德国《物理学杂志》封面及《广义相对论基础》首页。

为了维持稳定，减小振动的影响，迈克尔逊和莫雷把干涉仪安装在很重的石板上，并使石板悬浮在水银液面上，可以平稳地绕中心支轴转动。为了尽可能增大光路，尽管干涉仪的臂长已达11米，他们还是在石板上安装了多个反射镜，使钠光束来回往返8次。根据计算，这时干涉条纹的移动量应为0.37，但实测值还不到0.01。

迈克尔逊和莫雷认为，如果地球和以太之间有相对运动，那么相对速度可能小于地球公转速度的1/60，肯定小于1/40。他们在实验报告中说：“似乎有理由确信，即使在地球和以太之间存在着相对运动，它必定是很小的，小到足以完全驳倒菲涅耳的光行差解释。”

1887年实验的否定结果让当时的每一个人都迷惑不解，而且在很长一段时间内依然如故。人们并没有认为该实验是判决性的，就

1911—1912 年，爱因斯坦在布拉格大学教授理论物理。图为他在布拉格期间的居所。

连迈克尔逊自己也对结果大失所望。他称自己的实验是一次“失败”，以致放弃了在实验报告中许下的诺言（每五天进行六小时测量，连续重复三个月，以便消除所有的不确定性），不愿再进行长期的观察，而把干涉仪用于其他实验去了。

迈克尔逊并不认为自己的实验结果有什么重要意义，他觉得实验之所以有意义，是因为设计了一个灵敏的干涉仪，并以此自我安慰。直到晚年，他还亲自对爱因斯坦说，他自己的实验引起了相对论这样一个“怪物”，他实在是有点懊悔的。

洛伦兹对迈克尔逊实验的结果也感到郁郁不乐，他在 1892 年写给瑞利的信中说：“我现在不知道怎样才能摆脱这个矛盾，不过我仍然相信，如果我们不得不抛弃菲涅耳的理论……我们就根本不会有一个合适的理论了。”洛伦兹对 1887 年的实验结果依然疑虑重重：“在迈克尔逊先生的实验中，迄今还会有一些仍被看漏的地方吗？”

瑞利在 1892 年的一篇论

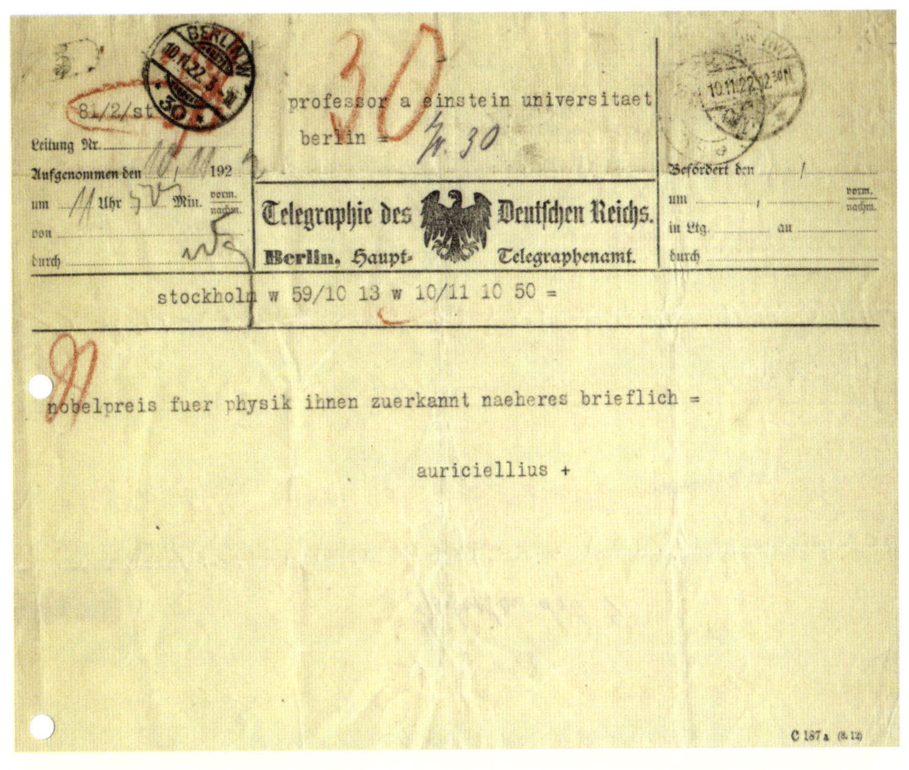

professor a einstein universitaet
berlin =

Leitung Nr.
Aufgenommen den 192
um Uhr Min. vorm. nachm.
von
durch

Telegraphie des Deutschen Reichs.
Berlin, Haupt- Telegraphenamt.

Befördert den
um vorm. nachm.
in Ltg. an
durch

stockholm w 59/10 13 w 10/11 10 50 =

nobelpreis fuer physik ihnen zuerkannt naeheres brieflich =

auriciellius +

1922年11月10日，瑞典皇家科学院秘书代表诺贝尔委员会发送给爱因斯坦的电报：“授予您诺贝尔物理学奖，详见后信。”也许让爱因斯坦感到好笑的是，授奖通知上面特别指出：他在获奖演说时仅限于正式的授奖理由，而不得提到相对论。

文中认为：“地球表面的以太是绝对的静止呢，还是相对的静止呢？”这个问题依然悬而未决。他觉得迈克尔逊得到的否定结果是“一个真正令人扫兴的事情”，并敦促迈克尔逊再做一次实验。威廉·汤姆孙直到20世纪初还不甘心实验的否定结果。

顺便说说，迈克尔逊的实验工作和爱因斯坦的相对论在历史上并无什么直接联系。但是在1900年前后，他的“以太漂移”实验对洛伦兹等人的电子论却产生了毋庸置疑的影响。尽管学术界对该实验的历史作用仍有不同的看法，但迈克尔逊本人晚年仍念念不忘“可爱的以太”。直到1927年，他在自己最后一本书中谈到相对论已被人们承认时，仍然对新理论疑虑重重。

迈克尔逊-莫雷实验似乎排除了菲涅耳的静止以太说，而静止以太说不仅为电磁理论所要求，而且也受到光行差现象和斐索实验的支持。为了摆脱这个恼人的困境，斐兹杰拉德和洛伦兹分别在1889年和1892年各自独立地提出了所谓的“收缩假设”。他们认为，由于干涉仪的管在运动方向上缩短了亿分之一倍的线度，这样便补偿了地球通过静止以太时所引起的干涉

爱因斯坦因光量子理论获得1921年的诺贝尔物理学奖。尽管这项成就的价值无可争议，但是很多人认为爱因斯坦的相对论成果更重要一些。

在爱因斯坦获诺贝尔奖过程的这场较量中，不仅相对论获得了最终的认可，而且理论物理学的重要研究方法也由此获得了重大的胜利。所以爱因斯坦获得诺贝尔物理学奖这件事是一个分水岭，在科学美学历史发展的进程中有着非同一般的意义。

条纹的位移，从而得到了否定的结果。洛伦兹基于电子论进而认为，这种收缩是真实的动力学效应，对于物质来说具有普遍意义。拉摩也十分赞同这一看法，他证明如果物质由电子组成，这种情况便能够发生。

三、狭义相对论的先驱：洛伦兹和彭加勒

洛伦兹是于1892年11月在荷兰阿姆斯特丹科学院提出收缩假说的。他是荷兰物理学家，21岁就获得博士学位，精通法、德、英文。他在解释迈克尔逊实验的否定结果时认为：“初看起来，这个假设似乎不可思议，但我们不能不承认，这绝不是牵强附会的，只要我们假定分子力也像电力和磁力那样通过以太而传递（至于电力和磁力，现在可以明确地做这样的断言），平移很可能影响两个分子或两个原子之间的作用，其方式有点类似于荷电粒子之间的吸引与排斥。既然固体的形状和大小最终取决于分子作用的强度，那么物体大小的变化也就会存在。”

在提出收缩假说后，洛伦兹进一步探讨了以太和地球相对运动对其他电磁现象和光现象的影响问题。1895年，他发表了《运动物体中电磁现象和光现象的理论研究》。在这篇论文中，他不仅进行了个别的讨论，而且证明了普遍保证一阶效应不能显示出来的状态对应定理：“设在静止参照系中存在着以 x，y，z，t 为变数表示的电磁状态，那么在具有同样物理构造并

以 v 运动的参照系中，以相对坐标 x'，y'，z' 和当地时间 t' 为独立变数的同样的函数所表示的电磁状态也必定存在。”现在看来，这个定理在一次近似下表示了洛伦兹协变性。可是，洛伦兹当时并无此意，当地时间只不过是为了数学上的方便而引入的辅助变数而已。

1895 年的理论仅仅是完成了一次近似，用它还不能说明迈克尔逊实验。用收缩假说虽然可使矛盾得以解决，但是该假说和他的理论体系并没有本质的联系。因此，洛伦兹努力提高对应态定理适用范围的阶数，企图使它成为一个严密的定理。彭加勒的中肯批评和后来的两个实验加快了洛伦兹的工作进程。

1900 年，彭加勒在巴黎召开的国际物理学会议上做了题为“实验物理学和数学物理学的关系”的讲演。在这次讲演中，他特别谈到，洛伦兹理论是现存理论中最使人感到满意的理论，但是也有修正的必要。他认为，假使为了解释迈克尔逊实验的否定结果，需要引入新的假说，那么每当出现新的实验事实时，也同样有这种需要。毫无疑问，为每一个新的实验结果创立一种特殊假说，这种做法是不自然的。假使能够利用某些基本假定，并且不用忽略这种数量级或那种数量级的量，来证明许多电磁作用都完全与系统的运动无关，那就更好了。其实，彭加勒在 1899 年的一次讲话中就谈到了这种看法。

彭加勒的批评给洛伦兹指出了努力的方向，但促使他最后下决心改善先前理论的是瑞利、布雷斯以及特劳顿和诺布耳的实验。

按照洛伦兹的收缩假说，假使物体在运动方向上缩短，那么它的密度就会因方向而异，这样一来，透明体理应显示出双折射现象。瑞利在 1902 年做了实验，并未发现预期的现象。布雷斯在 1904 年重复了这个实验，依然得到否定的结果。按照同样的假说，如果使电容器的极板与地球运动方向成一角度，那么当给电容器充电时，应该存在使电容器极板转向地球运动方向的力偶作用。可是在 1903 年，特劳顿和诺布耳把电容器固定在灵敏的扭秤上，这种扭秤的灵敏度足以测出该数量级的力偶矩，然而他们在实验中没有观察到任何效应。

洛伦兹面对事实，抱定彻底解决而不是近似解决所有问题的决心，经过重新努力，终于在 1904 年 5 月完成了题为“速度小于光速系统中的电磁现象”的论文。洛伦兹 1904 年的理论是以麦克斯韦方程和作用在电荷上的力（后来称为洛伦兹力）的表达式为基础的，其中麦克斯韦方程在相对于以太固定的参照系（x，y，z）中是成立的。他的目的是研究以匀速沿 x 轴方向运动的物理系统中所发生的电磁现象，以阐明该现象显示不出任何运动效应。他发现，利用原先的方程和表达式在相对以太运动的参照系中处理问题是极为复杂的。为了避免不必要的麻烦，他作为一种数学技巧引入了新的变数——相对坐标和当地时间。在定义了新的电位移矢量和磁场强度矢量后，他又假定了电荷密度和速度之间的变换式。他把新变数代入原方程之中，得到了带撇变数的新方程，它与原方程具有几乎相同的形式。

就这样，洛伦兹在没有忽略所有各阶项的情况下得到了对应态定理。尽管洛伦兹事先声称，他的这篇论文是以“基本假定”而不是以“特殊假说”为基础的，但为了达到他的既定目标，还是采用了11个特殊假说。洛伦兹从他科学生涯一开始，就着手计划把菲涅耳关于以太和物质相互作用的思想与麦克斯韦电磁场理论以及韦伯、克劳修斯电的原子观点统一起来。1904年的理论就是这一目标的最终实现。尽管洛伦兹企图在经典理论的框架内解决新实验事实和旧理论的矛盾，可是某些结论却超出了这个框架（例如粒子质量随速度而变化，粒子在以太中运动的速度不能大于光速）。

彭加勒极为热情地接受了洛伦兹的理论，他从数学上给洛伦兹理论以更为简洁的形式。他把洛伦兹的坐标与时间变换式命名为洛伦兹变换，并论证当$l=1$时，该变换形成一个群。彭加勒还推广了洛伦兹理论，导出电荷和电流密度的变换关系，他甚至（虽然是隐含着）使用了四维表达式。实际上，伏格特在1887年，拉摩于1900年已分别发现了类似的变换式，只是由于没有认识到它的重要意义，因而并未引起人们的注意。

彭加勒主要是一个数学家，而洛伦兹主要是一个理论物理学家。可是谈到对相对论发展的贡献，情况却恰好相反：洛伦兹提出了许多数学表达式，而彭加勒却提出了普遍原理。

1895年，彭加勒在研究拉摩的电磁理论的论文中首次出现了相对性原理的提法。他说，从各种经验事实得出的结论能够概括为下述断言：“要证明物质的绝对运动，或者更确切地讲，要证明可称量物质相对于以太的运动是不可能的。”

1899年，他在巴黎大学讲演时说：“我认为很可能，光学现象只依赖于物体的相对速度。……在光行差常数中，如果不忽略二阶或三阶量，这也许是正确的，但却不是严格正确的。当实验变得越来越严格，这一原理也将变得越来越精确。”

第二年，在巴黎举行的物理学会议上，他再次重申了同样的观点：“我不相信……除了物体的相对位移之外，更严密的观察将会使其他东西明显起来。”对于所有各阶“都必须找到同一解释……这种解释同样完全适用较高阶的项，这些项的相互对消将是严格的、绝对的”。相对性原理这个术语是彭加勒1904年9月在圣路易斯国际技术和科学会议的讲演中首次使用的。由于这一原理，“物理现象的定律对‘一个固定的观察者’与对于一个相对于他做匀速运动的观察者必定是相同的。这样一来，我们没有，也不可能有任何识别我们是否做这一运动的手段”。

彭加勒在1898年还第一个讨论了假设光速对所有观察者都是常数的必要性。在这一年发表的《时间之测量》一文中，彭加勒指出：光具有不变的速度，特别是光速在所有方向上都相同“是一种公理，没有这一公理，就无法测量光速”。他还指出：“绝对空间是没有的，我们

爱因斯坦在美国普林斯顿的家。

所理解的不过是相对运动而已。”“绝对时间是没有的，所谓两个历时相等，只是一种本身毫无意义的断语。”“不但我们没有两个相等的时间的直觉，并且我们对于两地所发生的两事件的同时性也没有直觉。”在同一篇文章中，彭加勒还讨论了用交换光信号确定两地同时性的问题。在1902年出版的《科学与假设》中，他又一次重申了上述观点。几乎没有什么疑问，到1900年，彭加勒手头已经具备了建造相对论的所有必需的材料。在1904年圣路易斯会议的讲演中，他还惊人地预见了新力学的大致轮廓。

在19世纪末，运动物体电磁现象的研究取得了进展，因电气技术发展而提出的单极电机问题引起了物理学家的兴趣。所谓单极电机，就是使一个圆筒形的磁铁绕轴旋转，把转轴和筒壁用导线联结起来，回路就有电流流过（单极感应）。这时，感应电动势在回路的什么地方产生呢？磁铁旋转时，磁力线随之一起旋转呢，还是停留在一个固定的位置上呢？这个问题在1900年前后成为物理学家的中心议题之一，实际上相当于如何使包括有可动物体系统中的电磁现象理论化的问题，属于动体电动力学的内容。1900年，科恩继续坚持赫兹在1890年《关于动体电动力学的基础方程式》一文中提出的观点（以太并不独立于物体运动，力线并非物质的特殊状态，它只是一种符号，等等），尝试用动体电动力学来处理当时面临的实际问题。

科恩也把世界分为以太和电子，而不论及运动参照系中的现象是如何被看到的；他始终把物体当作宏观的、一成不变的东西来处理，论述物体运动时内部发生的电磁现象。科恩也引入了与洛伦兹相同的当地时间做独立变数，找到了可以变为与静止物体的麦克斯韦宏观方程形式严格相同的方程式，把它作为运动物体的方程式。

用今天的眼光来看，其引人注目之处在于，他能根据近于协变性的想法导出方程式。尽管科恩当时并不清楚它的意义，但他导出的方程式能说明大多数实验事实，因而在那时还是有影响的。

上海浦江饭店的墙上挂着爱因斯坦的照片。爱因斯坦1922年11月13日曾在上海短暂停留，入住上海浦江饭店304房间。

四、爱因斯坦的思想发展

在爱因斯坦于1905年完成狭义相对论论文的前期，正是洛伦兹和科恩这两种理论之花争香斗艳的时候，迈克尔逊-莫雷实验已完成将近20年了。以往许多教科书和文章在介绍相对论的诞生时，都把上述背景看作是爱因斯坦创立相对论的基础和出发点，这是不符合事实的。

爱因斯坦1954年2月9日给达文波特的信中说：“在我本人的思想发展中，迈克尔逊的结果并未引起很大的反响。我甚至记不得，在我写关于这个题目的第一篇论文时（1905年），究竟是否知道它。对此的解释是：根据一般的理由，我坚信绝对运动是不存在的，而我所考虑的问题仅仅是这种情况如何能够同我们的电动力学知识协调起来。因此人们可以理解，为什么在我本人的努力中，迈克尔逊实验没有起什么作用，至少是没有起决定性的作用。”爱因斯坦几次在其他场合述说了同样的观点。

无论就爱因斯坦的思想发展和论文内容来看，还是就他的个人品质和为人来看，他的话都是可信的。至于有人说爱因斯坦的相对论是洛伦兹等人工作的直接继续，这也与事实不符。事实上，爱因斯坦当时只不过是瑞士伯尔尼专利局的一名默默无闻的小职员，他既未处于当时的科学中心，又与学术界知名人士没有什么往来，对于科恩的理论和洛伦兹1895年后的论文他是不可能了解到的。这从下述事实不难看出。洛伦兹1904年的论文是在荷兰的杂志发表的，德国皇家图书馆只有一本，而且只许借阅一天。当时在柏林大学理论物理教研室当普朗克助手的劳厄还不得不向洛伦兹直接索要复印本，地位卑微的爱因斯坦怎么会有机会看到洛伦兹的文章呢？

爱因斯坦不像洛伦兹那样，孜孜不倦地解决迈克尔逊实验和其他实验所提出的疑难，千方百计地弥合各种实验与经典理论的裂痕。爱因斯坦关心的是力学和电动力学形式上的不一致。在向他的既定目标前进中，他既继承了前人的思想精华，也摒弃了一些陈旧的传统观念。相对论的诞生也向我们证明了“这样一个人物的天才和独创性，他能够一眼看穿那疑难重重、错综复杂的迷宫，领悟到新的、简单的想法，使得他能够吐露出那些问题的真实意义，并且给那黑暗笼罩的领域突然带来清澈和光明”。（德布罗意语）

爱因斯坦通过两个渠道吸收了前人丰富的思想财富：一是通过赫兹等人的著作掌握了电磁理论，受到了启迪，特别是弗普尔的教科书，无论从内容还是形式方面都给他以极大的教益；二是从马赫、休谟、彭加勒等人的著作中掌握了批判思想，彻底摆脱了绝对时空的束缚。

爱因斯坦在苏黎世联邦理工学院上学时，最使他着迷的课题是麦克斯韦理论。据爱因斯坦本人回忆，当时老师在课堂上并不讲授这些内容，于是爱因斯坦除了在物理实验室外，其余时间就通过亥姆霍兹、玻耳兹曼、赫兹等人的著作如饥似渴地学习麦克斯韦理论。在亥姆霍兹五卷本的《理论物理讲义》中，第一卷有一半讲了哲学和认识论问题，但却很少谈到具体实验，甚至在讲解有关以太问题的内容中，也未提及迈克尔逊实验，尽管该实验在亥姆霍兹的赞同下第一次完成了。

从亥姆霍兹写的关于麦克斯韦理论的书中，爱因斯坦能够得到的东西首先是增强了研究认识论的自觉性，并且从书中他还了解到有关证实以太的实验还不能看作是决定性的。在玻耳兹曼所写的题为“涉及纯粹以太运动的麦克斯韦理论的结果”的论文中，一次也没有提到具体的实验。爱因斯坦也学习了《赫兹选集》和在电磁学中所用的符号，这些符号他以后经常使用。爱因斯坦看到赫兹的第一批内容深刻的文章是：1884年发表的《麦克斯韦电动力学基本方程》、1890年发表的有意识地冠以《关于动体电动力学的基本方程》题目的文章。即使这位伟大的电磁实验家也未明确提到以太实验，但在现今的相对论起源的讨论中，以太实验似乎是很重要的。

赫兹著作的另一个作用是促使爱因斯坦转向了马赫，因为赫兹把许多思想都归功于马赫的《力学史评》一书。这三位德国物理学家对爱因斯坦的影响是显而易见的。

据美国著名科学史家、爱因斯坦问题研究专家霍耳顿考证，无论从形式或从内容来看，爱因斯坦1905年的论文都不能恰当地解释为属于洛伦兹-彭加勒系列，或麦克斯韦-亥姆霍兹-玻耳兹曼系列，甚至是基尔霍夫-马赫-赫兹系列。一位几乎被遗忘了的老师是弗普尔，他于1894年出版的《麦克斯韦电理论导论》一书直接影响了爱因斯坦的思考过程，从而导致了1905年的论文。

德国老一代的科学家和工程师也许还能隐约记得弗普尔的名字，但其他人也许就全然无知了。显然，他的名望与上述三位德国著名物理学家不能相提并论，以致爱因斯坦在回忆中以“等人”二字略而未提。

由于弗普尔具有把麦克斯韦理论清楚地讲解给工程技术人员的能力，所以他的书很畅销。该书分为六个部分，其中第五部分特别有趣。这部分的题目是“运动导体的电动力学”，它的第一章是“由运动而引起的电动力感应”，第一章中的第一节是“空间中的相对运动和绝对运动”。它是以异乎寻常的议论开始的：“运动学即运动的一般理论的讨论通常基于下述公理：在物体的相互关系上只有相对运动是有意义的。在这里不能求助于空间中的绝对运动，因为手头如果没有观察和度量这种运动的参照对象，那么要发现这种运动就毫无意义。……根据麦克斯韦理论和光学理论，空洞的空间实际上根本不存在，即使所谓的真空也充满了以太介质……没有这一内容（以太）的空间概念是自相矛盾的说法，这就像没有树木的森林那样不可思议。完全空洞的空间概念根本不会受到可能的经验的支配；或者换句话说，我们必须首先对这种

爱因斯坦走在普林斯顿的大街上。自从1933年，54岁的爱因斯坦来到美国新泽西州普林斯顿高等研究院后，他在这里度过了生命的最后22年。

空间概念做出深刻的修正，这种空间概念在它的原来的发展时期给人类思想打上了烙印。解决这一疑问也许成为当代科学最重要的问题。”

弗普尔在这里虽然并没有准备放弃以太或绝对运动，但他了解物理学最重要的问题在什么地方，这无疑对爱因斯坦是一种启示。作者以同样的方式继续写道：“当我们在下面利用相对运动的运动学定律时，我们必须谨慎地进行。我们没有必要把这种使用当作一种先验的确立的东西，例如不管磁铁在一个静止的电路附近运动，或者当磁铁处于静止而电路运动，定律的使用都是完全相同的。”作者还加上一个颇为熟悉的理想实验，他设想了第三种情况——导体和磁铁两者一起运动，它们之间没有相对运动。他说，在这种情况下，实验表明“绝对运动”本身在磁铁和电路无论哪一个上也不产生电力或磁力。这种理想实验足以表明，在原来两种情况中考虑的只是相对运动。

这一切，无疑对爱因斯坦具有极大的吸引力。事实上，就1905年论文的形式和风格而言，弗普尔思想的影响远比其他人更大，爱因斯坦1905年的论文就是以上述理想实验开始的。弗普尔的书给了爱因斯坦以具体指导，有助于爱因斯坦思路的展开，使他采取了一种大异其趣的方式，这种方式既不同于学校传授给他的，也不同于第一流物理学家著作中所使用的。凡是看过爱因斯坦原始论文的人都不难发现，该文在构思、形式、风格上，都与弗普尔的书有某些相似之处。当然，这并不是说，在弗普尔的思想与爱因斯坦的相对论之间存在着一种简单的因果链条。

对哲学和认识论的研究也极大地促进了爱因斯坦相对论的创立。在学生时代，爱因斯坦就对哲学兴味盎然。1902年3月下旬，他与新结识的朋友索洛文和早些时候认识的朋友哈比希特经常利用晚上举行聚会——他们诙谐地称这种聚会为“奥林匹亚科学院”——讨论各种感兴趣的问题。在探讨科学和哲学最深奥的问题时，他们兴致极浓、劲头十足，往往引起长时间的热烈争论。这种聚会一直持续到1905年11月，使爱因斯坦获益匪浅。

其间，他们讨论了休谟的《人性论》、马赫的《力学史评》、彭加勒的《科学与假设》以及其他人的有关著作。休谟关于实体和因果性的特别聪明而尖锐的批判对爱因斯坦的影响大概比较一般化，而休谟的时空观念对他的影响可能是直接的。

休谟认为，空间观念是建立在对象的排列基础上，这种对象是可触知的；而时间观念是建立在对象的连续的基础上，这种对象是能够变化的，可觉察的。至于马赫对爱因斯坦创立相对论的影响，主要是帮助爱因斯坦扫除了机械自然观和力学先验论的思想障碍，认识到牛顿的绝对时间和绝对空间等概念已经不适应科学的发展。特别是彭加勒的书，给他们的印象极深，他们用好几个星期紧张地读它，彭加勒的科学思想和批判精神对爱因斯坦必定有所启示和激励。

相对论的创立并非一蹴而就。正如爱因斯

坦1952年3月11日写给泽利希的信中所说："在狭义相对论的思想和相应的结果发表之间大约经过了五六周时间。但是，如果把这认为是诞生的日期，也许很难说是正确的，因为早在几年前，论据和建筑材料就已经准备好了，虽然那时我还没有下根本的决心。"

的确，有关狭义相对论的思想在爱因斯坦的头脑里足足酝酿了10年。他后来回忆了自己思想的发展过程。

爱因斯坦从小就具有强烈的好奇心。当他还是一个四五岁的小孩时，父亲让他看一个罗盘，他为罗盘针以如此确定的方式行动而惊奇不已，并留下了深刻而持久的印象。在12岁时，一本欧几里得平面几何的小书使他经历了另一种性质完全不同的惊奇：书中的许多定理并非显而易见，但是却可以可靠地加以证明，没有丝毫怀疑的余地。爱因斯坦后来说："这种'惊奇'似乎只是当经验同我们的充分固定的概念世界有冲突时才会发生。每当我们尖锐而强烈地经历这种冲突时，它就会以一种决定性的方式反过来作用于我们的思维世界。这个思维世界的发展，在某种意义上说就是对'惊奇'的不断摆脱。"

爱因斯坦15岁时，有一位来自波兰的犹太大学生向他介绍了《自然科学通俗读本》一书。尽管该书的内容已显陈旧，但丰富的材料和生动的叙述仍使他入神地读完了它。在这本书中，他碰到了对光速这一自然现象的分析，这对他在11年之后创立狭义相对论具有奠基性的意义。

当16岁的爱因斯坦在瑞士阿劳州立中学上学时（1895年），他就无意中想到一个悖论：如果以光速追随一条光线运动，那么就应该看到，这样一条光线就好像一个在空间振荡而停滞不前的电磁场。可是无论依据经验，还是按照麦克斯韦方程，看来都不会发生这样的事情。从一开始，他在直觉上就很清楚，从这样一个观察者的观点来判断，一切都应当像一个相对于地球是静止的观察者所看到的那样，按照同样的定律进行。这个悖论又使爱因斯坦感到"惊奇"，他为此沉思了10年。

实际上，这个悖论已包含有相对论的萌芽。当时，爱因斯坦还是比较偏重经验论的，热衷于用观察和实验来研究物理学的主要问题。第二年（1896年）进入苏黎世联邦理工学院后，他计划完成检测地球运动引起光速变化的实验，为此他设计出一个用热电偶测量两束方向相反的光所携带的能量差的实验。可是，他的老师不支持他，他也没有机会和能力建造这种设备，事情就这样不了了之。

其实，他也没有抱成功的希望，因为他对实验的结果疑虑重重。这时，他并不了解迈克尔逊-莫雷实验，即使后来知道这个实验，他也不会对该实验结果感到惊奇，因为这不过是确证了他的想法而已。可以看出，从很早的时候起，爱因斯坦就预想到相对性原理。

年轻的爱因斯坦深思了光现象和电磁现象与观察者运动的关系，他花了些时间企图修正麦克斯韦方程，因为麦克斯韦方程在静止系中是正确的，在相对于静止系匀速运动的系统中就不正确了。但是他没有取得成功。

爱因斯坦还试图用麦克斯韦、洛伦兹方程处理斐索关于菲涅耳拖动系数的实验。他相信，这些方程是正确的，它们恰当地描述了实验事实，它们在运动坐标系中的正确性表明了所谓光速不变的关系，可是这与力学中的速度合成法则却格格不入。爱因斯坦尝试用某种方法将力学运动方程和电磁现象统一起来，他遇到了困难。于是他不得不花一年时间冥思苦想，在那个时候，他甚至考虑了光的微粒说的可能性。

这些年，爱因斯坦致力于通过下述途径修正麦克斯韦方程：他想得到一种电磁现象和光现象的理论，在这种理论中，只有相对运动才具有物理意义。他给自己提出了一个与理论形式而不是与理论内容有关的问题。直到1900年普朗克完成开创性的工作后不久，他才发现辐射在能量上具有一种分立结构，当然这种结构是与麦克斯韦理论相矛盾的。这时他才清楚地意识到，只靠纯粹的经验是行不通的。因此，他对那种根据已知事实用构造性的努力去发现真实定律的可能性感到绝望，他确信，只有发现一个普遍的形式原理，才能得到可靠的结果。

当然，要使麦克斯韦理论与相对性原理协调起来，不变更传统的时间观念是根本不行的。正如爱因斯坦所说：“只要时间的绝对性或同时性的绝对性这条公理不知不觉地留在潜意识里，那么任何想要令人满意地澄清这个悖论的尝试，都是注定要失败的。清楚地认识这条公理以及它的任意性，实际上就意味着问题的解决。对于发现这个中心点所需要的批判思想，就我的情况来说，主要是由于阅读了戴维·休谟和恩斯特·马赫的哲学著作而得到决定性的进展。”自从突破了传统的时空观念之后，爱因斯坦高屋建瓴、势如破竹，只用了五六周时间就一气呵成地写出了相对论的第一篇论文。

爱因斯坦1905年6月完成的论文《论动体的电动力学》（发表在1905年9月的德国《物理学杂志》上）是物理学中具有划时代意义的历史文献。这篇文献好像“光彩夺目的火箭，它们在黑暗的夜空突然划出一道道短促的但又十分强烈的光辉，照亮了广阔的未知领域”。（德布罗意语）

1933年后爱因斯坦一直待在普林斯顿，直到1955年去世。

这篇文献的标题是很朴素的，但是在读它时我们立刻注意到这篇文章和同一类文章大不相同。它既没有文献的引证，也没有援引权威的著作，而不多的几个注脚也只是说明性的。文章是用简明朴素的语言写成的，即使对内容没有深刻的理解也能看懂其中的一大部分。"……文章的陈述方式和行文的格式今天谈起来还是那么生气勃勃。"（英费尔德语）

论文一开始，爱因斯坦就开门见山地提出了一个理想实验：当一个导体和磁铁相对运动时，在导体中产生的电流并不取决于两者哪一个在运动。可是根据麦克斯韦理论，磁铁运动产生电场，而导体运动却不产生电场。爱因斯坦把这种不对称与企图证实地球相对于以太运动实验的失败联系起来，单刀直入地提出一种猜想："相对静止这个概念，不仅在力学中，而且在电动力学中也不符合现象的特性。倒是应当认为，凡是对力学方程适用的一切坐标系，对于上述电动力学和光学的定律也一样适用。"接着便不假思索地说："我们要把这个猜想（它的内容以后就称之为'相对性原理'）提升为公理。"紧接着又引入了另一条在表面上与前者不同的公理，即光速不变原理："光在空虚空间里总是以一确定的速度 c 传播着，这速度同发射体的运动状态无关。"

由此，爱因斯坦便转入具体讨论，他在空间各向同性和均匀性的假定下，给同时性下了可度量的定义，规定了校准时钟的三条逻辑性质。他接着论述了长度和时间的相对性，并得出结论："我们不能给予同时性这个概念以任何绝对的意义；两个事件，从一个坐标系看来是同时的，而从另一个相对于这个坐标系运动着的坐标系看来，它们就不能再被认为是同时的事件了。"他接着又基于两条公理推导出一个变换方程。由这个变换方程，爱因斯坦方便地得到了"长度收缩、时钟延缓"的结论和新的速度合成法则。

在"电动力学部分"中，爱因斯坦还是以变换方程为根据，导出了带撇系统中的麦克斯韦方程，阐明了关于磁场中运动所产生的电动力的本性。这样，论文开头理想实验的不对称性以及一直争论不休的单极电机，现在也不成问题了。他从相对论给出了多普勒效应和光行差的说明，论述了光能和辐射压力的变换，导出电子运动的方程式。

利用光能变换，爱因斯坦于同年9月在论文《物体的惯性同它所含的能量有关吗？》中推导出著名的质能关系式：$E = mc^2$，其中 c 是光速。爱因斯坦得出结论：物体放出 E 的辐射能与它的质量只减少 E/c^2 相当，因此物体的质量是它所含能量的量度。爱因斯坦预言，用那些能量变化很大的物体（例如镭盐）来验证这个结论，不是不可能成功的。

这篇不到三页的论文是物理学中演绎法的最完美的典范。爱因斯坦仅仅通过对两列反方向平面光波的理想实验的细致分析，就轻而易举地解释了放射性元素放出巨大能量的原因，为人类揭示出取之不尽、用之不竭的新能源。

探索自然界的统一性是爱因斯坦一生所追

2005 年，德国发行一枚纪念爱因斯坦相对论发表 100 周年的银币，面值 10 欧元。

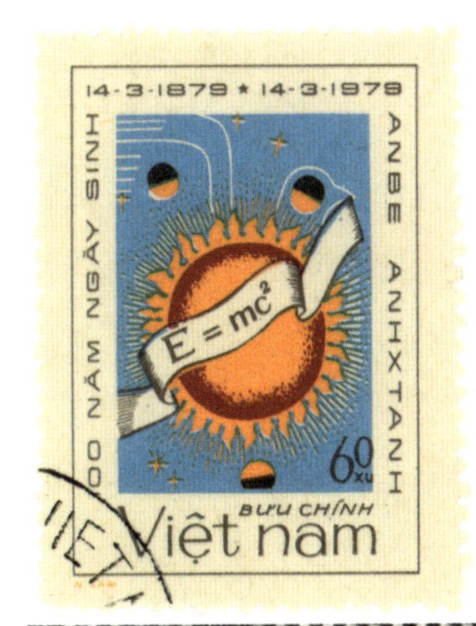

爱因斯坦的当代意义主要在于他的思想、精神和人格——这是世人一笔极其珍贵的“形而上”财富，是人类的无价之宝。爱因斯坦是科学思想家或哲人科学家。撇开他具体的科学贡献不谈，他的科学思想和科学方法，现在依然是科学家的锐利的方法论武器。他的“多元张力哲学”，是 20 世纪科学哲学的集大成和思想巅峰，时至今日还在引领科学和哲学的新潮流。他的社会哲学和人生哲学成为 21 世纪“和平与发展”主旋律的美妙音符，成为促进科学文化和人文文化的汇流和整合的强大动力，是生活在 21 世纪的人的人生观之明鉴。

图为爱因斯坦的书桌。与其他物理学家堆满昂贵实验器材的实验室不一样，爱因斯坦进行理论研究时，所需要的只有纸和笔。

求的目标。他说过："从那些看起来同直接可见的真理十分不同的各种复杂的现象中认识到它们的统一性，那是一种壮丽的感觉。"狭义相对论的建立，使爱因斯坦统一性思想旗开得胜。这一新理论成功地揭示出时间与空间、物质和运动、能量和质量、动量和能量（在四维世界中，能量和动量结合成"能量-动量矢量"，动量是这个矢量的空间分量，能量则是它的时间分量）的统一性，把经典力学和经典电动力学统一起来。这是人类理性思维的杰作。

五、狭义相对论的新颖之处

爱因斯坦的相对论论文一举清除了动体电动力学发展道路上的障碍，成功地提炼出新的基本概念，把人们的思想引向一个奇妙的新世界。但是，惠特克却无视这一切，他在其名著《以太和电学的历史》（1953 年）中就相对论的起源发表了一些不恰当的议论。该书第二章谈到这个问题时，其标题就是"彭加勒和洛伦兹的相对论"。继续读下去，爱因斯坦的名字只在一处出现，那里是这样写的："爱因斯坦发表了一篇论文，把彭加勒和洛伦兹的相对性理论稍加扩充而重新提了出来。"我们在这里只简要地分析一下两种理论的主要差别，并顺便提一下洛伦兹和彭加勒对爱因斯坦相对论的态度。弄清这两个问题，惠特克的错误观点就是显而易见的了。

洛伦兹和彭加勒两人的观点具有相同之处。洛伦兹的电子论与爱因斯坦相对论的主要差别在于以下几点。

第一，两种理论的着眼点不同。前者认为力学处于一个优越的地位，电动力学是在经典力学的框架内发展起来的理论。后者却没有赋予力学以特殊地位。爱因斯坦认为，力学与电动力学是平权的，他关心的是二者之间关于运动相对性出现的不协调，他由此出发，力图找到一种新理论将二者统一起来，狭义相对论的基本公理正是力学和电磁学必须服从的共同原则。（顺便提一句，爱因斯坦的光量子论也是为了消除力学中具有分立实体的质点和电动力学中具有连续实体的场之间的不协调。）在当时，洛伦兹和其他同时代的物理学家对于物理学理论形式上的不协调却未作任何考虑。因此，爱因斯坦对不断涌现的新实验似乎没有多大兴趣。在 1905 年的论文中，他把那些知道的与不知道的、名目繁多的以太漂移实验轻轻地一笔带过。可是，几个理想实验对他来说似乎具有不可估量的

位于瑞士伯尔尼克拉姆大街49号的爱因斯坦故居，如今作为纪念馆向公众开放。

吸引力。对于爱因斯坦来说，这也就足够了。

第二，两种理论的基础不同。前者把以太作为自己理论的基础。彭加勒把设想的新电动力学看作是能够最终解决以太问题的理论，他还说过："除了电子和以太，就再也没有什么东西了。"洛伦兹从1875年完成博士论文直到他逝世前的讲话，都言必称以太，以太是他的电子论的基石，尽管他一度剥掉了以太的实体内容，但仍然保留下它绝对静止的性质。难怪一位作家把他的《电子论》巨著比作欧洲的一座辉煌的古堡，建造极为华丽，却仿佛有幽灵出没其中。爱因斯坦把以太幽灵彻底从相对论中清除出去，他的论文只有一处提及以太，那就是"光以太的引用将被证明是多余的"。

第三，两种理论的结构不同。前者归根结底是一种经验归纳理论，后者却是逻辑演绎的优美杰作。在彭加勒的内心深处，相对性原理是一个经验定律，只要有一个反例，即可被证伪。当考夫曼1906年宣布，他的关于高速电子荷质比的实验既不与爱因斯坦理论一致，也不与洛伦兹理论符合时，彭加勒便陷入忧虑之中。提到考夫曼的结论，彭加勒认为"它似乎表明相对性原理并不具有诱使我们给予它的精确无误的价值"。彭加勒虽然承认不同参照系的观察者会测量到相同的光速，但是这种一致和不变性却是洛伦兹-斐兹杰拉德收缩的补偿效应引起的。

在彭加勒的心目中，存在着一个更受欢迎的参照系，即静止以太的参照系。在这个唯一的参照系中，光速才真正是常数。洛伦兹为了使电子论与实验事实相一致，竟然在1904年的论文中人为地引入了11个特殊假设，显得十分牵强附会。

而在相对论中，两条原理是作为公理被提出来的，加上同时性定义的四个特殊假设，以此为根据而推演出一套完整的理论，构成一个十分优美的逻辑演绎体系。正如爱因斯坦所说："这理论主要吸引人的地方在于逻辑上的完备性。从它推出的许多结论中，只要有一个被证明是错误的，它就必须被抛弃；要对它进行修改而不摧毁其整个结构，那似乎是不可能的。"对于考夫曼1906年的实验结果，爱因斯坦只是意味深长地保持沉默，他不相信自己推导出的理论会是错的。果然，1908年布歇雷尔发表了支持洛伦兹-爱因斯坦观点的实验数据，该数据比考夫曼的度量具有更大的精确性。到1916年，两位法国物理学家指出了考夫曼实验装置上的毛病。

第四，两种理论的本性不同。概括地说，前者是动力学理论，后者是运动学理论。洛伦兹的长度收缩是作为一个特殊假说而提出来的，是一种实际的物质过程，是由于物质粒子之间的作用力在运动时发生变化，从而引起粒子之间距离的相应改变，因此这种收缩是绝对的。

在相对论中，长度收缩是从坐标变换得出的必然结果，它仅仅是由于不同参照系的观察者关于同时性的判断不一致而引起的，物质的结构和性质甚至不必予以考虑。也就是说，长度收缩是测量过程本身的产物，它是相对的，两根互相做等速运动的棒哪一个缩短了，对不同的参照系来说其结论是不同的。可是，洛伦兹却认为，收缩不仅与同时性判断无关，而且这种判断的差别是毫无意义的。关于以太漂移实验的否定结果，在前者看来，其动力学效应确实存在，只是由于相反效应的互相补偿、抵消，所以在表面上显示不出来。

所谓光速不变，也是由于当地时间和真实时间的差别完全抵消了长度收缩效应，因而显示不出因运动而引起的光速变化。彭加勒对洛伦兹补偿理论的精神实质一直是满怀信心的。洛伦兹在 1909 年出版的《电子论》中也表明，他的理论与相对论的“主要差别”在于后者“使我们在诸如迈克尔逊、瑞利和布雷斯实验的否定结果中看到的不是相反效应的偶然补偿，而是一般的基本的原理的体现”。

爱因斯坦在他的 1905 年的论文中就公开声明：“这里所要阐明的理论——像其他各种电动力学一样——是以刚体的运动学为根据的，因为任何这种理论所讲的，都是关于刚体（坐标系）、时钟和电磁过程之间的关系。”他接着指出：“现存的理论对这种情况考虑不足，就是动体电动力学目前所必须克服的那些困难的根源。”他后来甚至说，他的理论是涉及刚性棒、理想钟和光信号的理论，根本不涉及物质的具体结构和动力学效应问题。

第五，两种理论变换式的来源、形式和意义不同。洛伦兹的变换式是为了数学上的方便而先验地引入的。严格地说，它只是 v/c 的一阶或二阶近似，且含有作为 v 的函数的系数 l。而相对

韩国科学博物馆为纪念爱因斯坦 100 周年诞辰制作的爱因斯坦蜡像。

图为位于德国波茨坦大学内的爱因斯坦塔。该塔建于1920—1921年间，塔的主要功能是作为太阳系的观测台。世界各地为纪念爱因斯坦的伟大贡献修建了许多纪念馆、纪念碑、塑像。相比之下，或许爱因斯坦的质能方程才是真正意义上的永恒丰碑。

论的变换式却是从两个公理直接推导出来的，它是一个一般形式。更为重要的是，前者仅仅是一种数学技巧，洛伦兹并不清楚它的物理意义；而后者却包含着时空观念重大变革的意义，彻底否定了绝对时间、绝对空间以及时间和空间毫不相干的传统观念。

洛伦兹 1927 年谈到这一点时也承认：“因为必须变换时间，所以我引入了当地时间的概念，它在相互运动的不同坐标系中是不同的。但是我从未认为它与真实时间有任何联系。对我来说，真实时间仍由原来经典的绝对时间概念表示，它不依赖于参考特殊的坐标系。在我看来，仅存在一种真正的时间。那时，我把我的时间变换仅看作一个启发性的工作假设，所以相对论完全是爱因斯坦的工作。因此毫无疑问，即使所有前人在此领域的理论工作根本不曾做过，爱因斯坦也会想到它的。在这方面他的工作是与以前的各种理论无关的。”

由此看来，爱因斯坦的相对论与洛伦兹的理论有着质的不同。洛伦兹的电子论只不过是经典物理学的合理外延，爱因斯坦的相对论却是在抛弃经典理论框架后创立的新体系。洛伦兹煞费苦心地修补一条触礁的破木船，爱因斯坦却建造了一种新型的运输工具。洛伦兹对相对论很不理解。他虽然高度评价爱因斯坦的功绩，但对相对论却疑心重重，一直坚持自己的理论到生命的终结。他认为，物理学家可以根据自己习惯的思考方式来自由地选择理论，不管是以以太为基础的理论还是相对论。据玻恩说，他在洛伦兹逝世前看望洛伦兹时，洛伦兹对相对论的怀疑态度依然如故。

至于彭加勒，他的思想观念比较接近爱因斯坦。尤其是，在 1904 年后期和 1905 年中期，彭加勒给洛伦兹写了三封信，其中的思想在“论电子动力学”中得到发

这座塑像根据爱因斯坦的一张著名照片而制成，这一表现出严肃科学家的调皮瞬间的镜头已经成为流行文化的一个符号。

展。这篇论文的缩写本于1905年6月5日发表，全文则发表在1906年。他在文中第一个提出了精确的洛伦兹变换，指出该变换的群的性质。“洛伦兹变换”“洛伦兹群”“洛伦兹不变量”等术语，都是他首先使用的。他还得到正确的电荷和电流密度的变换（洛伦兹的变换式是错误的），证明了速度变换，考虑了体积元的变换，得到了电荷密度和电流的变换。这样一来，麦克斯韦-洛伦兹方程在洛伦兹变换下严格地变成不变量。尤其是，彭加勒为了利用在具有确定的正度规 $x^2+y^2+z^2+\tau^2$ 的四维空间中的不变量理论，还引入了四维矢量，利用了虚时间坐标（$\tau=ict$）。他还揭示了洛伦兹变换恰恰是四维空间绕原点的转动。他在电子动力学中研究了牛顿引力定律，甚至使用了“引力波”一词。

六、闵可夫斯基的四维世界

刚刚诞生的相对论在当时确是“阳春白雪”，自然也就“和者盖寡”了，但它毕竟还是陆续遇到了知音人。普朗克是相对论的最早庇护人。他于1905年底在柏林大学的讨论会上做了评论相对论的讲演，这给他的助手劳厄以极为深刻的印象，以致劳厄利用假期到瑞士的伯尔尼专门拜访爱因斯坦（后来，劳厄在1911年写了第一部宣传狭义相对论的著作《相对性原理》，加速了人们对爱因斯坦学说的理解）。

1906年，普朗克认为考夫曼的结果不能看作是决定性的。他还分析了考夫曼的实验，认为那是靠不住的，提出应该慎重地再做一次实验。但是，普朗克也觉得爱因斯坦给出的电子运动方程根据不很充分（爱因斯坦奠基性的论文在这一点上是不正确的），他重新推导出该方程式，并进而得到了动能表达式。普朗克虽然高度评价了爱因斯坦的理论，认为它比洛伦兹理论更为普遍，可是他却看不到相对论对绝对时空观念进行了彻底的变革，也没有注意到相对论变换式的协变性，而且还错误地认为两种理论在本质上是一致的。直到1910年9月，他才清楚地认识到这些。

第一个意识到爱因斯坦新时空观的是他在苏黎世上学时的老师闵可夫斯基。由于这位学生在校时不注重正规课程的学习而喜欢独立思考，没有给老师留下好印象，以致闵可夫斯基在对相对论表示惊讶之余，不无感慨地说："唉，爱因斯坦！就是那个经常不去听课的学生，我简直不敢相信是他呀！"

1907 年 10 月，闵可夫斯基在哥廷根数学协会说："以光的电磁理论为开端，在我们的时空观念中，一个彻底的变革似乎发生了。"第二年，在科隆举行的第 80 届德国自然科学家与医生大会上，闵可夫斯基热情洋溢地发表了题为"空间和时间"的演说。他开宗明义地说："现在我要向你们提出的时空观是在实验物理学的土壤上产生的，其力量就在这里。这些观点是根本性的。从现在起，孤立的空间和孤立的时间注定要消失成为影子，只有两者的统一才能保持独立的存在。"

闵可夫斯基认为，世界正如狭义相对论所描述的那样是四维平直时空，而事件是其中一些点，粒子的历史是由曲线（世界线）来表示的，惯性系框架相应于跨越这个时空的笛卡儿坐标系。在不受外力的情况下，粒子运动的轨迹是短程线（在四维平直时空中为直线）。所谓洛伦兹变换，只不过是坐标系在四维空间中的转动，也相当于在时空中用不同的坐标系来重

图为一座表现爱因斯坦在阅读信件的塑像。

新标记事件，而两事件的四维距离不管在哪个坐标系中都是一样的，它是一个不变量。

闵可夫斯基把空间和时间统一体的客观的绝对存在称为“绝对世界假设”。照此看来，“相对论”似乎也可以叫作“绝对论”，因为它的前提是：物理定律是绝对的，不因参照系不同而变化。

闵可夫斯基以优美的数学形式，揭示出三维欧几里得几何同物理时空连续区之间的形式关系，富有极大的启发性。闵可夫斯基还说：“在按照世界假设改造过的力学里，牛顿力学与现代电动力学之间令人不安的不协调就消失了。”他的这一论述逐渐消除了许多物理学家对爱因斯坦理论要旨和意义的误解，使他们认识到，相对论的基本假设是力学以及电动力学必须遵守的共同普遍原理。“这样，凭着纯粹数学与物理学之间预先建立的协调思想，足以安慰那些对放弃旧观点抱有反感而感到痛苦的人们。”

闵可夫斯基的工作对于促进人们充分认识狭义相对论的意义和推动狭义相对论的传播，起到了应有的作用，它后来还成为通向广义相对论的一个必不可少的步骤。可是爱因斯坦起初对该讲演的反应并不热情，因为他感到有一种多余的、过分细致的数学形式掩盖了物理内容。不过，其他一些人还是在闵可夫斯基的“思想财富”的促动下做了一些工作。玻恩正好在闵可夫斯基逝世前为他做了几周助手，他沿着闵可夫斯基所开辟的这条路线发展了一些相对论力学概念。弗兰克也尝试把包括电动力学和力学的相对论系统化。

七、“保卫以太”

要使一种变革传统观念的新理论或新思想为人们普遍接受，往往需要一个相当长的过程，这在科学史上是不乏其例的。就狭义相对论而言，情况也是如此。按理说，《论动体的电动力学》一文中的理论论述并不十分深奥，数学运算更为简单，以致德国数学家希尔伯特说：“哥廷根街上任何一个学童都知道这些数学知识。”但是它发表后并没有潮水般的论文尾随其后，只是在过了大约四年光景才开始较多地引起人们的反应。其主要障碍恐怕在于长期束缚人们思想的机械自然观，尤其是传统的时空观念。

当时在德国和其他一些讲德语的国家，有人支持（如普朗克、闵可夫斯基、劳厄、玻恩等），也有人反对（考夫曼、亚伯拉罕等），但不管态度如何，人们还是认真对待相对论的。这样一来，就保证相对论可以受到检验、批评和阐述，一旦开始了这个过程，相对论的启发性威力就显示出来了。

在法国，情况迥然不同。在爱因斯坦 1910 年访问法国之前，人们几乎没有提到过他，连研究动体电动力学的卓越人物彭加勒也是这样。甚至直到 1924 年，在法国任何一所学校中，都没有介绍过狭义相对论。

在实用主义盛行的美国，相对论一开始也未被认真对待。第一批研究者对爱因斯坦的纲领只有一个模糊的印象，美国的潮流甚至把相对论讥讽为异想天开的、荒诞无稽的理论。在1911年，美国科学协会主席、物理学家马吉在演说中还激动地宣称："我相信，现在没有任何一个活人真的会断言，他能够想象出时间是速度的函数。也没有一个活人愿意下这样的赌注：他坚持自己的'现在'是另一个人的'将来'，或是其他人的'过去'。"马吉做出结论：爱因斯坦的理论不是根本性的，因为一个根本性的理论对所有的人来说都是可以理解的。爱因斯坦深为崇敬的迈克尔逊甚至至死都怀疑和厌恶相对论。

图为雕塑家艾普斯坦（Jacob Epstein，1880—1959）爵士和爱因斯坦的半身像。

在以太传统浓厚的英国，否定以太存在的狭义相对论的传播也甚为迟缓。从1905年到1911年期间，英国人在相对论上几乎没有做多少工作，似乎科学家很难理解这个理论。尽管坎贝尔在1911年宣称，以太概念只是思想荒谬和混乱的根源，应当像"燃素"和"热质"一样，抛到腐朽发霉的垃圾堆去。但是这种言论是绝无仅有的，其他人对以太都深信不疑，他们甚至掀起了一场"保卫以太"的"运动"。

洛奇在1907年为他再版的《电的现代观点》写序言时评论道："这本书所阐述的东西就是电的以太理论。可以不加修饰地说，正如热是能量的形式或运动的形式一样，电也是以太的形式或以太的表现方式。""以太存在的证据就好像空气存在的证据那样强烈和直接"。

图为上海城市雕塑中心8米高的爱因斯坦雕像。

J. J. 汤姆孙1909年在温伯尼的一次演说中宣称："以太并不是思辨哲学家异想天开的创造，对我们来说，以太就像我们呼吸的空气一样必不可

运动的火车、耀眼的闪电、巨大的星系，在爱因斯坦的仔细追问下，这些平常事物竟然是如此不可思议。表现爱因斯坦相对论的艺术图片让人感到一种极具震撼力的美与和谐，但同时又让人感觉玄之又玄，从而使相对论蒙上了更加神秘的色彩。

少。”“以太是电力和磁力的座位。”“是我们可以方便地贮存或提取能量的仓库。”直到1911年举行的相对性原理会议上，英国人对相对论的态度依然没有变化，没有一个人对以太表示怀疑。

从爱因斯坦1905年论文发表到1911年索尔维会议期间，全世界关于相对论的文献，99%以上都出自德、法、美、英四国。因此，上述情况是有代表性的。

八、广义相对论的创立

如果说在狭义相对论诞生前还有先驱者的大量工作的话（它们对爱因斯坦似乎没有太直接的和重要的影响），那么广义相对论可以说是爱因斯坦一人促成的。当时，狭义相对论本身既无问题，又与实验没有什么矛盾，爱因斯坦主要基于把相对性原理贯彻到底的信念、哲学和认识论的原则，一鼓作气完成了广义相对论。许多科学家当时对此觉得不可理解，例如，普朗克就反问爱因斯坦：“现在一切都能明白地解释了，你为什么又忙于另一个问题呢？”

爱因斯坦早就想到另一个有趣的问题：如果有人凑巧在一个自由下落的升降机里，那会发生什么现象呢？在“奥林匹亚科学院”时期，他研读了马赫的《力学史评》，马赫关于惯性来源于宇宙遥远的物质的影响对爱因斯坦无疑是有启示的。爱因斯坦想：在牛顿力学中，为什么惯性系比其他坐标系都特殊呢？为什么速度是相对的而加速度是绝对的呢？

爱因斯坦在建立狭义相对论后，就试图着手建立引力的相对性理论。爱因斯坦起初想在狭义相对论的框架内构造引力理论，但是存在着一个难以克服的困难：根据狭义相对论中的质能关系式，物理体系的惯性质量随其总能量的增加而增加，但是根据1890年厄缶精密的扭秤实验，物体的引力质量却与它的惯性质量相等，这样自由落体的加速度就应当与它的速度和内部状态密切相关，这显然与日常经验和该结论的前提相矛盾。爱因斯坦意识到，囿于狭义相对论的框架要找到满意的引力理论是毫无希望的。

伽利略早就发现了一个极其简单的实验事实：一切物体在引力场中都具有同一加速度，即物体的惯性质量同它的引力质量相等。但是在牛顿力学中，这一事实并没有得到解释。多年来，人们都把这一司空见惯的事实看作是理所当然的，从未把它当作一个重要的问题认真思考过。

对于这个不成问题的问题，爱因斯坦却把它当作一个值得研究的大问题，并看出了其中的问题之所在，这正是他高于一般人的地方。日本物理学史家广重彻说过：“当科学家觉察到所研究的问题以前并不作为一个问题存在，这时科学变革就开始了。”看来，这话是有一定道理的。

爱因斯坦从惯性质量等于引力质量这一事实想到：如果在一个（空间范围很小的）引力场里，我们不是引进一个惯性系，而是引进一个相对于它作加速运动的参照系，那么事物就会像在没有引力的空间里那样行动，这就是所谓等效原理。爱因斯坦进而把相对性原理推广到加速系，这就是所谓的广义相对性原理。

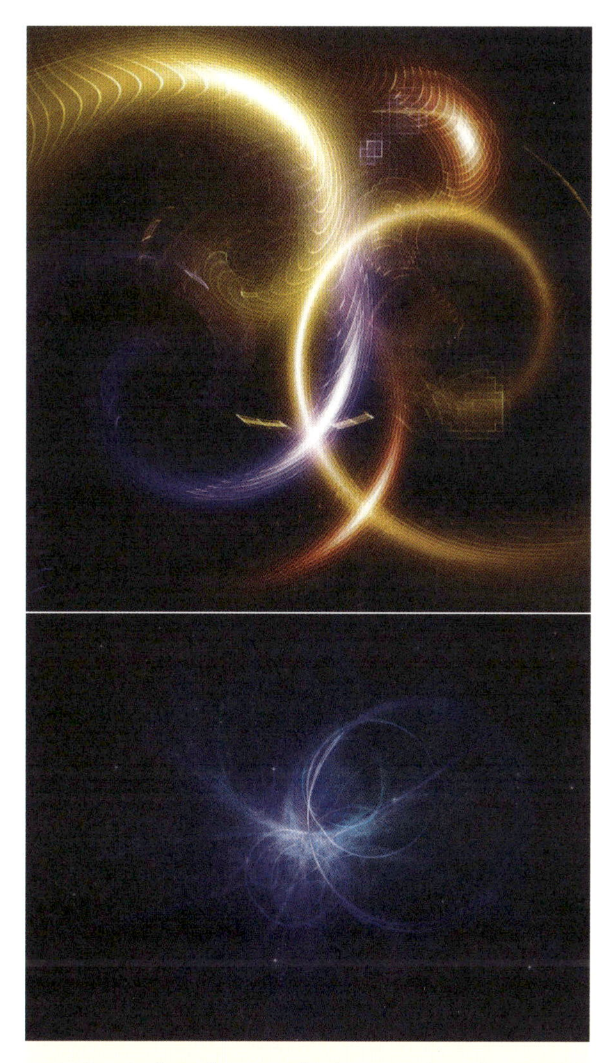

这是一组表现爱因斯坦相对论的艺术图片。这些图片让人感到一种极具震撼力的美与和谐，但同时又让人感觉玄之又玄，从而使相对论蒙上了更加神秘的色彩。据传，在爱因斯坦时代，真正读懂相对论的人不超过十二个。

1907年，爱因斯坦的兴趣转向推广狭义相对论。同年，他发表了论文《关于相对论原理和由此得出的结论》。在该文的第五部分，他就“相对性原理和引力”做了考察。他一开始就提出一个问题：“是否可以设想，相对性运动原理对于相互作加速运动的参照系也仍然成立？”他还在这里明确地提出了等效原理：“引力场同参照系的相当的加速度在物理学上完全等价。”他由此得出三个结论：在重力势为 Φ 的场中，时钟延缓 $1+\Phi/c^2$ 倍；来自太阳表面的光的波长比地球上同类物质发出的光的波长大约大两百万分之一（引力红移）；光线经过引力场时，每厘米光程方向的变化为 $r\times\sin\varphi/c^2$（φ 为引力方向与光线方向的夹角，r 为引力引起的加速度）。爱因斯坦认为他所发现的等效原理是自己“一生中最愉快的思想”。

爱因斯坦 1907 年的方案的细节仍旧是含糊的，等效原理只是帮助他讨论了引力对电磁场的个别效应。等效原理的几何化，引力场的数学特性，它的源以及场和源之间的关系即引力场方程都尚未得到。在之后的大约三年时间内，爱因斯坦又醉心于新电子论的研究，想解决电子和电磁场的连接问题，但情况并不顺利，他于是又转向引力论。

1911 年 6 月，爱因斯坦完成了论文《关于引力对光传播的影响》，该文试图把惯性质量与引力质量同等这一并非偶然的结果安插到一个更为一般的结构中去。但是，他没有完全取得成功，因为这时他还没有放弃牛顿的引力理论，只是在它上面加添了一些个别的新原理，拼凑起一个正确与错误的混合物，以致虽然很接近问题的答案但毕竟还不是。

值得注意的是，爱因斯坦进一步根据等效原理说明了光在引力场中弯曲的必要性。他预言光线经过太阳附近要受到 0.83″ 的偏转，对木星来说，只是此数值的 1/100，他迫切希望天文学家能做出验证。1911 年的这篇论文尽管还不成熟，但它毕竟在这一黑暗的领域内划出了一道闪光，成为爱因斯坦最终通向广义相对论的中途站。

爱因斯坦不能取得决定性突破的根本原因在于，要使人们从坐标必须具有直接的度规意义下解放出来，确实是一件不容易的事。直到 1912 年，当爱因斯坦意识到，用标准尺和理想钟测得的直接量度来表示坐标差是不可能的，合理的引力理论只能希望通过推广相对性原理而得到，使得一切坐标系都是平权的，即客观真实的物理规律在任意坐标变换下形式不变（广义协变）——这时，他才接近了广义相对论的门槛；但是要打开大门，他还缺乏必要的数学工具。

在上大学时，爱因斯坦由于没有认识到通向更深入的基本知识的道路是同最精密的数学方法联系在一起的，因而在一定程度上忽视了数学。

在关键时刻，他的同学和朋友——数学家格罗斯曼——帮了他的大忙，他们在里奇和勒维 · 契维塔的绝对微分学以及黎曼几何中找到了合适的数学工具。就这样，爱因斯坦经过艰苦的摸索和无数的辛劳，终于在 1913 年和格罗斯曼完成了论文《广义相对论和引力理论纲要》，其中物理部分由爱因斯坦执笔，数学部分由格罗

爱因斯坦在本书中举了一个雷电的例子来说明同时性的检验。

斯曼执笔。广义相对论的大门终于打开了。

在这篇论文中，爱因斯坦引入了更广泛的坐标系，使用了非线性坐标变换，推导出引力场中的质点运动方程。爱因斯坦的做法对理论带来了两个重大影响：一是更普遍的数学工具的使用，推动他向最终解决问题的目标迈进。二是采用更为一般的变换。引力场方程要用16个度规分量，其中只有10个是独立的表示，这10个度规表征了引力场中每一点的时空几何性质。两事件的间距是一个四阶对称张量。但是在这篇论文中，爱因斯坦还坚持，只有那些守恒定律在其中是正确的参照系才是可以采用的，他所得到的引力场方程和引力场存在时的电磁场运动方程还是不完整的。

1915年是爱因斯坦富有成果的一年。他先发表了一篇论文《用广义相对论解释水星近日点运动》，不用任何特殊假设就成功地解释了水星在轨道上的长轴旋转：每100年大约偏转43″。他还纠正了1911年计算光线经过太阳附近弯曲的错误数值（由于未改变空间几何学而出了错），新结果比原先的值大一倍。这年11月，爱因斯坦终于完成了他的广义相对论的集大成论文——《广义相对论的基础》。

11月28日，他在写给索末菲的信中叙述道："上个月是我一生中最激动、最紧张的时期之一，当然也是收获最大的时期之一。""在对以前的理论结果和方法失掉一切信心之后，我清楚地看到，只有同一般的协变原理，即黎曼协变理论联系起来，才能得到令人满意的解决。""我感到高兴的是，不仅牛顿的理论作为第一近似值得出了，而且水星近日点运动作为第二近似值也得出了。关于太阳附近光的偏折，得到的总量是以前的两倍。"

《广义相对论的基础》发表于1916年，它是广义相对论的"标准版本"。在这里，爱因斯坦的思想已达到炉火纯青的地步，其行文如行云流水，看不到一点斧凿的痕迹。他根据理想实验和哲学思辨，阐述了引入等效原理、扩充相对性原理和使用协变性的缘由，他借助黎曼曲率张量和克里斯多夫符号表示出与泊松方程相类似的引力场方程。由场方程决定的度规，再加上其他运动方程，就确定了质点的历史。

广义相对论揭开了水星近日点运动之谜，反过来，水星近日点运动又成为广义相对论的三个天文学验证之一。水星是太阳系中距离太阳最近的一颗行星。在这幅图中，水星位于月亮的右下方。

爱因斯坦所讲的理论，其范围极大，而概念却十分清晰，它对所有的参照系都同样适用。经典守恒定律不再是些定律而仅仅是些恒等式，它们失去了原有的意义。不再存在理论中所含的电磁力或弹性力那种意义的引力，引力是以完全不同的方式出现的。狭义相对论给出的固定时空不见了；过去曾错误地认为物体通过引力来对其他物体的运动发生影响，而现在认为是物体影响其他物体在其中作自由运动的时空几何。在改变后的时空中的这种自由运动，就是曾被错误地认为是在原来时空中的受迫振动。现在，自然定律是一种涉及时空的几何命题，时空变成一种度规空间。引力场中的物理量与黎曼几何中相应的几何量建立了一一对应的关系。在这种情况下，欧几里得几何和牛顿引力理论仅仅是黎曼几何和广义相对论的一个特例。

广义相对论也有重要的哲学意义，诚如德布罗意所说，它是“熏陶物理学家们的精神的最好的手段”。广义相对论告诉我们，时空与物质密切相关，是运动着的物质的存在形式。爱因斯坦说：“空间—时间未必能被看作是一种可以离开物理实在的实际客体而独立存在的东西。物理客体不是在空间之中，而是这些客体有着空间的广延。因此，‘空虚空间’这个概念就失去了它的意义。”而在狭义相对论中，时间—空间（作为一个惯性系）仅作用于一切物质客体，而这些物质客体却不对时间—空间给以反作用。因此，广义相对论便在更深一层意义上否定了牛顿的绝对时空观，揭示出“时空是物质存在的形式”（有人指出，时间可能是由更基本的量生成的次级量）。

玻恩在1955年的一篇报告中说得好：“对于广义相对论的提出，我过去和现在都认为是人类认识大自然的最伟大的成果，它把哲学的深奥、物理学的直观和数学的技艺令人惊叹地结合在一起。”爱因斯坦“在黑暗中焦急地探索着的年代里，怀着热烈的向往，时而充满自信，时而精疲力竭，而最后终于看到了光明”。相对论——狭义相对论和广义相对论——的大厦全部建成了！

仔细推敲一下相对论的内涵和外延，人们不难发现以下有启发性的看法：（1）在相对论中，物理学定律或方程都是协变的，或者说它们的数学形式是不变的。（2）一切坐标系都是平权的，没有所谓“优越的”参照系。（3）相对论的主要之点不在于强调测量数值依赖观察者而变的相对效应，而在于强调物理定律的绝对性（或不变性），在这种意义上也可以称其为“绝对论”。（4）广义相对论是一头“巨兽”，其包容量和潜能很大，也许人们至今只窥见它的一鳞半爪。被爱因斯坦后来称为“儿戏”的狭义相对论，只是它在引力场为零或无限小区域的情况下的极限形式。（5）相对论是运用探索性演绎法得到的高度公理化的理论，即原理理论。它在逻辑上是极其完整的，要对它进行修改而不摧毁其整个结构是不行的。（6）相对论是一种物理学几何化和几何学物理化的理论，它削弱甚至消除了动力学的痕迹，物体在引力场中的受迫运动变成了度规空间中的自由运动

$$l' = l\sqrt{1-\left(\frac{v}{c}\right)^2}$$

$$\Delta t' = \frac{\Delta t}{\sqrt{1-\left(\frac{v}{c}\right)^2}}$$

根据狭义相对论，运动的尺子在运动方向上的长度会缩短，而运动的时钟会变慢。公式如上图所示。爱因斯坦的狭义相对论则认为这种长度缩短和时间变慢都是由于测量者处于不同的参照系而引起的，并不是实际意义上的缩短和变慢。这正是二者的本质区别之一。

伦敦格林尼治天文台的标准时钟和长度单位计。（王克迪 摄）

（沿短程线）。（7）相对论无疑变革了古典物理学的诸多基本概念，但不能错误地把它看作是与古典物理学的思想方式截然不同的思想方式，比如它从后者那里继承了以可分离性为特征的因果性思想。

相对论也是集中体现科学美和数学美的杰作。相对论犹如一座琼楼玉宇，其外部结构之华美雅致，其内藏观念之珍美新奇，都是无与伦比的。相对论的逻辑前提是两条在逻辑上再简单不过的原理，它们却像厄瑞克忒翁庙的优美的女像柱一样，支撑着内涵丰富的庞大理论体系而毫无重压之感。其建筑风格是高度对称的，从基石到顶盖莫不如此。四维时空连续统显示出精确的贯穿始终的对称性原理，也蕴涵着从日常经验来看绝不是显而易见的不变性或协变性。空时对称性规定着其他的对称性：电荷和电流、电场和磁场、能量和动量等的对称性。正如外尔所言，整个相对论只不过是对称的另一个方面；四维连续统的对称性、相对性或齐性首次被爱因斯坦描述出来，相对论处理的正是四维时空连续统的固有对称。在这样高度对称的琼楼玉宇中，又陈放着诸多奇异的观念——四维世界、弯曲时空、广义协变、尺缩钟慢等——从而通过均衡中的奇异而显示出更为卓著的美！

九、广义相对论的实验验证和宇宙学的奠基

广义相对论运用了大量的黎曼几何、张量

计算、绝对微分等艰深的数学知识，充满了深邃的哲学思辨，包含着崭新的物理内容，即使是高级研究人员要弄懂它也非花大气力不可，一般人自不待言，更不用说哥廷根街上的学童了。对于爱因斯坦同时代的人来说，具有这些知识的人寥寥无几。但是，由于广义相对论的预言不久得到了实验验证，所以还是引起了相当大的轰动。

广义相对论的实验证据当时有三个。其一是行星轨道的椭圆绕太阳的旋转，爱因斯坦在1915年和1916年的论文中已圆满地解释了水星近日点的进动，解开了这个长期使人困惑不解的疑团（水星近日点的进动是1859年被勒维耶发现的，勒维耶根据自己发现海王星的经验，误认为水星轨道内有一颗未知的行星或行星群存在）。

其二是由于引力作用，从大质量的星球射到我们这里的光线，它的谱线移向光谱红端，即所谓光的引力频移。1924年，亚当斯通过对天狼星伴星的观察，证实了这一预言。自1958年穆斯保尔效应发现以后，人们开始在实验室中利用γ射线共振吸收来进行红向位移的实测。

其三是引力场使光线弯曲，这一实验检验颇有戏剧性。

为了证实爱因斯坦在1911年论文中的预言，德国天文学家组成了一支考察队，于1914年前往俄国克里木半岛，想在日全食时进行观察。不幸第一次世界大战恰恰爆发，考察队人员全被俄国人当作战俘扣留了。“塞翁失马，安

爱因斯坦从狭义相对论非常简洁地推导出了著名的质能方程：$E = mc^2$，揭示了质量和能量之间的关系，指出在原子结构中蕴藏着巨大的能量，从而拉开了人类认识和利用原子能的序幕。图为1945年7月世界上第一颗原子弹爆炸。

1945，爱因斯坦写给美国总统罗斯福的信，阐述了先于德国造出原子弹的重要性。

知非福”，这一不幸对广义相对论的验证倒是一件幸事。假使这次观察成功的话，很可能会比爱因斯坦的预言值大一倍，因为他当时的计算有错误。

大战期间，交战国之间的邮路中断，通过中立国荷兰天文学家的介绍，爱因斯坦 1915 年的论文传到英国，引起英国天文学家爱丁顿的极大关注和浓厚兴趣。他在 1918 年发表文章指出，广义相对论引起了物理学、天文学和哲学的重大变革，这是一场影响深远的革命。

大战刚刚结束的 1919 年，英国皇家天文学会立即派出了两支考察队。一支前往巴西北部的索布拉尔，一支由爱丁顿率领，前往西非几内亚湾的普林西比岛，在日全食时观察星光经过太阳的偏离。在普林西比观察所得的位移是 1.61±0.30″，索布拉尔的结果是 1.98±0.12″，两者在误差允许的范围内都与爱因斯坦预言的 1.74″ 相当符合。

11 月 6 日，这些结果被提交英国皇家学会与英国皇家天文学会联席会议。会议气氛与平时大不一样，听众怀着强烈的兴趣，犹如欣赏一出希腊戏剧。主持会议的 J.J. 汤姆孙说：“这是自牛顿以来，万有引力论的一项最重要成就”，“它不是发现一个外围岛屿，而是发现整个科学新思想的大陆”，“爱因斯坦的预言，是人类思想的一大凯歌”。

11 月 28 日，英国的权威报刊《泰晤士报》以“科学的革命，宇宙引力的新理论”为题做了报道，这立即震撼了欧洲乃至世界，引起了

一位太空旅行者，如果以地球为参照系，由于高速飞行，其时间流逝应当比地球上慢一些，他返回地球时应该比留在地球上的孪生兄弟年轻。但是如果以飞船为参照系，那么出于同样的理由，得到的结论却是他比兄弟年老。爱因斯坦认为前一种推论是对的。

一股“相对论热”，爱因斯坦也随之名扬四海。他的照片开始刊登在画报的封面，他的名字出现于报头标题，人们异口同声地称他为“20世纪的牛顿”。爱因斯坦向来把荣誉视为累赘，他甚至觉得相对论热是“赶时髦”。

爱因斯坦的声誉招来了纳粹分子和排犹分子的忌恨，他们于1920年8月24日在柏林音乐厅召开了批判相对论的大会，极尽攻击谩骂之能事。27日爱因斯坦在《柏林日报》发表声明，对“反相对论公司”作了公开答复。他一针见血地指出，这个“杂七杂八的团体”，其“动机并不是追求真理的愿望”。爱因斯坦也“厌恶为相对论大叫大嚷”，他表示：“夸张的言辞使我感到肉麻。”他多次表示不愿做头顶花环的象征性的领头羊，只愿做淳朴羊群中的一只普通羊。劳厄1921年在他的介绍广义相对论的著作中说得好：“许多人赞扬，也有许多人反对。值得注意的是，无论在这一方或另一方，那些叫得最响的人几乎一点也不理解它。”

相对论被人们接受和理解是一个缓慢而艰难的过程，劳厄的经历很能说明问题。劳厄是相对论最早的信徒和倡导者，1959年10月23日他在写给爱因斯坦的继女玛格特·爱因斯坦小姐的信中承认，在爱因斯坦1905年的论文发表以后，“一种新境界缓慢地、但是稳步地呈现在我的面前。我为此而耗费了巨大的精力……特别是认识论上的障碍使我十分困惑。我觉得只是大约从1950年起，才排除了这些障碍”。劳厄在1960年2月为他的《物理学史》所写的附录中也说过：“广义相对论对我同许多其他人一样，比狭义相对论要伤脑筋得多；实际上我在1950年前后才真正掌握了广义相对论。”

借助广义相对论的成果，爱因斯坦在1916年做出了引力波的预言，并尝试用它来考察宇宙学问题。1917年，他在《普鲁士科学院会议报告》中发表了论文《根据广义相对论对宇宙学所做的考察》。这篇论文是宇宙学的开创性论文，直接导致了宇宙学这一新的科学研究领域的确立。该文分为五部分：牛顿的理论，符合广义相对论的边界条件，空间上闭合并具有均匀分布的物质的宇宙，关于引力场方程的附加项，计算的完成、结果。爱因斯坦认为，传统的宇宙在空间上无限的观念既与牛顿理论悖谬，也与广义相对论矛盾。为了避免在无限远处给广义相对论设立边界条件的困难，他提出有限无界的宇宙模型。由于爱因斯坦在场方程中添加了一个常数项，因此他的宇宙模型是静态的。在这一点，它与1946年的宇宙大爆炸理论不同。不管怎样，爱因斯坦把对宇宙的研究从猜测和思辨变为科学，成为现代宇宙学的奠基人。

爱因斯坦逝世以后，特别是20世纪60年代以来，不仅广义相对论的实验验证如雨后春笋，而且这一理论也成为相对论天体物理学、高能天体物理学和宇宙学的理论基础，展现出引人瞩目的前景。类星体、脉冲星、致密X射线源、3K宇宙微波背景辐射、黑洞、引力波等的发现和探测，大爆炸理论和各种宇宙模型的提出就是很好的例证。目前，这一发展方

图中两个致密的白矮星每321秒绕各自的轨道旋转一周。天文观测表明，它们的轨道正在逐渐变小，这证实了爱因斯坦在广义相对论中的预言：白矮星由于重力波产生的影响而最终丧失它的轨道能量。

兴未艾。

十、关于《狭义与广义相对论浅说》

爱因斯坦的《狭义与广义相对论浅说》写于1916年，德文第1版于1917年出版，到1922年已经出版第40版，由此不难窥见其受读者欢迎的程度。20世纪20年代，世界各国先后出版了十多种文字的译本，英译本似乎到1952年已经出版了15版。1922年4月，商务印书馆出版了该书的中译本，书名为《相对论浅释》，译者夏元瑮。1964年5月，上海科学技术出版社又出版了新译本，书名为《狭义与广义相对论浅说》，由杨润殷翻译。2000年，被收入北京大学出版社出版的“科学元典丛书”中。

正如爱因斯坦在1916年所写的“序”中所说的，他的这本小册子是为相当于大学入学考试的知识水平的读者而写的：他们从科学和哲学的

爱因斯坦的大脑切片首次展出。

角度对相对论有兴趣，但是又不熟悉理论物理学的数学工具。尽管作者以最简单、最明了的方式介绍了相对论的主要概念，并大体按照相对论实际创生的次序和联系来叙述，但是读者要读懂和读完它，仍需具有相当大的耐心和毅力。

《狭义与广义相对论浅说》一书分为三部分——狭义相对论、广义相对论、关于整个宇宙的一些考虑——外加一个附录，其重点和绝大部分篇幅在头两部分。为了读者尽可能理解和领悟爱因斯坦的相对论，本“导读”详细论述了狭义与广义相对论创立的科学背景、构思经过、思想脉络、理论意义、时代影响等，以期收到预想的效果，希望有助于读者对本书的理解。

1946 年 7 月 1 日 *TIME* 杂志封面刊登了爱因斯坦的画像。

序

· Preface ·

为什么相对论及其如此远离日常生活的概念和问题会在广大公众中引起持久而强烈的反响，有时甚至达到了狂热的程度，这一点我从来没有想清楚……迄今为止还没有一个答案能真正使我感到满意。

——爱因斯坦

爱因斯坦雕像

本书的目的，是尽可能使那些从一般科学和哲学的角度对相对论有兴趣而又不熟悉理论物理的数学工具的读者对相对论有一个正确的了解。本书假定读者已具备相当于大学入学考试的知识水平，而且，尽管本书篇幅不长，读者仍须具有相当大的耐心和毅力。作者力求以最简单、最明了的方式来介绍相对论的主要概念，并大体上按照其实际创生的次序和联系来叙述。为了便于明了起见，我感到不能不经常有所重复，而不去考虑文体的优美与否。我严谨地遵照杰出的理论物理学家玻耳兹曼的格言，即形式是否优美的问题应该留给裁缝和鞋匠去考虑。但是我不敢说这样已可为读者解除相对论中固有的难处。另一方面，我在论述相对论的经验性物理基础时，又有意识地采用了“继母式”的做法，以便不熟悉物理的读者不致感到像一个只见树木不见森林的迷路人。但愿本书能为某些读者带来愉快的思考时间。

爱因斯坦

1916 年 12 月

爱因斯坦与中国
（视频版）

爱因斯坦与中国
（音频版）

扫描二维码，
收看科学元典丛书微课

第十五版说明

· Relativity, the Special and the General Theory ·

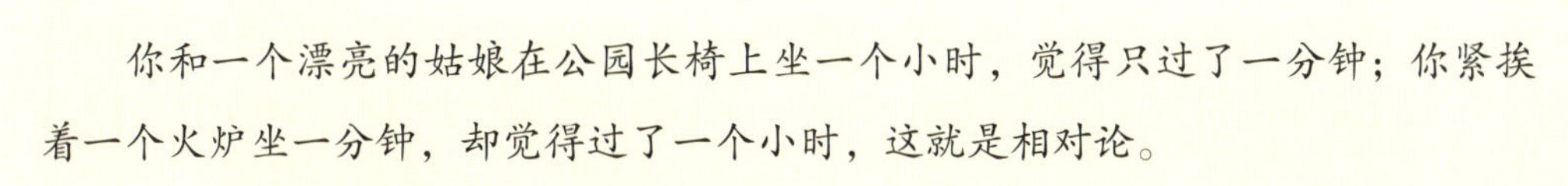

你和一个漂亮的姑娘在公园长椅上坐一个小时，觉得只过了一分钟；你紧挨着一个火炉坐一分钟，却觉得过了一个小时，这就是相对论。

——爱因斯坦

（爱因斯坦常常这样幽默地向新闻记者和公众解释相对论）

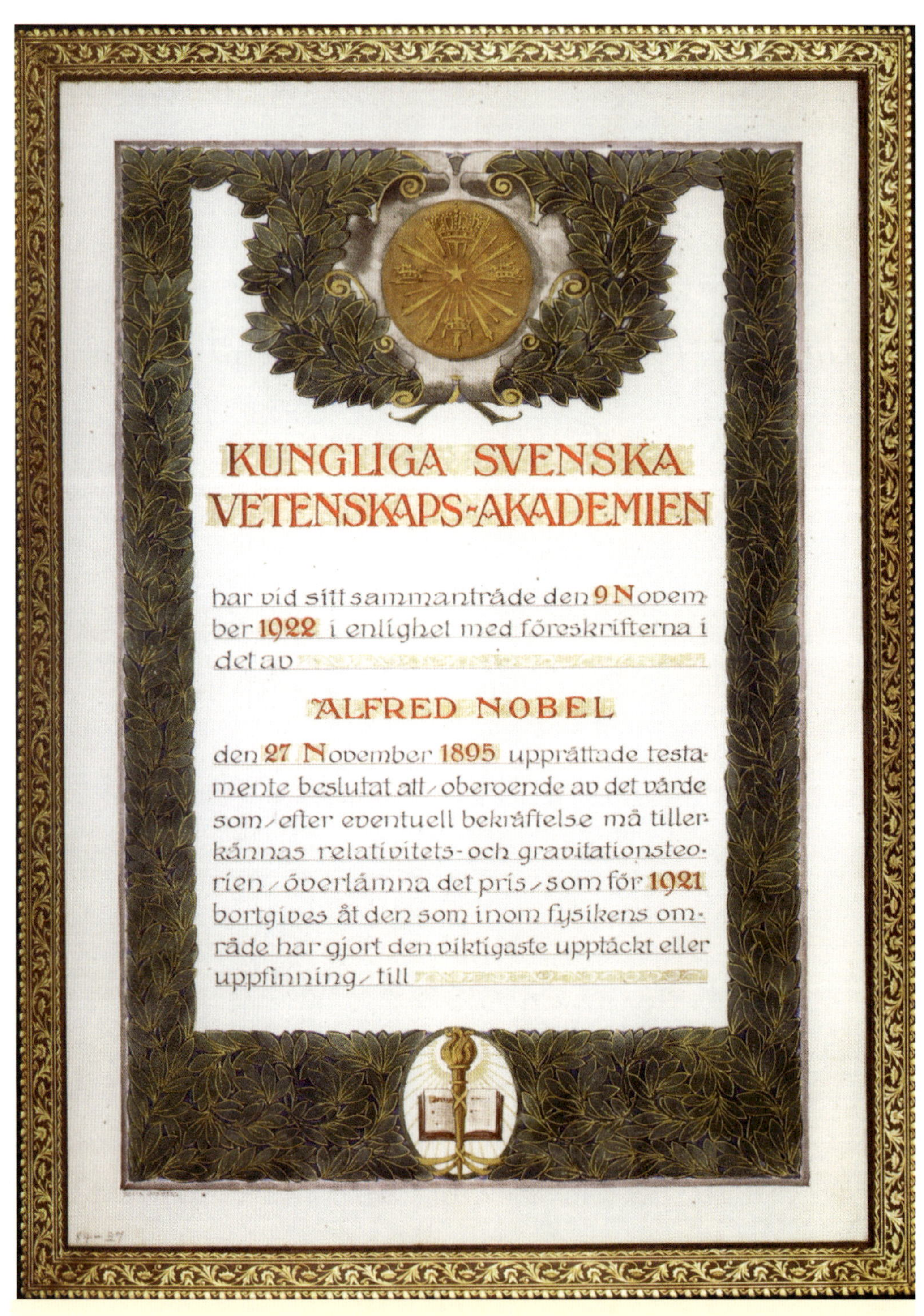

KUNGLIGA SVENSKA
VETENSKAPS-AKADEMIEN

har vid sitt sammanträde den 9 November 1922 i enlighet med föreskrifterna i det av

ALFRED NOBEL

den 27 November 1895 upprättade testamente beslutat att, oberoende av det värde som, efter eventuell bekräftelse må tillerkännas relativitets- och gravitationsteorien, överlämna det pris, som för 1921 bortgives åt den som inom fysikens område har gjort den viktigaste upptäckt eller uppfinning, till

从 1910 年起，爱因斯坦的名字每年都会出现在诺贝尔物理学奖提名的名单中。爱因斯坦获诺奖的这个过程堪称 20 世纪审美判断的一场较量。

第十五版增加了一个附录——附录Ⅰ（5）。在这个附录中阐述了我大体上对空间问题以及对我们的空间观如何在相对论观点影响下逐渐改变的看法。我想说明，空间—时间未必能看作是可以脱离物质世界的真实客体而独立存在的东西。并不是物体存在于空间中，而是这些物体具有空间广延性，这样看来，关于“一无所有的空间”的概念就失去了意义。

爱因斯坦

1952年6月9日

爱因斯坦与中国
（视频版）

爱因斯坦与中国
（音频版）

扫描二维码，
收看科学元典丛书微课

1895 年，16 岁。

1904 年，25 岁。

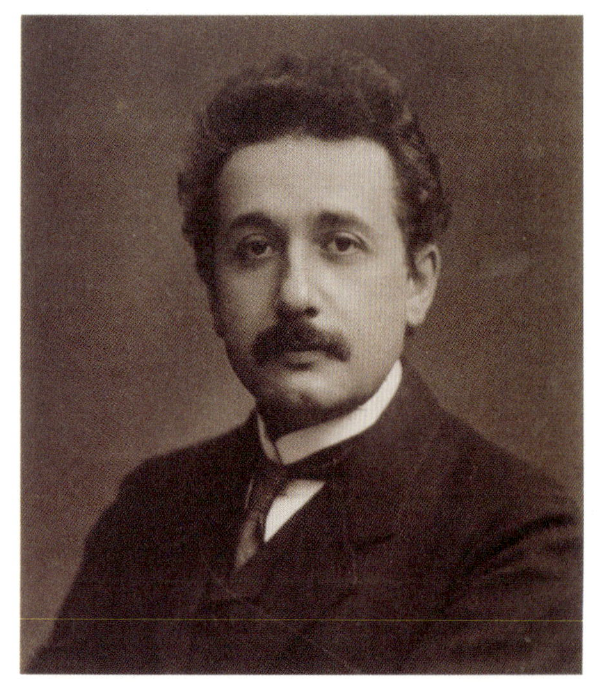

1912 年，33 岁。

1921 年，42 岁。

1925 年，46 岁。

1935 年，56 岁。

1947 年，68 岁。

1951 年，72 岁。

爱因斯坦于普林斯顿。

第一部分

狭义相对论

· *Part* Ⅰ. *The Special Theory of Relativity* ·

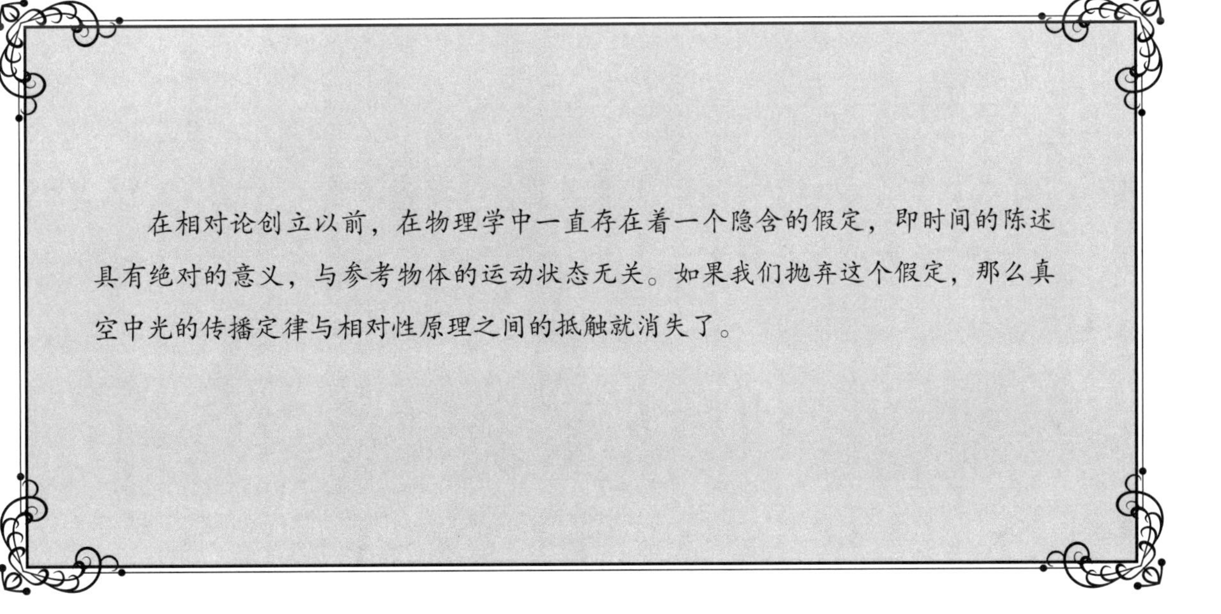

在相对论创立以前，在物理学中一直存在着一个隐含的假定，即时间的陈述具有绝对的意义，与参考物体的运动状态无关。如果我们抛弃这个假定，那么真空中光的传播定律与相对性原理之间的抵触就消失了。

1902年由马塞尔·格罗斯曼推荐，爱因斯坦到瑞士伯尔尼专利局任职员，负责审查和记录瑞士专利申请。在专利局工作期间是爱因斯坦一生中最富创造力的时期，尤其是1905年，爱因斯坦不仅完成了他的博士论文，还接连发表了几篇极具影响力的论文。图为爱因斯坦在专利局任职时的照片。

1　几何命题的物理意义

爱因斯坦的父亲赫尔曼·爱因斯坦（Hermann Einstein）心地善良，生意上未能成功，喜欢德国文学。他经常鼓励爱因斯坦在数学方面的兴趣，会额外给爱因斯坦一些数学难题做练习。

阅读本书的读者，大多数在做学生的时候就熟悉欧几里得几何学的宏伟大厦。你们或许会以一种敬多于爱的心情记起这座伟大的建筑。在这座建筑的高高的楼梯上，你们曾被认真的教师督促了不知多少时间。凭着你们过去的经验，谁要是说这门科学中的哪怕是最冷僻的命题是不真实的，你们都一定会嗤之以鼻。但是，如果有人这样问你们："你们说这些命题是真实的，你们究竟是如何理解的呢？"那么你们这种认为理所当然的骄傲态度或许就会马上消失。让我们来考虑一下这个问题。

几何学是从某些像"平面""点"和"直线"之类的概念出发的，我们可以有大体上是确定的观念和这些概念相联系；同时，几何学还从一些简单的命题（公理）出发，由于这些观念，我们倾向于把这些简单的命题当作"真理"接受下来。然后，根据我们自己感到不得不认为是正当的一种逻辑推理过程，阐明其余的命题是这些公理的推论，也就是说这些命题已得到证明。于是，只要一个命题是用公认的方法从公理中推导出来的，这个命题就是正确的（就是"真实的"）。这样，各个几何命题是否"真实"的问题就归结为公理是否"真实"的问题。可是人们早就知道，上述最后一个问题不仅是用几何学的方法无法解答的，而且这个问题本身就是完全没有意义的。我们不能问"过两点只有一直线"是否真实。我们只能说，欧几里得几何学研究的是称之为"直线"的东西，它说明每一直线具有由该直线上的两点来唯一地确定的性质。"真实"这一概念与纯几何学的论点是不相符的，因为"真实"一词我们在习惯上总是指与一个"实在的"客体相当的意思；然而几何学并不涉及其中所包含的观念与经验客体之间的关系，而只是涉及这些观念本身之间的逻辑联系。

爱因斯坦的母亲保利娜·内·科赫（Pauline nee Koch），个性坚强，是一位有才华的钢琴家。她鼓励自己的两个孩子在学校勤奋学习，并对他们取得的成绩感到非常自豪。

不难理解，为什么尽管如此我们还是感到不得不将这些几何命题称为“真理”。几何观念大体上对应于自然界中具有正确形状的客体，而这些客体无疑是产生这些观念的唯一渊源。几何学应避免遵循这一途径，以便能够使其结构获得最大限度的逻辑一致性。例如，通过位于一个在实践上可视为刚性的物体上的两个有记号的位置来查看“距离”的办法，在我们的思想习惯中是根深蒂固的。如果我们适当地选择我们的观察位置，用一只眼睛观察而能使三个点的视位置相互重合，我们也习惯于认为这三个点位于一条直线上。

如果，按照我们的思想习惯，我们现在在欧几里得几何学的命题中补充一个这样的命题，即在一个在实践上可视为刚性的物体上的两个点永远对应于同一距离（直线间隔），而与我们可能使该物体的位置发生的任何变化无关，那么，欧几里得几何学的命题就归结为关于各个在实践上可以视为刚性的物体的所有相对位置的命题。① 做了这样补充的几何学可以看作物理学的一个分支。现在我们就能够合法地提出经过这样解释的几何命题是否“真理”的问题；因为我们有理由问，对于与我们的几何观念相联系的那些实在的东西来说，这些命题是否被满足。用不大精确的措辞来表达，上面这句话可以说成为，我们把此种意义的几何命题的“真实性”理解为这个几何命题对于用圆规和直尺作图的有效性。

当然，以此种意义断定的几何命题的“真实性”，是仅仅以不大完整的经验为基础的。目前，我们暂先认定几何命题的“真实性”。然后我们在后一阶段（在论述广义相对论时）将会看到，这种“真实性”是有限的，那时我们将讨论这种有限性范围的大小。

---

① 由此推论，一个自然客体也是与一条直线相联系的，一个刚体上的三个点 A、B 和 C，如果已经给定 A 点和 C 点，而 B 点的选择已使距离 AB 和 BC 之和为最小，则这三点位于一直线上，这一不完整的提法对我们目前的讨论是能够满足的。

2 坐 标 系

根据前已说明的对距离的物理解释，我们也能够用量度的方法确立一刚体上两点间的距离。为此目的，我们需要有一直可用来作为量度标准的一个“距离”（杆 S）。如果 A 和 B 是一刚体上的两点，我们可以按照几何学的规则作一直线连接该两点；然后以 A 为起点，一次一次地记取距离 S，直到到达 B 点为止。所需记取的次数就是距离 AB 的数值量度。这是一切长度测量的基础。[1]

描述一事件发生的地点或一物体在空间中的位置，都是以能够在一刚体（参考物体）上确定该事件或该物体的相重点为根据的。不仅科学描述如此，对于日常生活来说亦如此。如果我来分析一下“北京天安门广场”[2]这一位置标记，我就得出下列结果。地球是该位置标记所参照的刚体；“北京天安门广场”是地球上已明确规定的一点，已经给它取上了名称，而所考虑的事件则在空间上与该点是相重合的。[3]

这种标记位置的原始方法只适用于刚体表面上的位置，而且只有在刚体表面上存在着可以相互区分的各个点的情况下才能够使用这种方法。但是我们可以摆脱这两种限制，而不致改变我们的位置标记的本质。譬如，有一块白

1879 年 3 月 14 日，阿尔伯特·爱因斯坦出生在德国南部城镇乌尔姆的这幢楼房里，是家中的长子。

① 这里我们假定没有任何剩余的部分，亦即量度的结果是一个整数。我们可以使用一个有分刻度的量杆来克服这一困难，引进这种量杆并不需要对量度的方法作任何根本性的改变。

② 原书举德国地名，英文版举英国地名，为便于我国读者阅读起见，此处改用我国地名。——译者注

③ “在空间上重合”一语的意义在这里不必进一步深究。这一概念足够明了，对其在实际运用中是否适当，不大会产生意见分歧。

A.a.

Geburtsurkunde.

Nr. 224

Ulm am 15. März 1879.

Vor dem unterzeichneten Standesbeamten erschien heute, der Persönlichkeit nach

bekannt,

der Kaufmann Hermann Einstein

wohnhaft zu Ulm Bahnhofstraße B. 16 135

israelitischer Religion, und zeigte an, daß von der

Pauline Einstein geborene Koch, seiner Ehefrau,

israelitischer Religion,

wohnhaft bei ihm

zu Ulm in seiner Wohnung

am vierzehnten März des Jahres tausend acht hundert siebenzig und neun

um elf ein halb Uhr ein Kind männlichen Geschlechts geboren worden sei, welches den Vornamen

Albert erhalten habe.

1879年3月14日，爱因斯坦的出生证。

云飘浮在天安门广场上空，这时我们可以在天安门广场上垂直地竖起一根竿子直抵这块白云，来确定这块白云相对于地球表面的位置。用标准量杆量度这根竿子的长度，结合对这根竿子下端的位置标记，我们就获得了关于这块白云的完整的位置标记。根据这个例子，我们就能够看出位置的概念是如何改进提高的。

（1）我们设想将确定位置所参照的刚体加以补充，补充后的刚体延伸到我们需要确定其位置的物体。

（2）在确定物体的位置时，我们使用一个数（在这里是用量杆量出来的竿子长度），而不使用选定的参考点。

（3）即使未曾把高达云端的竿子竖立起来，我们也可以讲出云的高度。我们从地面上各个地方，用光学的方法对这块云进行观测，并考虑光传播的特性，就能够确定那需要把它升上云端的竿子的长度。

从以上的论述我们看到，如果在描述位置时我们能够使用数值量度，而不必考虑在刚性参考物体上是否存在着标定的位置（具有名称的），那就会比较方便。在物理测量中应用笛卡儿坐标系达到了这个目的。

笛卡儿坐标系包含三个相互垂直的平面，这三个平面与一刚体牢固地连接起来。在一个坐标系中，任何事件发生的地点（主要）由从事件发生的地点向该三个平面所作垂线的长度或坐标（x、y、z）来确定，这三条垂线的长度可以按照欧几里得几何学所确立的规则和方法用刚性量杆经过一系列的操作予以确定。

在实践上，构成坐标系的刚性平面一般来说是用不着的；还有，坐标的大小实际上不是用量杆结构确定的，而是用间接的方法确定的。如果要物理学和天文学所得的结果保持其清楚明确的性质，就必须始终按照上述考虑来寻求位置标示的物理意义。[①]

由此我们得到如下的结果：事件在空间中的位置的每一种描述都要使用为描述这些事件而必须参照的一个刚体。所得出的关系是以假定欧几里得几何学的定理适用于“距离”为依据；“距离”在物理上一般习惯是以一刚体上的两个标记来表示。

① 在开始论述广义相对论（将在本书第二部分讨论）之前，还不需要对这些看法加以纯化和修改。

3 经典力学中的空间和时间

1882 年，3 岁的爱因斯坦。

力学的目的在于描述物体在空间中的位置如何随“时间”而改变。如果我未经认真思考、不加详细的解释就来表述上述的力学的目的，我的良心会承担违背力求清楚明确的神圣精神的严重过失。让我们来揭示这些过失。

这里，“位置”和“空间”应如何理解是不清楚的。设一列火车正在匀速地行驶，我站在车厢窗口松手丢下（不是用力投掷）一块石头到路基上。那么，如果不计空气阻力的影响，我看见石头是沿直线落下的。从人行道上观察这一举动的行人则看到石头是沿抛物线落到地面上的。现在我问：石头所经过的各个“位置”是“的确”在一条直线上，还是在一条抛物线上的呢？还有，所谓“在空间中”的运动在这里是什么意思呢？根据前一节的论述，就可以做出十分明白的答案。首先，我们要完全避开“空间”这一模糊的字眼。我们必须老实承认，对于“空间”一词，我们无法构成丝毫概念；因此我们代之以“相对于在实践上可看作刚性的一个参考物体的运动”。关于相对于参考物体（火车车厢或铁路路基）的位置，在前节中已作了详细的规定。如果我们引入“坐标系”这个有利于数学描述的观念来代替“参考物体”，我们就可以说：石块相对于与车厢牢固地连接在一起的坐标系走过了一条直线，但相对于与地面（路基）牢固地连接在一起的坐标系，则石块走过了一条抛物线，借助于这一实例可以清楚地知道不会有独立存在的轨线（字面意义是“路程——曲线”[①]）；而只有相对于特定的参考物体的轨线。

为了对运动作完整的描述，我们必须说明物体如何随时间而改变其位置；亦即对于轨线上的每一个点必须说明该物体在什么时刻位于该点上。这些数据必须补充这样一个关于时间的定义，依靠这个定义，这些时间值可以在本质上看作可观测的量（即测量的结果）。如果我们从经典力学的观点出发，我们就能够举出下述的实例来满足这个要求。设想有两个构造完全相同的钟；站在车厢窗口的人拿着其中的一个，在人行道上的人拿着另一个。两个观察者各自按照自己所持时钟的每一声滴答刻画下的时间来确定石块相对于他自己的参考物体所占据的位置。在这里我们没有计入因光的传播速度的有限性而造成的不准确性。对于这一点以及这里的另一个主要困难，我们将在以后详细讨论。

1884 年的爱因斯坦（5 岁）和他的妹妹玛雅（3 岁）。

① 即物体沿着运动的曲线。

4 伽利略坐标系

众所周知，伽利略–牛顿力学的基本定律（称为惯性定律）可以表述如下：一物体在离其他物体足够远时，一直保持静止状态或保持匀速直线运动状态。这个定律不仅谈到了物体的运动，还指出了不违反力学原理的、可在力学描述中加以应用的参考物体或坐标系。相对于人眼可见的恒星那样的物体，惯性定律无疑是在相当高的近似程度上能够成立的。现在如果我们使用一个与地球牢固地连接在一起的坐标系，那么，相对于这一坐标系，每一颗恒星在一个天文日当中都要描画一个具有莫大的半径的圆，这个结果与惯性定律的陈述是相反的。因此，如果我们要遵循这个定律，我们就只能参照恒星在其中不做圆周运动的坐标系来考察物体的运动。若一坐标系的运动状态使惯性定律对于该坐标系而言是成立的，该坐标系即称为“伽利略坐标系”。伽利略–牛顿力学诸定律只有对于伽利略坐标系来说才能认为是有效的。

1889 年慕尼黑卢伊特波尔德中学 (Luitpold-Gymnasium)。爱因斯坦曾在这里就读，该校在“第二次世界大战”中被毁。那时候的德国高中过分强调人文学科，而不重视科学与数学。爱因斯坦在这里经常遭受打击，他后来很少提及这段不幸的日子。

5　相对性原理（狭义）

为了使我们的论述尽可能地清楚明确，让我们回到设想为匀速行驶中的火车车厢这个实例上来。我们称该车厢的运动为一种匀速平移运动（称为“匀速”是由于速度和方向是恒定的；称为“平移”是由于虽然车厢相对于路基不断改变其位置，但在这样的运动中并无转动）。设想一只大乌鸦在空中飞过，它的运动方式从路基上观察是匀速直线运动。如果我们在行驶着的车厢上观察这只飞鸟，我们就会发现这只乌鸦是以另一种速度和方向在飞行，但仍然是匀速直线运动。用抽象的方式来表述，我们可以说：若一质量 m 相对于一坐标系 K 做匀速直线运动，只要第二个坐标系 K' 相对于 K 是在做匀速平移运动，则该质量相对于第二个坐标系 K' 亦做匀速直线运动。根据上节的论述可以推出：

若 K 为一伽利略坐标系，则其他每一个相对于 K 做匀速平移运动的坐标系 K' 亦为一伽利略坐标系。相对于 K'，正如相对于 K 一样，伽利略–牛顿力学定律也是成立的。

如果我们把上面的推论作如下的表述，我们在推广方面就前进了一步：如果 K' 是相对于 K 做匀速运动而无转动的坐标系，那么，自然现象相对于坐标系 K' 的实际演变将与相对于坐标系 K 的实际演变一样依据同样的普遍定律。这

1889 年，慕尼黑卢伊特波尔德中学的合影。52 个男孩中只有爱因斯坦勉强露出一丝笑容（第一排右三）。

个陈述称为相对性原理（狭义）。

只要人们确信一切自然现象都能够借助于经典力学来得到完善的表述，就没有必要怀疑这个相对性原理的正确性。但是由于近几年在电动力学和光学方面的发展，人们越来越清楚地看到，经典力学为一切自然现象的物理描述所提供的基础还是不够充分的。到这个时候，讨论相对性原理的正确性问题的时机就成熟了，而且当时看来对这个问题作否定的答复并不是不可能的。

然而有两个普遍事实在一开始就给予相对性原理的正确性以很有力的支持。虽然经典力学对于一切物理现象的理论表述没有提供一个足够广阔的基础，但是我们仍然必须承认经典力学在相当大的程度上是“真理”，因为经典力学对天体的实际运动的描述，所达到的精确度简直是惊人的。因此，在力学的领域中应用相对性原理必然达到很高的准确度。一个具有如此广泛的普遍性的原理，在物理现象的一个领域中的有效性具有这样高的准确度，而在另一个领域中居然会无效，这从先验的观点来看是不大可能的。

现在我们来讨论第二个论据，这个论据以后还要谈到。如果相对性原理（狭义）不成立，那么，彼此做相对匀速运动的 K、K' 、K'' 等一系列伽利略坐标系，对于描述自然现象就不是等效的。在这个情况下我们就不得不相信自然界定律能够以一种特别简单的形式来表述，这当然只有在下列条件下才能做到，即我们已经从一切可能有的伽利略坐标系中选定了一个具

1893 年，14 岁时的爱因斯坦和妹妹玛雅。根据玛雅的回忆：“即使有一伙吵闹不休的人在周围，爱因斯坦也可以在沙发上躺下来，拿起笔和纸，把墨水瓶很不安全地放在背架上，全神贯注于一个问题的思考，周围的噪声非但没有打扰他，反而激发了他的思想。”

有特别的运动状态的坐标系（K_0）作为我们的参考物体。这样我们就会有理由（由于这个坐标系对描述自然现象具有优点）称这个坐标系是“绝对静止的”，而所有其他的伽利略坐标系 K 都是“运动的”。举例来说，设我们的铁路路基是坐标系 K_0，那么我们的火车车厢就是坐标系 K，相对于坐标系 K 成立的定律将不如相对于坐标系 K_0 成立的定律那样简单。定律的简单性的此种减退是由于车厢 K 相对于 K_0 而言是运动的（亦即“真正”是运动的）。在参照 K 所表述的普遍的自然界定律中，车厢速度的大小和方向必然是起作用的。又例如，我们应该预料到，一个风琴管当它的轴与运动的方向平行时所发出的音调将不同于当它的轴与运动的方向垂直时所发出的音调。由于我们的地球是在环绕太阳的轨道上运行，因而我们可以把地球比作以每秒大约 30 千米的速度行驶的火车车厢。如果相对性原理是不正确的，我们就应该预料到，地球在任一时刻的运动方向将会在自然界定律中表现出来，而且物理系统的行为将与其相对于地球的空间取向有关。由于在一年中地球公转速度的方向的变化，地球不可能在全年中相对于假设的坐标系 K_0 处于静止状态。但是，最仔细地观察也从来没有显示出地球物理空间的这种各向异性（即不同方向的物理不等效性）。这是一个支持相对性原理的十分强有力的论据。

1893 年，爱因斯坦 14 岁时在影楼拍摄的照片。

6　经典力学中所用的速度相加定理

假设我们的旧相识，火车车厢在铁轨上以恒定速度v行驶；并假设有一个人在车厢里沿着车厢行驶的方向以速度w从车厢一头走到另一头。那么在这个过程中，对于路基而言，这个人向前走得有多快呢？换句话说，这个人前进的速度W有多大呢？唯一可能的解答似乎可以根据下列考虑而得：如果这个人站住不动一秒钟，在这一秒钟里他就相对于路基前进了一段距离v，在数值上与车厢的速度相等。但是，由于他在车厢中向前运动，在这一秒钟里他相对于车厢向前走了一段距离w，也就是相对于路基又多走了一段距离w，这段距离在数值上等于这个人在车厢里走动的速度。这样，在所考虑的这一秒钟里他总共相对于路基走了距离$W=v+w$。我们以后将会看到，表述了经典力学的速度相加定理的这一结果，是不能加以支持的；换句话说，我们刚才写下的定律实质上是不成立的。但目前我们暂时假定这个定理是正确的。

1895年，爱因斯坦来到苏黎世以西的阿劳州立中学。与慕尼黑的学校相比，这里风行的是瑞士教育改革家佩斯特拉齐的自由教育理念，专制主义气氛较少。

7　光的传播定律与相对性原理的表面抵触

在物理学中几乎没有比真空中光的传播定律更简单的定律了。学校里的每个儿童都知道，或者相信他们知道，光在真空中沿直线以速度 $c=$ 300 000 千米 / 秒传播。无论如何我们非常精确地知道，这个速度对于所有各色光线都是一样的。因为如果不是这样，则当一颗恒星为其邻近的黑暗星体所掩食时，其各色光线的最小发射值就不会同时被看到。荷兰天文学家德・西特（De Sitter）根据对双星的观察，也以相似的理由指出，光的传播速度不能依赖于发光物体的运动速度。关于光的传播速度与其“在空间中”的方向有关的假定，实质上也是难以成立的。

总之，我们可以假定关于光（在真空中）的速度 c 是恒定的这一简单的定律已有充分的理由为学校里的儿童所确信。谁会想到这个简单的定律竟会使思想周密的物理学家陷入智力上的极大的困难呢？让我们来看看这些困难是怎样产生的。

当然我们必须参照一个刚体（坐标系）来描述光的传播过程（对于所有其他的过程而言确实也都应如此）。我们再次选取我们的路基作为这种参考系。我们设想路基上面的空气已经被抽空。如果沿着路基发出一道光线，根据上面的论述我们可以看到，这道光线的前端将相对于路基以速度 c 传播。现在我们假定我们的车厢仍然以速度 v 在路轨上行驶，其方向与光线的方向相同，不过车厢的速度当然要比光的速度小得多。我们来研究一下这光线相对于车厢的传播速度问题。显然我们在这里可以应用前一节的推论，因为光线在这里就充当了相对于车厢走动的人。人相对于路基的速度 W 在这里由光相对于路基的速度代替。w 是所求的光相对于车厢的速度，我们得到：

$$w=c-v$$

于是光线相对于车厢的传播速度就出现了小于 c 的情况。

但是这个结果是与前文第 5 节所阐述的相对性原理相抵触的。因为，根据相对性原理，真空中光的传播定律，就像所有其他普遍的自然界定律一样，不论以车厢作为参考物体还是以路轨作为参考物体，都必须是一样的。但是，从我们前面的论述看来，这一点似乎是不可能成立的。如果所有的光线相对于路基都以速度 c 传播，那么由于这个理由似乎光相对于车厢的传播就必然服从另一定律——这是一个与相对性原理相抵触的结果。

由于这种抵触，除了放弃相对性原理或放弃真空中光的传播的简单定律以外，其他办法似乎是没有的。仔细地阅读了以上论述的读者几乎都相信我们应该保留相对性原理，这是因

Albert Einstein

Mes projets d'avenir.

Un homme heureux est trop content du présent pour penser beaucoup à l'avenir. Mais de l'autre côté ce sont surtout les jeunes gens qui aiment à s'occuper de hardis projets. Du reste c'est aussi une chose naturelle pour un jeune homme sérieux, qu'il se fasse une idée aussi précise que possible du but de ses désirs.

Si j'avais le bonheur de passer heureusement mes examens, j'irai à l'école polytechnique de Zurich. J'y resterais quatre ans pour étudier les mathématiques et la physique. Je m'imagine (de) devenir professeur dans ces branches de science naturelles, en choisissant la partie théorétique de ces sciences.

1896 年 9 月，爱因斯坦在他毕业考试的法语作文中精确地描述了对未来的计划：“如果能顺利通过考试，我将到苏黎世联邦理工学院攻读数学和物理。”

为相对性原理如此自然而简单，在人们的思想中具有很大的说服力。因而，真空中光的传播定律就必须由一个能与相对性原理一致的比较复杂的定律所取代。但是，理论物理学的发展说明了我们不能遵循这一途径。具有划时代意义的洛伦兹对于与运动物体相关的电动力学和光学现象的理论研究表明，在这个领域中的经验无可争辩地导致了关于电磁现象的一个理论，而真空中光速恒定定律是这个理论的必然推论。因此，尽管不曾发现与相对性原理相抵触的实验数据，许多著名的理论物理学家还是比较倾向于舍弃相对性原理。

相对论就是在这个关头产生的。由于分析了时间和空间的物理概念，人们开始清楚地看到，相对性原理和光的传播定律实际上丝毫没有抵触之处，如果系统地贯彻这两个定律，就能够得到一个逻辑严谨的理论。这个理论已称为狭义相对论，以区别于推广了的理论，对于广义理论我们将留待以后再去讨论。下面我们将叙述狭义相对论的基本观念。

1896 年 10 月，17 岁的爱因斯坦进入苏黎世联邦理工学院。图为该学院的物理楼，但这里所学的知识并没有太多让爱因斯坦感兴趣的理论物理学课程，他常常逃课，以自学著称。

8 物理学的时间观

在我们的铁路路基上彼此相距相当远的两处 A 和 B，雷电击中了铁轨。我再补充一句，这两处的雷电闪光是同时发生的。如果我问你这句话有没有意义，你会很肯定地回答说："有。"但是，如果我接下去请你更确切地向我解释一下这句话的意义，那么你再考虑一下以后就会感到回答这个问题并不像乍看起来那样容易。

经过一些时间的考虑之后，你或许会想出如下的回答："这句话的意义本来就是清楚的，无须再加解释；当然，如果要我用观测的方法来确定在实际情况中这两个事件是否同时发生的，我就需要考虑考虑。"对于这个答复我不能感到满意，理由如下。假定有一位能干的气

1896 年，爱因斯坦（前排左一）与阿劳州立中学的同学合影。

象学家经过巧妙的思考发现闪电必然同时击中 A 处和 B 处的话，那么我们就面对着这样的任务，即必须检验一下这个理论结果是否与实际相符。在一切物理陈述中凡是含有“同时”概念之处，我们都遇到了同样的困难。对于物理学家而言，在他有可能判断一个概念在实际情况中是否真被满足以前，这概念就还不能成立。因此我们需要有这样一个同时性定义，这定义必须能提供一个方法，以便在本例中使物理学家可以用这个方法通过实验来确定那两处雷击是否真正同时发生。如果在这个要求还没有得到满足以前，我就认为我能够赋予同时性这个说法以某种意义，那么作为一个物理学家，这就是自欺欺人（当然，如果我不是物理学家也是一样）。（请读者完全搞通这一点之后再继续读下去。）

图为在苏黎世联邦理工学院读书时的爱因斯坦。

在经过一些时间的思考之后，你提出下列建议来检验同时性。沿着铁轨测量就可以量出连线 AB 的长度，然后把一位观察者安置在距离 AB 的中点 M。这位观察者应备有一种装置（例如相互成 90° 的两面镜子），使他用目力一下子就能够既观察到 A 处又观察到 B 处。如果这位观察者的视神经在同一时刻感觉到这两处雷电闪光，那么这两处雷电闪光就必定是同时的。

对于这个建议我感到十分高兴，但是尽管如此我仍然不能认为问题已经完全解决，因为我感到不得不提出以下的不同意见：“如果我能够知道，观察者站在 M 处赖以看到闪电的那些光，从 A 传播到 M 的速度与从 B 传播到 M 的速度确实相同，那么你的定义当然是对的。但是，要对这个假定进行验证，只有我们已经掌握测量时间的方法才有可能。因此从逻辑上看来我们好像尽是在这里兜圈子。"

经过进一步考虑后，你带着些轻蔑的神气瞟我一眼（这是无可非议的），并宣称，"尽管如此，我仍然维持我先前的定义，因为实际上这个定义完全没有对光作过任何假定。对于同时性的定义仅有一个要求，那就是在每一个实际情况中这个定义必须为我们提供一个实验方法来判断所规定的概念是否真被满足。我的定义已经满足这个要求是无可争辩的。光从 A 传播到 M 与从 B 传播到 M 所需时间相同，这实际上既不是关于光的物理性质的假定，也不是关于光的物理性质的假说，而仅是为了得出同时性的定义我按照我自己的自由意志所能做出的一种规定。"

显然这个定义不仅能够对两个事件的同时性，还能够对我们愿意选定的任意多个事件的同时性规定出一个确切的意义，而与这些事件发生的地点相对于参考物体（在这里就是铁路

1902 年，"奥林匹亚科学院"的三员大将：（左起）康拉德·哈比希特、莫里斯·索罗文和爱因斯坦。

路基）的位置无关。[①] 由此我们也可以得出物理学的“时间”定义。为此，我们假定把构造完全相同的钟放在铁路线（坐标系）上的 A、B 和 C 诸点上，并这样校准它们，使它们的指针同时（按照上述意义来理解）指着相同的位置。在这些条件下，我们把一个事件的“时间”理解为放置在该事件的（空间）最邻近处的那个钟上的读数（指针所指位置）。这样，每一个本质上可以观测的事件都有一个时间数值与之相联系。

这个规定还包含着另一个物理假说，如果没有相反的实验证据的话，这个假说的有效性是不大会被人怀疑的。这里已经假定，如果所有这些钟的构造完全一样，它们就以同样的时率走动。说得更确切些：如果我们这样校准静止在一个参考物体的不同地方的两个钟，使其中一个钟的指针指着某一个特定的位置的同时（按照上述意义来理解），另一个钟的指针也指着相同的位置，那么完全相同的“指针位置”就总是同时的（同时的意义按照上述定义来理解）。

① 我们进一步假定，如果有三个事件 A、B 和 C 在不同地点按照下列方式发生，即 A 与 B 同时，而 B 又与 C 同时（同时的意义按照上述定义来理解），那么 A 和 C 这一对事件的同时性的判据就也得到了满足。这个假定是关于光的传播定律的一个物理假说；如果我们支持真空中光速恒定定律，这个假定就必然被满足。

9 同时性的相对性

到目前为止，我们的论述一直是参照我们称之为“铁路路基”的一个特定的参考物体来进行的。假设有一列很长的火车，以恒速 v 沿着图 1 所标明的方向在轨道上行驶。在这列火车上旅行的人们可以很方便地把火车当作刚性参考物体（坐标系）；他们参照火车来观察一切事件。因而，在铁路线上发生的每一个事件也在火车上某一特定的地点发生。而且完全和相对于路基所作的同时性定义一样，我们也能够相对于火车做出同时性的定义。但是，作为一个自然的推论，下述问题就随之产生：

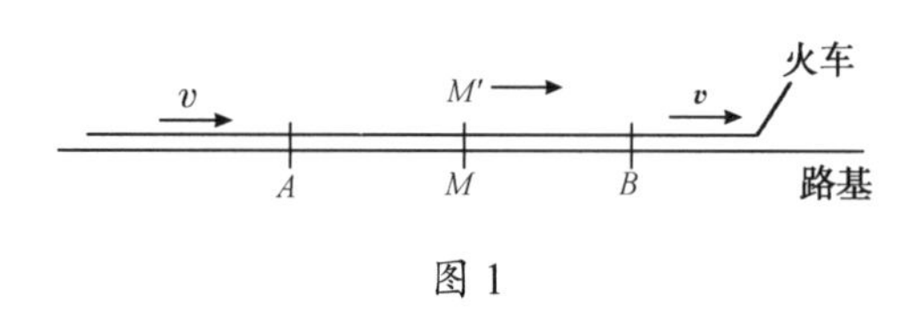

图 1

对于铁路路基来说是同时的两个事件（例如 A、B 两处雷击），对于火车来说是否也是同时的呢？我们将直接证明，回答必然是否定的。

当我们说 A、B 两处雷击相对于路基而言是同时的，我们的意思是：在发生闪电的 A 处和 B 处所发出的光，在路基 A → B 这段距离的中点 M 相遇。但是事件 A 和 B 也对应于火车上的 A 点和 B 点。令 M′ 为在行驶中的火车上 A → B 这段距离的中点。正当雷电闪光发生的时候，[①] 点 M′ 自然与点 M 重合，但是点 M′ 以火车的速度 v 向图中的右方移动。如果坐在火车上 M′ 处的一个观察者并不具有这个速度，那么他就总是停留在 M 点，雷电闪光 A 和 B 所发出的光就同时到达他这里，也就是说正好在他所在的地方相遇。可是实际上（相对于铁路路基来考虑）这个观察者正在朝着来自 B 的光线急速行进，同时他又是在来自 A 的光线的前方向前行进。因此这个观察者将先看见自 B 发出的光线，后看见自 A 发出的光线。所以，把列车当作参考物体的观察者就必然得出这样的结论，即雷电闪光 B 先于雷电闪光 A 发生。这样我们就得出以下的重要结果：

对于路基是同时的若干事件，对于火车并不是同时的，反之亦然（同时性的相对性）。每一个参考物体（坐标系）都有它本身的特殊的时间；除非我们讲出关于时间的陈述是相对于哪一个参考物体的，否则关于一个事件的时间的陈述就没有意义。

在相对论创立以前，在物理学中一直存在着一个隐含的假定，即时间的陈述具有绝对的意义，亦即时间的陈述与参考物体的运动状态

① 从路基上判断。

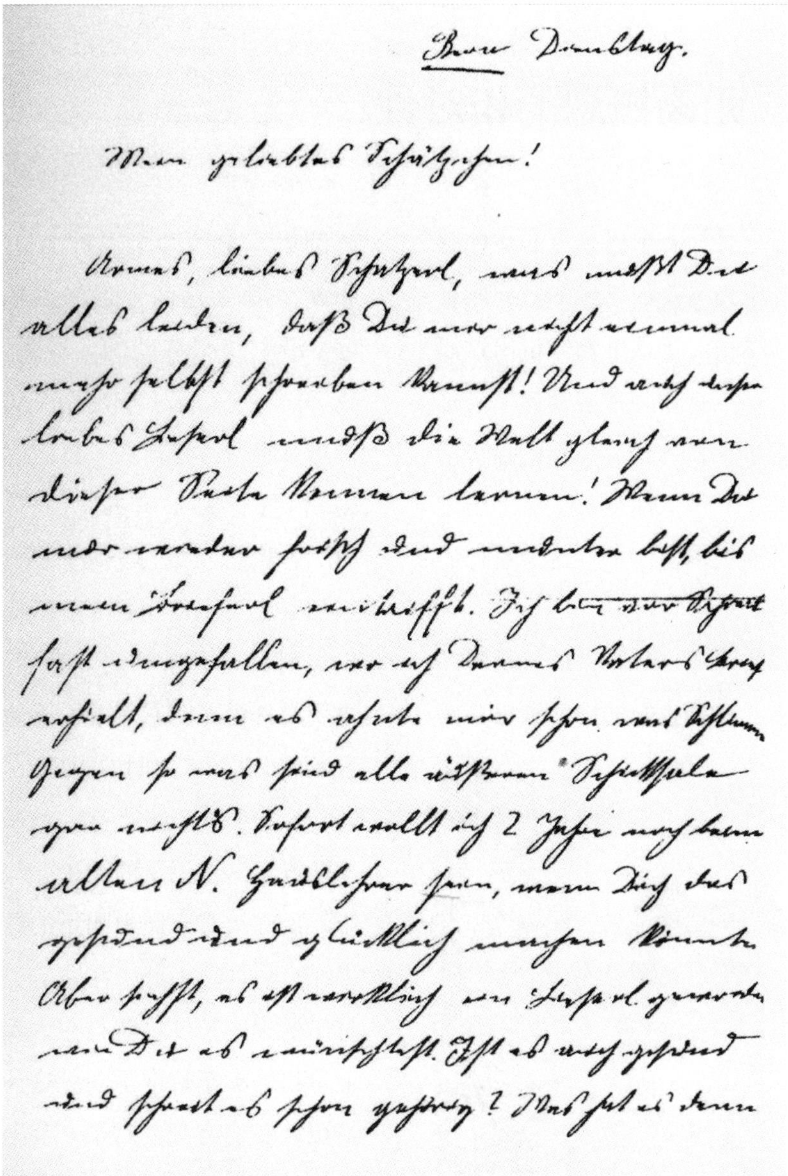

无关。但是我们刚才看到，这个假定与最自然的同时性定义是不相容的；如果我们抛弃这个假定，那么真空中光的传播定律与相对性原理之间的抵触（详见第7节）就消失了。

这个抵触是根据第6节的论述推论出来的，这些论点现在已经站不住脚了。在该节我们曾得出这样的结论：在车厢里的人如果相对于车厢每秒走距离w，那么在每一秒钟的时间里他相对于路基也走了相同的一段距离。但是，按照以上论述，相对于车厢发生一特定事件所需要的时间，绝不能认为就等于从路基（作为参考物体）上判断的发生同一事件所需要的时间。因此我们不能硬说在车厢里走动的人相对于铁路线走距离w所需的时间从路基上判断也等于一秒钟。

此外，第6节的论述还基于另一个假定。按照严格的探讨看来，这个假定是任意的，虽然在相对论创立以前人们一直在物理学中隐藏着这个假定。

1902年2月4日，爱因斯坦写给未婚妻米列娃·玛丽克（Milena Maric）的信。

10 距离概念的相对性

我们来考虑火车上的两个特定的点，① 火车以速度 v 在铁路上行驶，现在要研究这两个点之间的距离。我们已经知道，测量一段距离，需要有一个参考物体，以便相对于这个物体量出这段距离的长度。最简单的办法是利用火车本身作为参考物体（坐标系）。在火车上的一个观察者测量这段间隔的方法是用他的量杆沿着一条直线（例如沿着车厢的地板）一下一下地量，从一个给定的点到另一个给定的点需要量多少下他就量多少下。这个量杆需要量多少下的那个数字就是所求的距离。

如果火车上的这段距离需要从铁路线上来判断，那就是另一回事了。这里可以考虑使用下述方法。如果我们把需要求出其距离的火车上的两个点称为 A' 和 B'，那么这两个点是以速度 v 沿着路基移动的。首先，我们需要在路基上确定两个对应点 A 和 B，使其在一特定时刻 t 恰好各为 A' 和 B' 所通过（由路基判断）。路基上的 A 点和 B 点可以引用第 8 节所提出的时间定义来确定。然后，再用量杆沿着路基一下一下地量取 A、B 两点之间的距离。

1903 年的伯尔尼，爱因斯坦住所的前方。

从先验的观点来看，丝毫不能肯定这次测量的结果会与第一次在火车车厢中测量的结果完全一样。因此，在路基上量出的火车长度可能与在火车上量出的火车长度不同。这种情况使我们有必要对第 6 节中从表面上看来是明白的论述提出第二个不同意见。就是，如果在车厢里的人在单位时间内走了一段距离 w（在火车上测量的），那么这段距离如果在路基上测量并不一定也等于 w。

① 例如第 1 节车厢的中点和第 20 节车厢的中点。

11　洛伦兹变换

第8、第9和第10节的结果表明，光的传播定律与相对性原理的表面抵触（第7节）是根据这样一种考虑推导出来的，这种考虑从经典力学借用了两个不确当的假设；这两个假设就是：

（1）两事件的时间间隔（时间）与参考物体的运动状况无关。

（2）一刚体上两点的空间间隔（距离）与参考物体的运动状况无关。

如果我们舍弃这两个假设，第7节中的两难局面就会消失，因为第6节所导出的速度相加定理就失效了。看来真空中光的传播定律与相对性原理是可以相容的，因此就产生这样的问题：我们必须如何修改第6节的论述以便消除这两个基本经验结果之间的表面矛盾？这个问题导致了一个普遍性问题。在第6节的讨论中，我们既要相对于火车又要相对于路基来谈地点和时间。如果我们已知一事件相对于铁路路基的地点和时间，如何求出该事件相对于火车的地点和时间呢？对于这个问题能否想出能使真空中光的传播定律与相对性原理不相抵触的解答？换言之：我们能否设想，在各个事件相对于一个参考物体的地点和时间与各事件相对于另一个参考物体的地点和时间之间存在着这样一种关系，使得每一条光线无论相对于路基还是相对于火车，它的传播速度都是 c 呢？这个问题获得了一个十分明确的肯定解答，并且导致了用来把一个事件的空-时量值从一个参考物体变换到另一个参考物体的一个十分明确的变换定律。

在我们讨论这一点之前，我们将先提出需要附带考虑的下列问题。到目前为止，我们仅考虑了沿着路基发生的事件，这个路基在数学上必须假定它起一条直线的作用。如第2节所述，我们可以设想这个参考物体在横向和竖向各予补充一个用杆构成的框架，以便参照这个框架确定任何一处发生的事件的空间位置。同样，我们可以设想火车以速度 v 继续不断地横亘整个空间行驶着，这样，无论一事件有多远，我们也都能参照另一个框架来确定其空间位置。我们尽可不必考虑这两套框架实际上会不会因固体的不可入性而不断地相互干扰的问题；这

1903年1月6日，爱因斯坦和米列娃·玛丽克结婚。

样做不至于造成任何根本性的错误。我们可以设想，在每一个这样的框架中，画出三个互相垂直的面，称之为“坐标平面”（在整体上这些坐标平面共同构成一个“坐标系”）。于是，坐标系 K 对应于路基，坐标系 K' 对应于火车。一事件无论在何处发生，它在空间中相对于 K 的位置可以由坐标平面上的三条垂线 x，y，z 来确定，时间则由一时间量值 t 来确定。相对于 K'，此同一事件的空间位置和时间将由相应的量值 x'，y'，z'，t' 来确定，这些量值与 x，y，z，t 当然并不是全等的。关于如何将这些量值看作物理测量的结果，上面已作了详细的叙述。

显然我们面临的问题可以精确地表述如下。若一事件相于 K 的 x，y，z，t 诸量值已经给定，问同一事件相对于 K' 的 x'，y'，z'，t' 诸量值为何？在选定关系式时，无论是相对于 K 或是相对于 K'，对于同一条光线而言（当然对于每一条光线都必须如此）真空中光的传播定律必须被满足。若这两个坐标系在空间中的相对取向如图 2 所示，这个问题就可以由下列方程组解出：

$$x' = \frac{x - vt}{\sqrt{1 - \frac{v^2}{c^2}}}$$

$$y' = y$$

$$z' = z$$

$$t' = \frac{t - \frac{v}{c^2} \cdot x}{\sqrt{1 - \frac{v^2}{c^2}}}$$

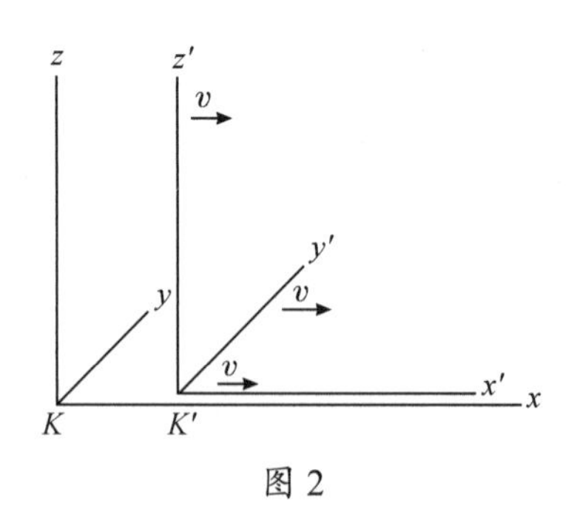

图 2

这个方程组称为“洛伦兹变换”[①]。

如果我们不根据光的传播定律，而根据旧力学中所隐含的时间和长度具有绝对性的假定，那么我们所得到的就不会是上述方程组，而是如下的方程组：

$$x' = x - vt$$

$$y' = y$$

$$z' = z$$

$$t' = t$$

这个方程组通常称为“伽利略变换”。在洛伦兹变换方程中，我们如以无穷大值代换光速 c，就可以得到伽利略变换方程。

通过下述例示，我们可以很容易地看到，按照洛伦兹变换，无论对于参考物体 K 还是对于参考物体 K'，真空中光的传播定律都是被满足的，例如，沿着正 x 轴发出一个光信号，这个光刺激按照下列方程前进

$$x = ct$$

亦即以速度 c 前进。按照洛伦兹变换方程，x 和 t 之间有了这个简单的关系，则在 x' 和 t' 之间当然也存在着一个相应的关系。事实也正是如此：把

① 洛伦兹变换的简单推导见附录 I（1）。

x 的值 ct 代入洛伦兹变换的第一个和第四个方程中，我们就得到：

$$x' = \frac{(c - v)t}{\sqrt{1 - \frac{v^2}{c^2}}}$$

$$t' = \frac{\left(1 - \frac{v}{c}\right)t}{\sqrt{1 - \frac{v^2}{c^2}}}$$

这两方程相除，即直接得出下式：

$$x' = ct'$$

亦即参照坐标系 K'，光的传播应当按照此方程式进行。由此我们看到，光相对于参考物体 K' 的传播速度同样也是等于 c。对于沿着任何其他方向传播的光线我们也得到同样的结果。当然，这一点是不足为奇的，因为洛伦兹变换方程就是依据这个观点推导出来的。

1904 年 5 月 14 日，爱因斯坦的大儿子汉斯出生。

1904 年爱因斯坦夫妇以及他们的儿子汉斯。

1905 年，爱因斯坦夫妇与汉斯。

12 量杆和钟在运动时的行为

我沿着 K' 的 x' 轴放置一根米尺，令其一端（始端）与点 $x'=0$ 重合，另一端（末端）与点 $x'=1$ 重合。问米尺相对于参考系 K 的长度为何？要知道这个长度，我们只需要求出在参考系 K 的某一特定时刻 t、米尺的始端和末端相对于 K 的位置。借助于洛伦兹变换第一个方程，该两点在时刻 $t=0$ 的值可表示为

$$x_{(\text{米尺始端})}=0\sqrt{1-\frac{v^2}{c^2}}$$

$$x_{(\text{米尺末端})}=1\sqrt{1-\frac{v^2}{c^2}}$$

两点间的距离为 $\sqrt{1-\frac{v^2}{c^2}}$。但米尺相对于 K 以速度 v 运动。因此，沿着其本身长度的方向以速度 v 运动的刚性米尺的长度为 $\sqrt{1-v^2/c^2}$ 米。因此刚性米尺在运动时比在静止时短，而且运动得越快刚尺就越短。当速度 $v=c$，我们就有 $\sqrt{1-v^2/c^2}=0$，对于较此更大的速度，平方根就变为虚值。由此我们得出结论：在相对论中，速度 c 具有极限速度的意义，任何实在的物体既不能达到也不能超出这个速度。

当然，速度 c 作为极限速度的这个特性也可以从洛伦兹变换方程中清楚地看到，因为如果我们选取比 c 大的 v 值，这些方程就没有意义。

反之，如果我们所考察的是相对于 K 静止在 x 轴上的一根米尺，我们就应该发现，当从 K' 去判断时，米尺的长度是 $\sqrt{1-v^2/c^2}$，这与相对性原理完全相合，而相对性原理是我们进行考察的基础。

从先验的观点来看，显然我们一定能够从变换方程中对量杆和钟的物理行为有所了解，因为 x，y，z，t 诸量不多也不少正是借助于量杆和钟所能获得的测量结果。如果我们根据伽利略变换进行考察，我们就不会得出量杆因运

1905 年爱因斯坦和米列娃。

动而收缩的结果。

我们现在考虑永久放在 K' 的原点（$x'=0$）上的一个按秒报时的钟。$t'=0$ 和 $t'=1$ 对应于该钟接连两声滴答。对于这两次滴答，洛伦兹变换的第一个和第四个方程给出：

$$t=0$$

和

$$t=\frac{1}{\sqrt{1-\frac{v^2}{c^2}}}$$

从 K 去判断，该钟以速度 v 运动；从这个参考物体去判断，该钟两次滴答之间所经过的时间不是 1 秒，而是 $\frac{1}{\sqrt{1-\frac{v^2}{c^2}}}$ 秒，亦即比 1 秒钟长一些。该钟因运动而比静止时走得慢了。速度 c 在这里也具有一种不可达到的极限速度的意义。

1905 年，爱因斯坦与米列娃的合影。这时的米列娃已经放弃她的专业，专心做妻子和母亲。

1907 年，爱因斯坦、米列娃与儿子汉斯。

13 速度相加定理 斐索实验

在实践上我们使钟和量杆运动所能达到的速度与光速相比是相当小的；因此我们不大可能将前节的结果直接与实在的情况比较。但是，另一方面，这些结果必然会使读者感到十分奇特；因此，我将从这个理论再来推出另外一个结论，这个结论很容易从前面的论述中推导出来，而且这个结论已十分完美地为实验所证实。

在第6节我们推导出同向速度相加定理，其所取形式也可以由经典力学的假设推出。这个定理也可以很容易地由伽利略变换（第11节）推演出来。我们引进相对于坐标系K'按照下列方程运动的一个质点来代替在车厢里走动的人

$$x' = wt'$$

借助于伽利略变换的第一个和第四个方程，我们可以用x和t来表示x'和t'，我们得到其间的关系式

$$x = (v + w)t$$

这个方程所表示的正是该点相对于坐标系K的运动定律（人相对于路基的运动定律）。我们用符号W表示这个速度，像在第6节一样，我们得到

$$W = v + w \qquad \text{(A)}$$

但是我们同样也可以根据相对论来进行这一探讨。在方程

$$x' = wt'$$

中我们必须引用洛伦兹变换的第一个和第四个方程借以用x和t来表示x'和t'。这样我们得到的就不是方程（A），而是方程

$$W = \frac{v + w}{1 + \frac{vw}{c^2}} \qquad \text{(B)}$$

这个方程对应于以相对论为依据的另一个同向速度相加定理。现在引起的问题是这两个定理哪一个更好地与经验相符合。关于这个问题，我们可以从杰出的物理学家斐索在半个多世纪以前所做的一个极为重要的实验上得到启发，这个实验在后来曾由一些最优秀的实验物理学家重新做过，因此，这个实验的结果是无可怀疑的。这个实验涉及下述问题。光以特定速度w在静止的液体中传播。现在如果上述液体以速度v在管T内流动，那么光在管内沿箭头（图3）所指方向的传播速度有多快呢？

按照相对性原理，我们当然必须认定光相对于液体总是以同一速度w传播的，不论此液体相对于其他物体运动与否。因此，光相对于液体的速度和液体相对于管的速度皆为已知，我们需要求出光相对于管的速度。

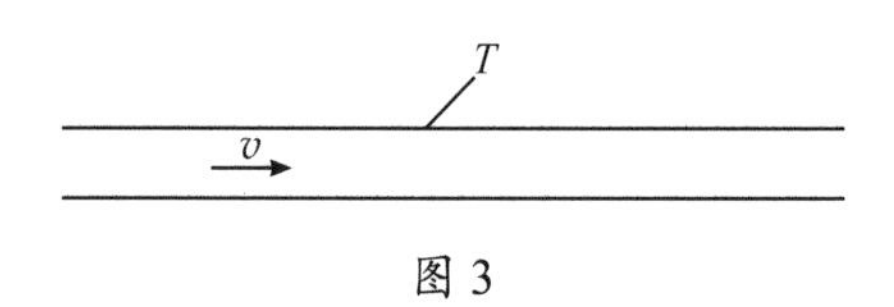

图3

Der Regierungsrat des Kantons Zürich,

nach Einsicht eines Antrages der Erziehungsdirektion und des Erziehungsrates,

beschließt:

I. Als außerordentlicher Professor für theoretische Physik an der II. Sektion der philosophischen Fakultät der Hochschule Zürich wird ernannt:

Herr Dr. Albert Einstein, von Zürich, zurzeit technischer Experte am eidgen. Amt für geistiges Eigentum und Privat-dozent an der Universität Bern.

II. Der Amtsantritt des Gewählten erfolgt auf 15. Oktober 1909.

III. Die Wahl geschieht auf eine Amtsdauer von sechs Jahren.

IV. Die Lehrverpflichtung umfasst, bei 6-8 Stunden wöchentlich, Vorlesungen in den Lehrgebieten der theoretischen Physik eventuell mit praktischen Übungen.

V. Die Jahresbesoldung beträgt außer den ordnungsgemäß den Dozenten zufallenden Kollegiengeldern Fr. 4,500.–.

VI. Der Gewählte ist verpflichtet, sich zum Eintritt in die Witwen- und Waisenkasse der Hochschullehrer anzumelden.

VII. Mitteilung an Herrn Dr. Albert Einstein in Bern.

Zürich, den 7. Mai 1909.

Vor dem Regierungsrat
Der Staatsschreiber:
D. A. Huber

888. H.

1909 年 5 月 7 日，爱因斯坦被任命为苏黎世大学理论物理学副教授，聘期为 6 年。虽然薪水没有在专利局的高，但爱因斯坦还是很高兴地跳槽了。

1911 年，第一届索尔维会议（Solvay conference）在布鲁塞尔召开，以后每三年举行一届。会上，才华横溢的爱因斯坦（右二）的发言给玛丽·居里（Marie Curie，1867—1934）留下了深刻的印象，此后他们成为真挚的朋友。

显然我们又遇到了第 6 节所论述的问题。管相当于铁路路基或坐标系 K，液体相当于车厢或坐标系 K'，而光则相当于沿着车厢走动的人或本节所引进的运动质点。如果我们用 W 表示光相对于管的速度，那么 W 就应按照方程（A）或方程（B）计算，视伽利略变换符合实际还是洛伦兹变换符合实际而定。实验①做出的决定是支持由相对论推出的方程（B），而且其符合的程度的确是很精确的。根据塞曼最近所作的极其卓越的测量，液体流速 v 对光的传播的影响确实可以用公式（B）来表示，而且其误差恒在百分之一以内。

然而我们必须注意到这一事实，即早在相对论提出以前，洛伦兹就已经提出了关于这个现象的一个理论。这个理论纯属电动力学性质，并且是引用关于物质的电磁结构的特别假说而得出的。然而这种情况丝毫没有减弱这个实验作为支持相对论的判决试验的确实性，因为原始的理论是由麦克斯韦-洛伦兹电动力学建立起来的，而后者与相对论并无丝毫抵触之处。说得更恰当些，相对论是由电动力学发展而来的，是以前相互独立的用以组成电动力学本身的各个假说的一种异常简明的综合和概括。

① 斐索发现 $W=w+v\left(1-\frac{1}{n^2}\right)$，其中 $n=\frac{c}{w}$ 是液体的折射率。另一方面由于 $\frac{vw}{c^2}$ 与 1 相比相当小，我们可以首先用 $W=(w+v)\left(1-\frac{vw}{c^2}\right)$ 代替（B），因而按照同一级的近似程度可以再用 $W=w+v\left(1-\frac{1}{n^2}\right)$ 代替（B），而此式是与斐索的实验结果相符合的。

14　相对论的启发作用

我们在前面各节的思路可概述如下。经验导致这样的论断，即一方面相对性原理是正确的，另一方面光在真空中的传播速度必须认为等于恒量 c。把这两个公理结合起来我们就得到有关构成自然界过程诸事件的直角坐标 x，y，z 和时间 t 在量值上的变换定律。关于这一点，与经典力学不同，我们所得到的不是伽利略变换，而是洛伦兹变换。

在这个思考过程中，光的传播定律——这是根据我们的实际知识有充分理由加以接受的一个定律——起了重要的作用。然而一旦有了洛伦兹变换，我们就可以把洛伦兹变换和相对性原理结合起来，并将得出的理论总括如下：

每一个普遍的自然界定律必须是这样建立的：若我们引用新的坐标系 K' 的空时变量 x'，y'，z'，t' 来代替原来的坐标系 K 的空时变量 x，y，z，t，则经过变换以后该定律仍将取与原来完全相同的形式。这里，不带撇的量和带撇的量之间的关系就由洛伦兹变换公式来决定。或简言之：普遍的自然界定律对于洛伦兹变换是协变的。

这是相对论对自然界定律所要求的一个明确的数学条件。因此，相对论在帮助探索普遍的自然界定律中具有宝贵的启发作用。反之，如果发现一个具有普遍性的自然界定律并不满足这个条件的话，就证明相对论的两个基本假定之中至少有一个是不正确的。现在让我们来看一看到目前为止相对论已确立了哪些普遍性结果。

1912 年，在苏黎世，爱因斯坦和数学家阿道夫·赫尔维茨（Adolf Hurwitz）及他的女儿莉斯贝思（Lisbeth），一起演奏小提琴。

15 狭义相对论的普遍性结果

我们前面的论述清楚地表明，（狭义）相对论是从电动力学和光学发展出来的。在电动力学和光学的领域中，狭义相对论对理论的预料并未作多少修改；但狭义相对论大大简化了理论的结构，亦即大大简化了定律的推导，而且更加重要得多的是狭义相对论大大减少了构成理论基础的独立假设的数目。狭义相对论使得麦克斯韦-洛伦兹理论看来好像很合理，以致即使实验没有明显地予以支持，这个理论也能为物理学家普遍接受。

1913 年夏，居里夫人及她的两个女儿和爱因斯坦及他的大儿子结伴去阿尔卑斯山进行徒步旅行。照片前排从左数：家庭女教师南莉小姐、爱娃·居里、汉斯·爱因斯坦。后排自左起：爱因斯坦、居里夫人、伊琳娜·居里。

经典力学需要经过修改才能与狭义相对论的要求取得一致。但是此种修改大体上只对物质的速度 v 比光速小得不多的高速运动定律有影响。我们只有在电子和离子的问题上才能遇到这种高速运动；对于其他运动则狭义相对论所得结果与经典力学定律相差极微，以致在实践中此种差异未能明确地表现出来。在我们未开始讨论广义相对论以前，将暂不考虑星体的运动。按照相对论，具有质量 m 的质点的动能不能再由众所周知的公式

$$m\frac{v^2}{2}$$

来表达，而是应由另一公式

$$\frac{mc^2}{\sqrt{1-\frac{v^2}{c^2}}}$$

来表达。当速度 v 趋近于光速 c 时，此式趋近于无穷大。因此，无论用于产生加速度的能量有多大，速度 v 必然总是小于 c。若将动能的表示式以级数形式展开，即得

$$mc^2+m\frac{v^2}{2}+\frac{3}{8}m\frac{v^4}{c^2}+\cdots$$

若$\frac{v^2}{c^2}$与1相比时相当微小，上式第三项与第二项相比也总是相当微小，所以在经典力学中一般不予计入而只考虑其中的第二项。第一项mc^2并不包含速度v，若我们只讨论质点的能量如何依速度而变化的问题，这一项也就不必加以考虑。我们将在以后再叙述它的本质上的意义。

狭义相对论导致的具有普遍性的最重要的结果是关于质量的概念。在相对论创立前，物理学确认两个具有基本重要性的守恒定律，即能量守恒定律和质量守恒定律；过去这两个基本定律看起来好像是完全相互独立的。借助于相对论，这两个定律已结合为一个定律。我们将简单地考察一下此种结合是如何实现的，并且会具有什么意义。

按照相对性原理的要求，能量守恒定律不仅对于坐标系K是成立的，而且对于每一个相对于K作匀速平移运动的坐标系K'也应当是成立的，或简言之，对于每一个“伽利略”坐标系都应该能够成立。

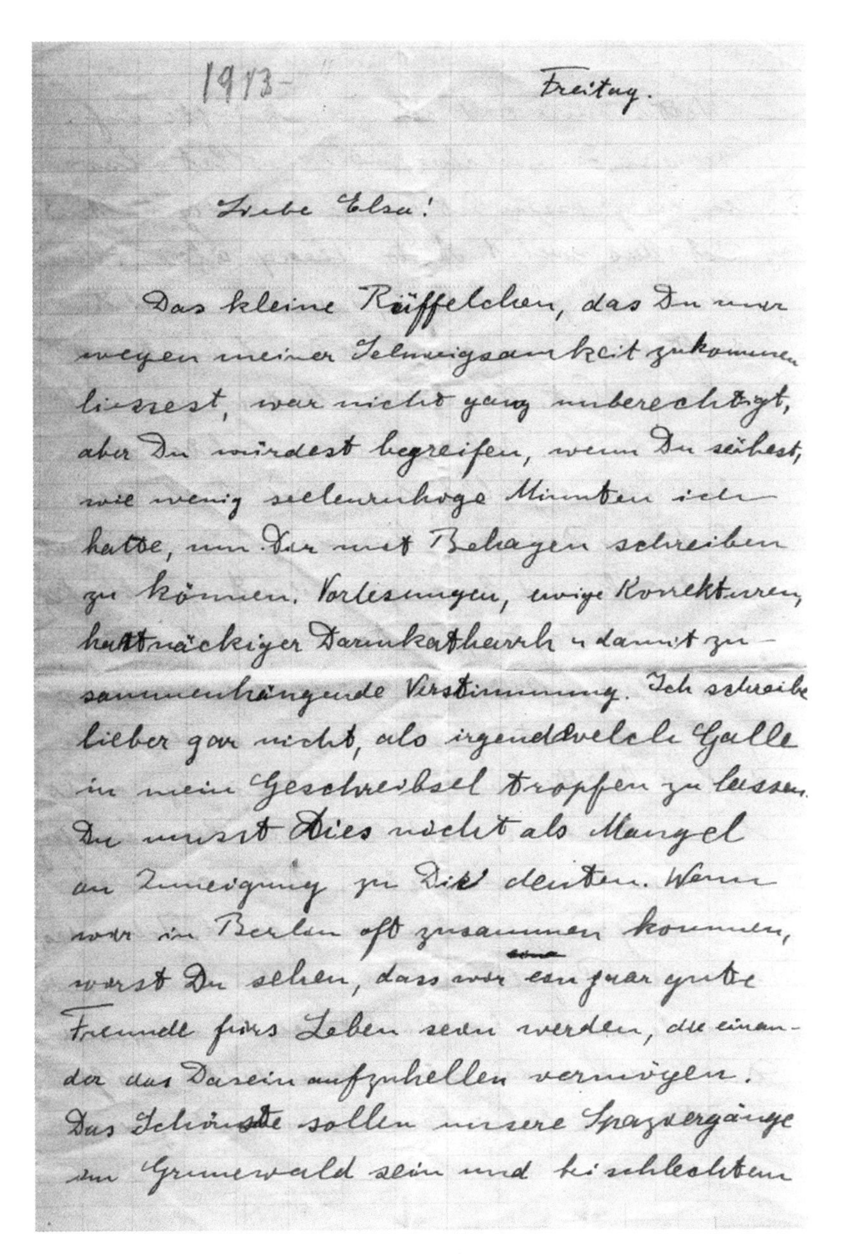
1913-

Freitag.

Liebe Elsa!

Das kleine Rüffelchen, das Du mir
wegen meiner Schweigsamkeit zukommen
liessest, war nicht ganz unberechtigt,
aber Du würdest begreifen, wenn Du sähest,
wie wenig seelenruhige Minuten ich
hatte, um Dir mit Behagen schreiben
zu können. Vorlesungen, ewige Korrekturen,
hartnäckiger Darmkatharrh u. damit zu-
sammenhängende Verstimmung. Ich schreibe
lieber gar nicht, als irgendwelche Galle
in mein Geschreibsel tropfen zu lassen.
Du musst dies nicht als Mangel
an Zuneigung zu Dir deuten. Wenn
wir in Berlin oft zusammen kommen,
wirst Du sehen, dass wir ein paar gute
Freunde fürs Leben sein werden, die einan-
der das Dasein aufzuhellen vermögen.
Das Schönste sollen unsere Spaziergänge
im Grunewald sein und b. schlechtem

1913年11月7日，爱因斯坦写给表姐爱尔莎的信。

与经典力学不同，从一个这样的坐标系过渡到另一个这样的坐标系时，洛伦兹变换是决定性的因素。

通过较为简单的探讨，我们就可以根据这些前提并结合麦克斯韦电动力学的基本方程得出以下结论：若一物体以速度 v 运动，以吸收辐射的形式吸收了相当的能量 E_0，① 在此过程中并不变更它的速度，则该物体因吸收而增加的能量将为

$$\frac{E_0}{\sqrt{1-\frac{v^2}{c^2}}}$$

考虑上述的物体动能表示式，就得到所求的物体的能量为

$$\frac{\left(m+\frac{E_0}{c^2}\right)c^2}{\sqrt{1-\frac{v^2}{c^2}}}$$

这样，该物体所具有的能量就与一个质量为 $\left(m+\frac{E_0}{c^2}\right)$、并以速度 v 运动的物体所具有的能量一样。因此我们可以说：若一物体吸收能量 E_0，则其惯性质量亦应增加一个 $\frac{E_0}{c^2}$ 的量；可见物体的惯性质量并不是一个恒量，而是随物体的能量的改变而改变的。甚至可以认为一个物系的惯性质量就是它的能量的量度。于是一个物系的质量守恒定律与能量守恒定律就成为同一的了，而且这质量守恒定律只有在该物系既不吸收也不放出能量的情况下才是正确的。现在将能量的表示式写成如下形式

$$\frac{mc^2+E_0}{\sqrt{1-\frac{v^2}{c^2}}}$$

我们看到，一直在吸引我们注意的 mc^2 只不过是物体在吸收能量 E_0 以前原来具有的能量。②

目前（指 1920 年；见本节末尾英文版附注）要将这个关系式与实验直接比较是不可能的，因为我们还不能够使一个物系发生的能量变化 E_0 大到足以使所引起的惯性质量变

1914 年，米列娃和两个孩子在一起。当时米列娃刚与爱因斯坦分居，爱德华 4 岁，汉斯 10 岁。

① E_0 是所吸收的能量，是从与物体一起运动的坐标系判断的。

② 从与物体一起运动的坐标系判断。

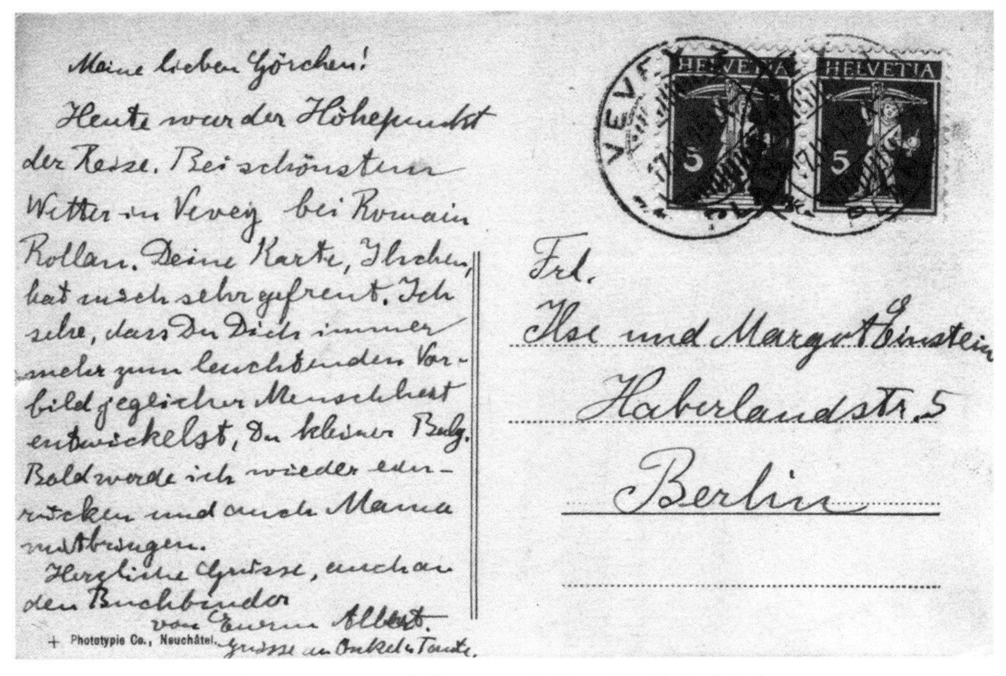
Meine lieben Görchen!
Heute war der Höhepunkt
der Reise. Bei schönstem
Wetter in Vevey bei Romain
Rolland. Deine Karte, Ilschen,
hat mich sehr gefreut. Ich
sehe, dass Du Dich immer
mehr zum leuchtenden Vor-
bild jeglicher Menschheit
entwickelst, Du kleiner Bub.
Bald werde ich wieder ein-
rücken und auch Mama
mitbringen.
Herzliche Grüsse, auch an
den Buchbinder
von Eurem Albert.
Grüsse an Onkel u. Tante.

Frl.
Ilse und Margot Einstein
Haberlandstr. 5
Berlin

1915 年 9 月 17 日，爱因斯坦写给他未来继女伊尔莎和玛戈特的明信片。

爱尔莎的两个女儿：伊尔莎和玛戈特，后改姓爱因斯坦。约 1912 年摄于柏林。

1916年的爱因斯坦。

化达到可以观察的程度。与能量发生变化前已存在的质量 m 相比，$\frac{E_0}{c^2}$ 是太小了。由于这种情况，经典力学才能够将质量守恒确立为一个具有独立有效性的定律。

最后让我就一个基本问题再说几句话。电磁超距作用的法拉第－麦克斯韦解释所获得的成功使物理学家确信，像牛顿万有引力定律类型的那种（不涉及中介媒质的）瞬时超距作用是没有的。按照相对论，我们总是用以光速传播的超距作用来代替瞬时超距作用（亦即以无限大速度传播的超距作用）。这点与速度 c 在相对论中起着重要作用的事实有关。在本书第二部分我们将会看到广义相对论如何修改了这一结果。

【英文版附注】 随着用 α 粒子、质子、氘核、中子或 γ 射线轰击元素而引起的核变化过程的实现，由关系式 $E = mc^2$ 表示的质能相当性已得到充分的证实。参与反应的各质量之和再加上轰击粒子（或光子）动能的等效质量，总是大于反应后所产生的各质量之和。两者之差就是所产生的粒子的动能的等效质量，或者是所放出的电磁能（γ 光子）的等效质量。同样，一个自发蜕变的放射性原子的质量，总是大于蜕变后所产生的各原子的质量之和，其差为所产生的粒子的动能的等效质量（或光子能的等效质量）。对核反应中所发出的光的能量进行测量，再结合此种反应的方程，就能够以很高的精确度计算出原子量。

罗伯特·伍·罗森

（Robert W. Lawson）

16　经验和狭义相对论

狭义相对论在多大的程度上得到经验的支持呢？这个问题是不容易回答的。不容易回答的理由已经在叙述斐索的重要实验时讲过了。狭义相对论是从麦克斯韦和洛伦兹关于电磁现象的理论中衍化出来的。因此，所有支持电磁理论的经验事实也都支持相对论。在这里我要提一下具有特别重要意义的一个事实，即相对论使我们能够预示地球对恒星的相对运动对于从恒星传到我们这里的光所产生的效应。这些结果是以极简单的方式获得的，而所预示的效应已证明是与经验相符合的。我们所指的是地球绕日运动所引起的恒星视位置的周年运动（光行差），以及恒星对地球的相对运动的径向分量对于从这些恒星传到我们这里的光的颜色的影响。后一个效应表现为，从恒星传播到我们这里的光的光谱线的位置与在地球上的光源所产生的相同的光谱线的位置相比确有微小的移动（多普勒原理）。支持麦克斯韦-洛伦兹理论同时也是支持相对论的实验论据多得不胜枚举。实际上这些论据对理论的可能性的限制已达到了只有麦克斯韦和洛伦兹的理论才能经得起经验的检验的程度。

但是有两类已获得的实验事实直到现在为止只有在引进一个辅助假设后才能用麦克斯韦-洛伦兹的理论来表示，而这个辅助假设就其本身而论（亦即如果不引用相对论的话）似乎是不能与麦克斯韦-洛伦兹理论联系在一起的。

大家知道，阴极射线和放射性物质发射出来的所谓β射线是由惯性很小而速度相当大的带负电的粒子（电子）构成的。考察一下此类射线在电场和磁场影响下的偏斜，我们就能够很精确地研究这些粒子的运动定律。

在对这些电子进行理论描述时，我们遇到了困难，即电动力学理论本身不能解释电子的本性。因为由于同号的电质量相互排斥，构成电子的负的电质量在其本身相互排斥的影响下就必然会离散，否则一定存在着另外一种力作

In letzter Zeit habe ich immer
an einem Schiff gearbeitet, das ich
aus einem einfachen Holzschächtelchen
gemacht habe.
Es kann sehr gut fahren
und ich habe viel Freude daran.
Viele Grüße
Dein Albert.

1916 年 11 月，汉斯写给父亲爱因斯坦的信。

Die Grundlage der allgemeinen Relativitätstheorie.

~~A. Prinzipielle Erwägungen zum Postulat der Relativität.~~

~~§1. Die spezielle Relativitätstheorie.~~

Die im Nachfolgenden dargelegte Theorie bildet die denkbar weitgehendste
Verallgemeinerung der heute allgemein als „Relativitätstheorie" bezeichneten
Theorie; die letztere nenne ich im Folgenden zur Unterscheidung von der ersteren „spezielle Relativitätstheorie" und setze sie
als bekannt voraus. Diese Verallgemeinerung der Relativitätstheorie wurde sehr erleichtert
durch die Gestalt, welche der speziellen Relativitätstheorie durch
Minkowski gegeben wurde, welcher Mathematiker zuerst die formale
Gleichwertigkeit der räumlichen Koordinaten und der Zeitkoordinate klar erkannte
und für den Aufbau der Theorie nutzbar machte. Die für die allgemeine
Relativitätstheorie nötigen mathematischen Hilfsmittel lagen fertig
bereit in dem „absoluten Differentialkalkül", welcher auf den Forschungen
von Gauss, ~~und~~ Riemann und Christoffel über nichteuklidische
Mannigfaltigkeiten ruht und von Ricci und Levi-Civita in ein
System gebracht und bereits ~~für~~ auf Probleme der theoretischen
Physik angewendet wurde. Ich habe im Abschnitt B der vorliegenden
Abhandlung alle für uns nötigen, bei dem Physiker nicht als bekannt
vorauszusetzenden mathematischen Hilfsmittel ~~[illegible]~~ in möglichst
einfacher und durchsichtiger Weise entwickelt, sodass ein Studium
mathematischer Literatur für das Verständnis der vorliegenden Abhand-
lung nicht erforderlich ist. Endlich sei an dieser Stelle dankbar
meines Freundes, des Mathematikers Grossmann gedacht, der mir ~~[illegible]~~
durch seine Hilfe nicht nur das Studium der einschlägigen
mathematischen Literatur ersparte, sondern mich auch beim Suchen
nach den Feldgleichungen der Gravitation ~~[illegible]~~ unterstützte. —

A. Prinzipielle Erwägungen zum Postulat der Relativität.

§1. ~~Die~~ Bemerkungen zu der speziellen Relativitätstheorie.

Der speziellen Relativitätstheorie ~~[illegible]~~ liegt ~~[illegible]~~ folgendes Postulat
zugrunde, welchem auch durch die Galilei-Newton'sche Mechanik Genüge
geleistet wird: Wird ein Koordinatensystem K so gewählt, dass inbezug
auf dasselbe die physikalischen Gesetze in ihrer einfachsten Form gelten,
so gelten dieselben Gesetze auch inbezug auf jedes andere Koordinaten-
system K', das relativ zu K in gleichförmiger Translationsbewegung
begriffen ist. Dies Postulat nennen wir „spezielles Relativitätsprinzip."
Durch das Wort „speziell" soll angedeutet werden, dass das Prinzip auf den

1916 年发表于《物理学纪事》的《广义相对论的基础》一文的手稿。这篇文章第一次系统地阐释了广义相对论。

用于它们之间，但这种力的本性到目前为止我们还未清楚。[①] 如果我们假定构成电子的电质量相互之间的相对距离在电子运动的过程中保持不变（即经典力学中所说的刚性连接），那么我们就会得出一个与经验不相符合的电子运动定律。洛伦兹是根据纯粹的形式观点引进下述假设的第一人，他假设电子的外形由于电子运动而在运动的方向发生收缩，收缩的长度与 $\sqrt{1-\frac{v^2}{c^2}}$ 成正比，这个没有被任何电动力学事实所证明的假设却给了我们一个在近年来以相当高的精确度得到证实的特别的运动定律。

相对论也导致了同样的运动定律，而不必借助于关于电子的结构和行为的任何特别假设。我们在第 13 节叙述斐索的实验时也得出了相似的结论，相对论预言了这个实验的结果，而不必引用关于液体的物理本性的假设。

我们所指的第二类事实涉及这样的问题，即地球在空间中的运动能否用在地球上所做的实验来观察。我们已在第 5 节谈过，所有这类企图都导致了否定的结果。在相对论提出以前，人们很难接受这个否定的结果，我们现在来讨论一下难以接受的原因。对于时间和空间的传统偏见不容许对伽利略变换在从一个参考物体变换到另一个参考物体中所占有的首要地位产生任何怀疑。设麦克斯韦–洛伦兹方程对于一个参考物体 K 是成立的，那么如果假定坐标系 K 和相对于 K 做匀速运动的坐标系 K' 之间存在着伽利略变换关系，我们就会发现这些方程对于 K' 不能成立。由此看来，在所有的伽利略坐标系中，必然有一个对应于一种特别运动状态的坐标系（K）具有物理的唯一性。过去对这个结果的物理解释是，K 相对于假设的空间中的以太是静止的。另一方面，所有相对于 K 运动着的坐标系 K' 就被认为都是在相对于以太运动着。

1917 年 7 月，爱因斯坦的两个儿子：爱德华和汉斯，摄于阿罗萨（Arosa）。

① 按照广义相对论，很可能电子的电质量是由于引力的作用而集结在一起的。

11. XI. 1918

Meine Lieben!

Das Grosse ist geschehen! Ich hatte jeglichen Zusammenbruch der Ordnung befürchtet. Aber bis jetzt ist die Bewegung wahrhaft imposant verlaufen, das grösste äussere Erlebnis, was denkbar war. Und was das drolligste ist: die Menschen finden sich merkwürdig leicht darein. Dass ich das erleben durfte!! Keine Pleite ist so gross, dass man sie nicht gerne in Kauf nähme um so einer herrlichen Kompensation willen. Bei uns ist der Militarismus und der Geheimratsdusel gründlich beseitigt.

Herzlichen Glückwunsch übrigens zu Deinem Geburtstag l. Maja. Wenns möglich ist, schicke ich Dir auch ein bisserl was.

Uns geht es bisher allen gut, auch gesundheitlich.

Beste Grüsse von Euerem

Albert.

Hat, die eine Hutrobe ist, kam geboren in eine kleine Galizierei hinein und gab Fersengeld.

A. Einstein Archive 29-388

1918 年 11 月 9 日，爱因斯坦在他的笔记本上标记出“（讲座）因革命而取消了”。两天后他满含热情地向妹妹玛雅和妹夫保罗报告柏林政府被推翻的消息。图为 1918 年 11 月 11 日寄给妹妹和妹夫的明信片。

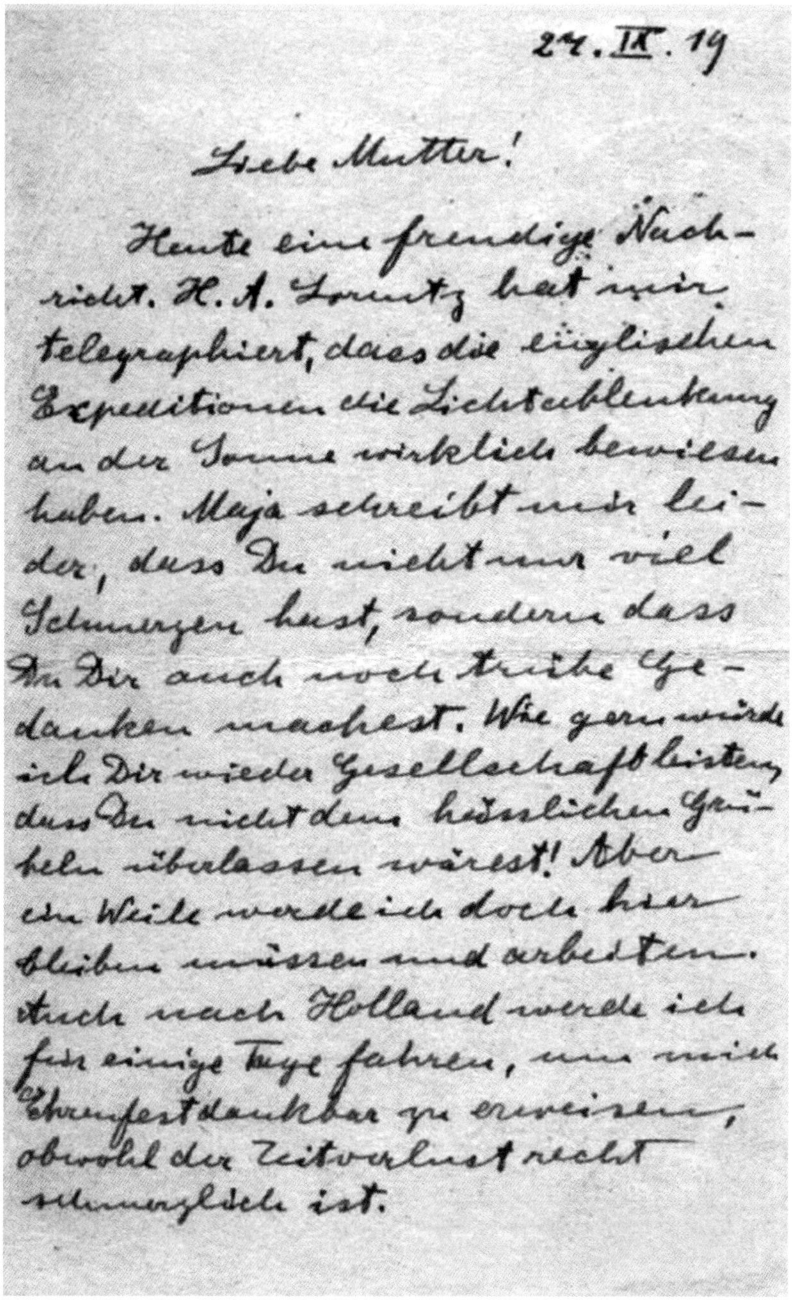
27. IX. 19

Liebe Mutter!

Heute eine freudige Nach-
richt. H. A. Lorentz hat mir
telegraphiert, dass die englischen
Expeditionen die Lichtablenkung
an der Sonne wirklich bewiesen
haben. Maja schreibt mir lei-
der, dass Du nicht nur viel
Schmerzen hast, sondern dass
Du Dir auch noch trübe Ge-
danken machst. Wie gern würde
ich Dir wieder Gesellschaft leisten,
dass Du nicht dem hässlichen Grü-
beln überlassen wärest! Aber
ein Weile werde ich doch hier
bleiben müssen und arbeiten.
Auch nach Holland werde ich
für einige Tage fahren, um mich
Ehrenfest dankbar zu erweisen,
obwohl der Zeitverlust recht
schmerzlich ist.

1919年9月27日，爱因斯坦预感母亲的时日不多了，连忙写信分享当时尚未正式宣布的科学事件：天文学家阿瑟·爱丁顿和他的团队拍摄的照片证明了自己的预测是正确的。

因此，曾假定为对于 K' 能够成立的运动定律所以比较复杂是由于 K' 相对于以太运动（相对于 K' 的“以太漂移”）之故。严格地说，应该假定这样的以太漂移相对于地球也是存在的。因此，长期以来，物理学家们对于企图探测地球表面上是否存在着以太漂移的工作曾付出很大努力。

这些企图中最值得注意的一种是迈克尔逊所设计的方法，看来这方法好像必然会具有决定性的意义。设想在一个刚体上安放两面镜子，使这两面镜子的反光面相互面对。如果整个系统相对于以太保持静止，那么光线从一面镜子射到另一面镜子然后再返回就需要一个完全确定的时间 T。但根据计算推出，如果该刚体连同镜子相对于以太是在运动着的话，则上述过程就需要一个略微不同的时间 T'。还有一点：计算表明，若相对于以太运动的速度规定为同一速度 v，则物体垂直于镜子平面运动时的 T' 又将与运动平行

1919 年，爱因斯坦和表姐爱尔莎结婚。

于镜子平面时的 T' 不相同。虽然计算出来的这两个时间的差别极其微小，不过在迈克尔逊和莫雷所做的利用光的干涉的实验中，这两个时间的差别应该还是能够清楚地观察得到的。但是他们的实验却得出了完全否定的结果。这是一件使物理学家感到极难理解的事情。洛伦兹和斐兹杰拉德曾经从这种困难的局面中把理论解救出来，他们的解法是假定物体相对于以太的运动能使物体沿运动的方向发生收缩，而其收缩量恰好足以补偿上面提到的时间上的差别。若与第 12 节的论述相比较，可以指出：从相对论的观点来看，这种解决困难的方法也是对的。但是若以相对论为基础，则其解释的方法远远要更为令人满意。按照相对论，并没有“特别优越的”（唯一的）坐标系这样的东西可以用来作为引进以太观念的理由，因此不可能有什么以太漂移，也不可能有用以演示以太漂移的任何实验。在这里运动物体的收缩是完全从相对论的两个基本原理推出来的，并不需要引进任何特定假设；至于造成这种收缩的首要因素，我们发现，并不是运动本身（对于运动本身我们不能赋予任何意义），而是对于参考物体的相对运动——这一参考物体是在具体实例中适当选定的。例如，对于一个与地球一起运动的坐标系而言，迈克尔逊和莫雷的镜子系统并没有缩短，但是对于一个相对于太阳保持静止的坐标系而言，这个镜子系统确是缩短了。

17　闵可夫斯基四维空间

一个人如果不是数学家，当他听到“四维”的事物时，会激发一种像想起神怪事物时所产生的感觉而惊异起来。可是，我们所居住的世界是一个四维空时连续区这句话却是再平凡不过的说法。

空间是一个三维连续区。这句话的意思是，我们可以用三个数（坐标）x，y，z 来描述一个（静止的）点的位置，并且在该点的邻近处可以有无限多个点，这些点的位置可以用诸如 x_1，y_1，z_1 的坐标来描述，这些坐标的值与第一个点的坐标 x，y，z 的相应的值要多么近就可以有多么近。由于后一个性质，所以我们说这一整个区域是个“连续区”；由于有三个坐标，所以我们说它是“三维”的。

与此相似，闵可夫斯基（Minkowski）简称为“世界”的物理现象的世界，就空-时观而言，自然就是四维的。因为物理现象的世界是由各个事件组成的，而每一个事件又是由四个数来描述的，这四个数就是三个空间坐标 x，y，z 和一个时间坐标——时间量值 t。具有这个意义的“世界”也是一个连续区；因为对于每一个事件而言，其“邻近”的事件（已感觉到的或至少可设想到的）我们愿意选取多少就有多少，这些事件的坐标 x_1，y_1，z_1，t_1 与最初考虑的事件的坐标 x，y，z，t 相差一个无穷小量。过去我们不习惯于把具有这个意义的世界看作是一个四维连续区是由于在相对论创立前的物理学中，时间充当着不同于空间坐标的更为独立的角色。由于这个理由，我们一向习惯于把时间看作一个独立的连续区。事实上，按照经典力学来看，时间是绝对的，亦即时间与坐标系的位置和运动状态无关。我们知道，这一点已在伽利略变换的最后一个方程中表示出来（$t' = t$）。

在相对论中，用四维方式来考察这个“世界”是很自然的，因为按照相对论时间已经失去了它的独立性。这已由洛伦兹变换的第四个方程表明：

$$t' = \frac{t - \frac{v}{c^2} \cdot x}{\sqrt{1 - \frac{v^2}{c^2}}}$$

还有，按照这个方程，甚至在两事件相对于 K 的

1919 年爱因斯坦送给一个朋友儿子的圣诞礼物。这是爱因斯坦亲自剪的自己、爱尔莎和两个继女的剪影。

1920 年的爱因斯坦（左一）与朗之万（中坐者）等人。

时间差 Δt 等于零的时候，该两事件相对于 K' 的时间差 $\Delta t'$ 一般也不等于零。两事件相对于 K 的纯粹“空间距离”成为该两事件相对于 K' 的“时间距离”。但是，对于相对论的公式推导具有重要作用的闵可夫斯基的发现并不在此。而是在他所认识到的这样的一个事实，即相对论的四维空-时连续区在其最主要的形式性质方面与欧几里得几何空间的三维连续区有着明显的关系[①]。但是，为了使这个关系所应有的重要地位得以表现出来，我们必须引用一个与通常的时间坐标 t 成正比的虚量 $\sqrt{-1}\cdot ct$ 来代换这个通常的时间坐标 t。在这种情况下，满足（狭义）相对论要求的自然界定律取这样的数学形式，其中时间坐标的作用与三个空间坐标的作用完全一样。在形式上，这四个坐标就与欧几里得几何学中的三个空间坐标完全相当。甚至不是数学家也必然会清楚地看到，由于补充了此种纯粹形式上的知识，相对论能为人们明了的程度增进不少。

这些不充分的叙述只能使读者对于闵可夫斯基所贡献的重要观念有一个模糊的概念。没有这个观念，广义相对论（其基本观念将在本书下一部分加以阐述）恐怕就无法形成。闵可夫斯基的学说对于不熟悉数学的人来说无疑是难于接受的，但是，要理解狭义或广义相对论的基本观念并不需要十分精确地理解闵可夫斯基的学说，所以目前我就谈到这里为止，而只在本书第二部分将近结束的地方再谈它一下。

① 略微详细一些的论述见附录 I（2）。

第二部分

广义相对论

·*Part Ⅱ. the General Theory of Relativity*·

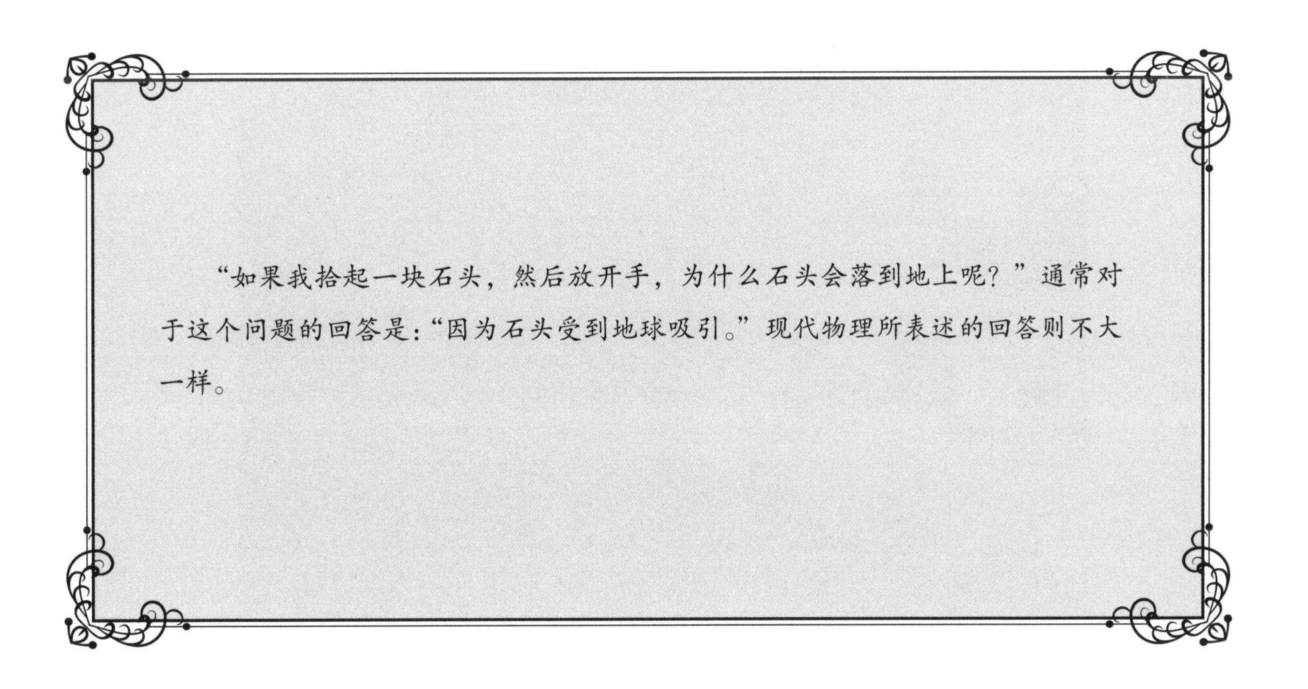

“如果我拾起一块石头，然后放开手，为什么石头会落到地上呢？”通常对于这个问题的回答是:“因为石头受到地球吸引。”现代物理所表述的回答则不大一样。

爱因斯坦在柏林的书房。

18　狭义和广义相对性原理

作为我们以前全部论述的中心的一个基本原理是狭义相对性原理，亦即一切匀速运动具有物理相对性的原理，让我们再一次仔细地分析它的意义。

从我们由狭义相对性原理所接受的观念来看，每一种运动都只能被认为是相对运动，这一点一直是很清楚的。回到我们经常引用的路基和车厢的例子，我们可以用下列两种方式来表述这里所发生的运动，这两种表述方式是同样合理的：

1920年，爱因斯坦和朋友们在挪威奥斯陆附近的林中野餐。

1920 年，爱因斯坦在柏林大学的办公室里。

（1）车厢相对于路基而言是运动的；

（2）路基相对于车厢而言是运动的。

我们在表述所发生的运动时，在（1）中是把路基当作参考物体；在（2）中是把车厢当作参考物体。如果问题仅仅是要探测或者描述这个运动而已，那么我们相对于哪一个参考物体来考察这一运动在原则上是无关紧要的。前面已经提到，这一点是自明的，但是这一点绝不可同我们已经用来作为研究的基础的、称之为“相对性原理”的更加广泛得多的陈述混淆起来。

我们所引用的原理不仅认为我们可以选取车厢也可以选取路基作为我们的参考物体来描述任何事件（因为这也是自明的），我们的原理所断言的乃是：如果我们表述从经验得来的普遍的自然界定律时引用

（1）路基作为参考物体；

（2）车厢作为参考物体。

那么这些普遍的自然界定律（例如力学诸定律或真空中光的传播定律）在这两种情况中的形式完全一样。这一点也可以表述如下：对于自然过程的物理描述而言，在参考物体 K，K' 中没有一个与另一个相比是

唯一的（字面意义是“特别标出的”）。与第一个陈述不同，后一个陈述并不一定是根据推论必然成立的；这个陈述并不包含在“运动”和“参考物体”的概念中，也不能从这些概念推导出来；唯有经验才能确定这个陈述是正确的还是不正确的。

但是，到目前为止，我们根本没有认定所有参考物体 K 在表述自然界定律方面具有等效性。我们的思路主要是沿着下列路线走的。首先我们从这样的假定出发，即存在着一个参考物体 K，它所具有的运动状态使伽利略定律对于它而言是成立的：一质点若不受外界作用并离所有其他质点足够远，则该质点沿直线做匀速运动。参照 K（伽利略参考物体）表述的自然界定律应该是最简单的。但是除 K 以外，参照所有参考物体 K' 表述的自然界定律也应该是最简单的，而且，只要这些参考物体相对于 K 是处于匀速直线无转动运动状态，这些参考物体对于表述自然界定律应该与 K 完全等效；所有这些参考物体都应认为是伽利略参考物体。以往我们假定相对性原理只是对于这些参考物体才是有效的，而对于其他参考物体（例如具有另一种运动状态的参考物体）则是无效的。在这个意义上我们说它是狭义相对性原理或狭义相对论。

与此对比，我们把“广义相对性原理”理解为下述陈述：对于描述自然现象（表述普遍的自然界定律）都是等效的，所有参考物体 K、K' 都是等效的，不论它们的运动状态如何，但

1921 年，爱因斯坦在维也纳演讲。（F. Schmutzer 摄）。

是在我们继续谈下去以前应该指出，这一陈述在以后必须代之以一个更为抽象的陈述，其理由要等到以后才会明白。

由于已经证明引进狭义相对性原理是合理的，因而每一个追求普遍化结果的人必然很想朝着广义相对性原理探索前进。但是从一种简单而表面上颇为可靠的考虑看来，似乎（至少就目前而论）这样一种企图是没有多少成功的希望的。让我们转回到此前所述，匀速向前行驶的火车车厢，来设想一番。只要车厢做匀速运动，车厢里的人就不会感到车厢的运动。由于这个理由，他可以毫不勉强地作这样的解释，

即这个例子表明车厢是静止的，而路基是运动的。而且，按照狭义相对性原理，这种解释从物理观点来看也是十分合理的。

如果车厢的运动变为非匀速运动，例如使用制动器猛然刹车，那么车厢里的人就体验到一种相应的朝向前方的猛烈冲动。这种减速运动由物体相对于车厢里的人的力学行为表现出来。这种力学行为与上述的例子里的力学行为是不同的；因此，对于静止的或做匀速运动的车厢能成立的力学定律，看来不可能对于做非匀速运动的车厢也同样成立。无论如何，伽利略定律对于做非匀速运动的车厢显然是不成立的。由于这个原因，我们感到在目前不得不暂时采取与广义相对性原理相反的做法而特别赋予非匀速运动以一种绝对的物理实在性。但是在下面我们不久就会看到，这个结论是不能成立的。

1921 年，美国总统哈丁（Warren G. Harding）在华盛顿接见爱因斯坦夫妇。

19 引　力　场

“如果我拾起一块石头，然后放开手，为什么石块会落到地上呢？”通常对于这个问题的回答是：“因为石块受地球吸引。”现代物理学所表述的回答则不大一样，其理由如下，对电磁现象更仔细地加以研究，使我们得出这样的看法，即如果没有某种中介媒质在其间起作用，超距作用这种过程是不可能的。例如，磁铁吸铁，如果认为这就是意味着磁铁通过中间的一无所有的空间直接作用于铁块，我们是不能感到满意的；我们不得不按照法拉第的方法，设想磁铁总是在其周围的空间产生某种具有物理实在性的东西，这种东西就是我们所称的“磁场”。而这个磁场又作用于铁块上，使铁块力求朝着磁铁移动。我们不在这里讨论这个枝节性的概念是否合理，这个概念的确是有些任意的。我们只提一下，借助于这个概念，电磁现象的

1921年4月2日，爱因斯坦第一次访问美国，受到美国人民的夹道欢迎。

理论表述要比不借助于这个概念满意得多，对于电磁波的传播尤其如此。我们也可以用相似的方式来看待引力的效应。

地球对石块的作用不是直接的。地球在其周围产生一引力场，引力场作用于石块，引起石块的下落运动。我们从经验得知，当我们离地球越来越远时，地球对物体的作用的强度按照一个十分确定的定律减小。从我们的观点来看，这意味着：为了正确表述引力作用如何随着物体与受作用物体的距离的增加而减小，支配空间引力场的性质的定律必须是一个完全确定的定律。大体上可以这样说：物体（例如地球）在其最邻近处直接产生一个场；场在离开物体的各点的强度和方向就由支配引力场本身的空间性质的定律确定。

与电场和磁场对比，引力场显示出一种十分显著的性质，这种性质对于下面的论述具有很重要的意义。在一个引力场的唯一影响下运动着的物体得到了一个加速度，这个加速度与物体的材料和物理状态都毫无关系。例如，一

1921 年 4 月 2 日，爱因斯坦首次访问美国时的合影。左起依次是：本赞 · 莫森松（Benzion Mossinson）、爱因斯坦、哈伊姆 · 魏茨曼（Chaim Azriel Weizmann）和梅纳赫姆 · 乌希施金（Menahem Ussishkin）。

块铅和一块木头在一个引力场中如果都是从静止状态或以同样的初速开始下落的，它们下落的方式就完全相同（在真空中）。这个非常精确的定律可以根据下述考虑以一种不同的形式来表述。

按照牛顿运动定律，我们有

（力）=（惯性质量）×（加速度）

其中“惯性质量”是被加速的物体的一个特征恒量。如果引力是加速度的起因，我们就有

（力）=（引力质量）×（引力场强度）

其中“引力质量”同样是物体的一个特征恒量。从这两个关系式得出：

$$（加速度）=\frac{（引力质量）}{（惯性质量）}×（引力场强度）$$

如果正如我们从经验中所发现的那样，加速度是与物体的本性和状态无关的，而且在同一个引力场强度下，加速度总是一样的，那么引力质量与惯性质量之比对于一切物体而言也必然是一样的。适当地选取单位，我们就可以使这个比等于1。因而我们就得出下述定律：物体的引力质量等于其惯性质量。

这个重要的定律过去确实已经记载在力学著作中，但是并没有得到解释。我们唯有承认一个事实才能得到满意的解释，这个事实就是：物体的同一个性质按照不同的处境或表现为“惯性”，或表现为“重量”（字面意义是“重性”）。在下一节我们将说明这个情况真实到何种程度，以及这个问题与广义相对性公理是如何联系起来的。

爱因斯坦和普朗克在一次奖颁奖晚会上。

20 惯性质量和引力质量相等是广义相对性公理的一个论据

我们设想在一无所有的空间中有一个相当大的部分，这里距离众星及其他可以感知的质量非常遥远，可以说我们已经近似地有了伽利略基本定律所要求的条件。这样就有可能为这部分空间（世界）选取一个伽利略参考物体，使对之处于静止状态的点继续保持静止状态，而对之做相对运动的点永远继续做匀速直线运动。我们设想把一个像一间房子似的极宽大的箱子当作参考物体，里面安置一个配备有仪器的观察者。对于这个观察者而言引力当然并不

爱因斯坦在美国无线电公司与工程师们合影。

TELEPHONE 5193 VICTORIA.

28, Queen Anne's Gate,
Westminster.
6 June 1921

Dear Professor Einstein,

I send this to greet you on your arrival in our Country. You will find yourself as admired a figure here as in America; at least as much so.

A. Einstein Archive 32-627

I am looking forward to yourself and Mrs Einstein dining here on Friday evening. The Prime Minister and the Archbishop of Canterbury will hope to be there to meet you, as well as representatives of the learned world. Would you and Mrs Einstein be so kind as to arrive here, if convenient at 7.55. The other guests will come a few minutes later, & my sister & I would like much to see you both first.

I enclose letters which have come for you.

I also venture to send you a book I have just published, on the philosophic significance of the doctrine for which you have done so much.

With deep respect
Yours truly
Haldane

Queen Anne's Gate is in Westminster, near the Houses of Parliament.

What will your address be in London?

A. Einstein Archive

1921 年 6 月 6 日，霍尔丹子爵给爱因斯坦的信，邀请他参加晚宴。受邀的客人都是“代表科学界、戏剧界、军界、政界和宗教界的名流”。

1921 年 6 月 11 日，在伦敦霍尔丹子爵的花园里，爱因斯坦正坐着准备让摄影师为他照相。

存在。他必须用绳子把自己拴在地板上，否则他只要轻轻碰一下地板就会朝着房子的天花板慢慢地浮起来。

在箱子盖外面的当中，安装了一个钩子，钩上系有缆索。现在又设想有一“生物”（是何种生物对我们来说无关紧要）开始以恒力拉这根缆索。于是箱子连同观察者就要开始作匀加速运动“上升”。经过一段时间，它们的速度将会达到前所未有的高值——倘若我们从另一个未用绳牵的参考物体来继续观察这一切的话。

但是箱子里的人会如何看待这个过程呢？箱子的加速度要通过箱子地板的反作用才能传给他。所以，如果他不愿意整个人卧倒在地板上，他就必须用他的腿来承受这个压力。因此，他站立在箱子里实际上与站立在地球上的一个房间里完全一样。如果他松手放开原来拿在手里的一个物体，箱子的加速度就不会再传到这个物体上，因而这个物体就必然作加速相对运动而落到箱子的地板上。观察者将会进一步断定：物体朝向箱子的地板的加速度总是有相同的量值，不论他碰巧用来做实验的物体是什么。

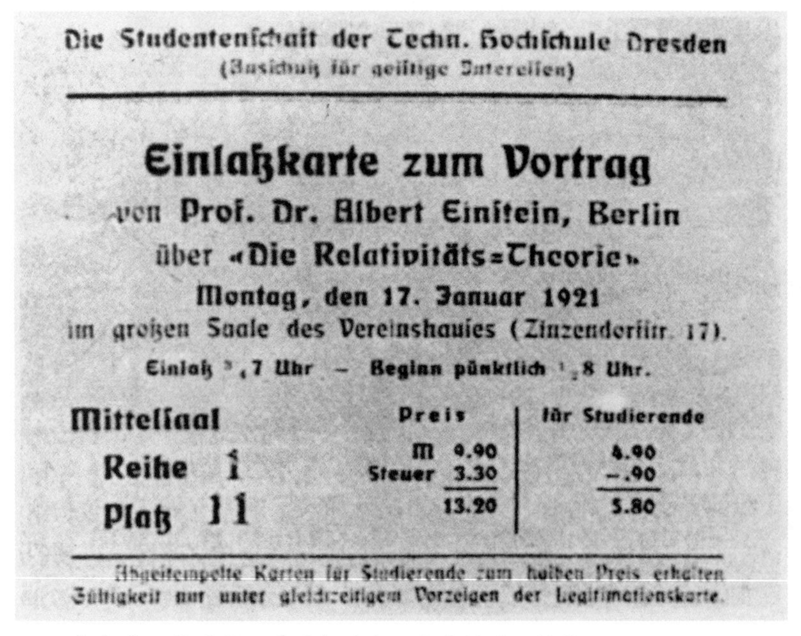

Die Studentenschaft der Techn. Hochschule Dresden
(Ausschuß für geistige Interessen)

Einlaßkarte zum Vortrag
von Prof. Dr. Albert Einstein, Berlin
über «Die Relativitäts=Theorie»
Montag, den 17. Januar 1921
im großen Saale des Vereinshauses (Zinzendorfstr. 17).
Einlaß ¾7 Uhr – Beginn pünktlich ½8 Uhr.

Mittelsaal	Preis	für Studierende
Reihe 1	M 9.90	4.90
Platz 11	Steuer 3.30	–.90
	13.20	5.80

Abgestempelte Karten für Studierende zum halben Preis erhalten Gültigkeit nur unter gleichzeitigem Vorzeigen der Legitimationskarte.

1921年春季，爱因斯坦关于相对论一次演讲的入场券。

依靠他对引力场的知识（如同在前节所讨论的），箱子里的人将会得出这样一个结论：他自己以及箱子是处在一个引力场中，而且该引力场对于时间而言是恒定不变的。当然他会一时感到迷惑不解为什么箱子在这个引力场中并不降落。但是正在这个时候他发现箱盖的正中有一个钩子，钩上系着缆索；因此他就得出结论，箱子是静止地悬挂在引力场中的。

我们是否应该讥笑这个人，说他的结论错了呢？如果我们要保持前后一致的话，我认为我们不应该这样说他；我们反而必须承认，他的思想方法既不违反理性，也不违反已知的力学定律。虽然我们先认定为箱子相对于“伽利略空间”在作加速运动，但是也仍然能够认定箱子处于静止中。因此我们确有充分理由可以将相对性原理推广到把相互作加速运动的参考物体也能包括进去的地步，因而对于相对性公理的推广也就获得了一个强有力的论据。

我们必须充分注意到，这种解释方式的可能性是以引力场使一切物体得到同样的加速度这一基本性质为基础的；这也就等于说，是以惯性质量和引力质量相等的这一定律为基础的。如果这个自然律不存在，处在作加速运动的箱子里的人就不能先假定出一个引力场来解释他周围物体的行为，他就没有理由根据经验假定他的参考物体是“静止的”。

假定箱子里的人在箱子盖内面系一根绳子，然后在绳子的自由端拴上一个物体。结果绳子受到伸张，“竖直地”悬垂着该物体。如果我们问一下绳子上产生张力的原因，箱子里的人就会说：“悬垂着的物体在引力场中受到一向下的力，此力为绳子的张力所平衡；决定绳子张力的大小的是悬垂着的物体的引力质量。”另一方面，自由地稳定在空中的一个观察者将会这样解释这个情况：“绳子势必参与箱子的加速运动，并将此运动传给拴在绳子上的物体。绳子的张力的大小恰好足以引起物体的加速度。决定绳子的张力的大小的是物体的惯性质量。”我们从这个例子看到，我们对相对性原理的推广隐含着惯性质量和引力质量相等这一定律的必然性。这样我们就得到了这个定律的一个物理解释。

根据我们对做加速运动的箱子的讨论，我们看到，一个广义的相对论必然会对引力诸定律产生重要的结果。事实上，对广义相对性观念的系统研究已经补充了好些定律以满足引力场。但是，在继续谈下去以前，我必须提醒读者不要接受这些论述中所隐含的一个错误概念。对于箱子里的人而言存在着一个引力场，尽管对于最初选定的坐标系而言并没有这样的场。于是我们可能会轻易地假定，引力场的存在永远只是一种表观的存在。我们也可能认为，不论存在着什么样的引力场，我们总是能够这样选取另外一个参考物体，使得对于该参考物体而言没有引力场存在。这绝对不是对于所有的

1922年11月18日，由神户港抵达日本的爱因斯坦夫妇。

引力场都是真实的，这仅仅是对于那些具有十分特殊的形式的引力场才是真实的。例如，我们不可能这样选取一个参考物体，使得由该参考物体来判断地球的引力场（就其整体而言）会等于零。

现在我们可以认识到，为什么我们在第 18 节末尾所叙述的反对广义相对性原理的论据是不能令人信服的。车厢里的观察者由于刹车而感受到一种朝向前方的冲动，并由此察觉车厢的非匀速运动（阻滞），这一点当然是真实的。但是谁也没有强迫他把这种冲动归因于车厢的“实在的”加速度（阻滞）。他也可以这样解释他的感受“我的参考物体（车厢）一直保持静止。但是，对于这个参考物体存在着（在刹车期间）一个方向向前而且对于时间而言是可变的引力场。在这个场的影响下，路基连同地球以这样的方式做非匀速运动，即它们的向后的原有速度是在不断地减小下去。”

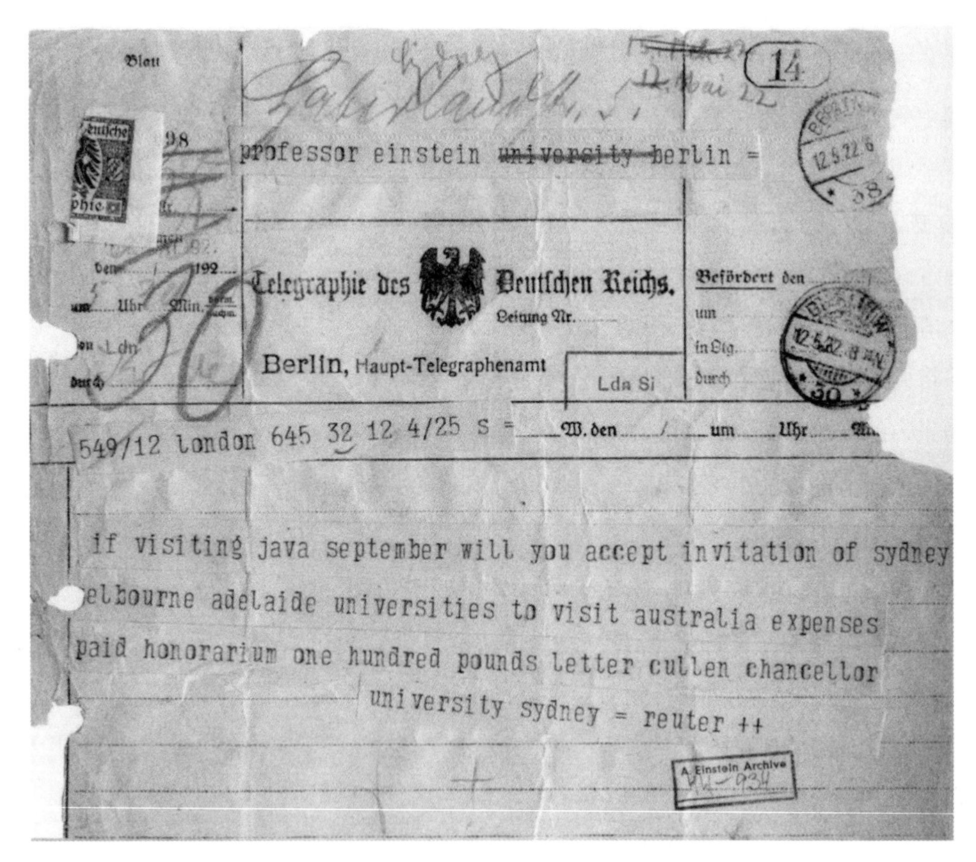

professor einstein ~~university~~ berlin =

Telegraphie des Deutschen Reichs.

Berlin, Haupt-Telegraphenamt

549/12 london 645 32 12 4/25 s =

if visiting java september will you accept invitation of sydney
elbourne adelaide universities to visit australia expenses
paid honorarium one hundred pounds letter cullen chancellor
university sydney = reuter ++

A. Einstein Archive

1922 年 5 月 12 日，悉尼大学邀请爱因斯坦于 1922 年 9 月访问澳大利亚的电报。

21 经典力学的基础和狭义相对论的基础在哪些方面不能令人满意

我们已经说过几次，经典力学是从下述定律出发的：离其他质点足够远的质点继续做匀速直线运动或继续保持静止状态。我们也曾一再强调，这个基本定律只有对于这样一些参考物体 K 才有效，这些参考物体具有某些特别的运动状态并相对做匀速平移运动。相对于其他参考物体 K'，这个定律就失效。所以我们在经典力学中和在狭义相对论中都把参考物体 K 和

1922 年四位获得诺贝奖的科学家合影。

参考物体 K' 区分开；相对于参考物体 K，公认的“自然界定律”可以说是成立的，而相对于参考物体 K' 则这些定律并不成立。

但是，凡是思想方法合乎逻辑的人谁也不会满足于此种情形。他要问：“为什么要认定某些参考物体（或它们的运动状态）比其他参考物体（或它们的运动状态）优越呢？此种偏爱的理由何在？”为了讲清楚我提出这个问题是什么意思，我来打一个比方。

比方我站在一个煤气灶前面。灶上并排放着两个平底锅。这两个锅非常相像，常常会被认错。里面都盛着半锅水。我注意到一个锅不断冒出蒸气，而另一个锅则没有蒸气冒出。即使我以前从来没有见过煤气灶或者平底锅，我也会对这种情况感到奇怪。但是如果在这个时候我注意到在第一个锅底下有一种蓝色的发光的东西，而在另一个锅底下则没有，那么我就不会再感到惊奇，即使以前我从来没有见过煤气的火焰。因为我只要说是这种蓝色的东西使得锅里冒出蒸气，或者至少可以说有这种可能。但是如果我注意到这两个锅底下都没有什么蓝色的东西，而且如果我还观察到其中一个锅不断冒出蒸气，而另外一个锅则没有蒸气，那么我就总是感到惊奇和不满足，直到我发现某种情况能够用来说明为什么这两个锅有不同的表现为止。

与此类似，我在经典力学中（或在狭义相对论中）找不到什么实在的东西能够用来说明为什么相对于参考系 K 和 K' 来考虑时物体会有不同的表现。[①] 牛顿看到了这个缺陷，并曾试图消除它，但没有成功。只有马赫对它看得最清楚，由于这个缺陷他宣称必须把力学放在一个新的基础上。只有借助于与广义相对性原理一致的物理学才能消除这个缺陷，因为这样的理论的方程，对于一切参考物体，不论其运动状态如何，都是成立的。

1922 年 11 月 13 日，爱因斯坦在上海浦江饭店用餐。

① 这个缺陷在下述情况尤为严重，即当参考物体的运动状态无须任何外力来维持时，例如在参考物体做匀速转动时。

22　广义相对性原理的几个推论

第 20 节的论述表明，广义相对性原理能够使我们以纯理论方式推出引力场的性质。例如，假定我们已经知道任一自然过程在伽利略区域中相对于一个伽利略参考物体 K 如何发生，亦即已经知道该自然过程的空时“进程”，借助于纯理论运算（亦即单凭计算），我们就能够断定这个已知自然过程从一个相对于 K 做加速运动的参考物体 K' 去观察，是如何表现的。但是由于对于这个新的参考物体 K' 而言存在着一个引力场，所以以上的考虑也告诉我们引力场如何影响所研究的过程。

例如，我们知道，相对于 K（按照伽利略定律）做匀速直线运动的一个物体，它相对于作加速运动的参考物体 K'（箱子）是在作加速运动的，一般还是在做曲线运动的。此种加速度或曲率相当于相对于 K' 存在的引力场对运动物

1922 年爱因斯坦访问日本时的照片。

ההנהלה הציונית בארץ־ישראל
מזמינה את כב' להרצאה
של הפרופסור
אלברט אינשטין
על הנושא:
"תורת היחסיות".
ההרצאה תהיה ביום הרביעי בשעה ארבע וחצי אחה"צ
בבית המכללה העברית שעל "הר הצופים".

PALESTINE ZIONIST EXECUTIVE
ההנהלה הציונית בארץ־ישראל

حضرة الفاضل
الادارة الصهيونية تدعو حضرتكم للحضور
الى المحاضرة التي سيلقيها
«البروفسور البرت آينشتين»
في موضوع:
«شريعة التناسب»
وستلقى المحاضرة يوم الاربعاء ٧ شباط
سنة ١٩٢٣ الساعة ٤ ونصف بعد الظهر
بعمارة الكلية الاسرائيلية على جبل الطور

1923 年 2 月 7 日，出席爱因斯坦在未来希伯来大学校址上讲座的请柬。

1923 年 2 月 8 日爱因斯坦在以色列特拉维夫举行的一场招待会上，被授予荣誉市民的称号。

体的影响。引力场以此种方式影响物体的运动是大家已经知道的，因此以上的考虑并没有为我们提供任何本质上新的结果。

但是，如果我们对一道光线进行类似的考虑就得到一个新的具有基本重要性的结果。相对于伽利略参考物体 K，这样的一道光线是沿直线以速度 c 传播的。不难证明，当我们相对于作加速运动的箱子（参考物体 K'）来考察这同一道光线时，它的路线就不再是一条直线。由此我们得出结论，光线在引力场中一般沿曲线传播。这个结果在两个方面具有重大意义。

首先这个结果可以同实际比较。虽然对这个问题的详细研究表明，按照广义相对论，光线穿过我们在实践中能够加以利用的引力场时，只有极其微小的曲率；但是，以掠入射方式经过太阳的光线，其曲率的估计值达到 1.7″。这应该以下述方式表现出来。从地球上观察，某些恒星看来是在太阳的邻近处，因此这些恒星能够在日全食时加以观测。这些恒星当日全食时在天空的视位置与它们当太阳位于天空的其他部位时的视位置相比较应该偏离太阳，偏离的数值如上所示。检验这个推断正确与否是一个极其重要的问题，希望天文学家能够早日予以解决。[①]

其次，我们的结果表明，按照广义相对论，我们时常提到的作为狭义相对论中两个基本假定之一的真空中光速恒定定律，就不能被认为具有无限的有效性。光线的弯曲只有在光的传播速度随位置而改变时才能发生。我们或许会想，由于这种情况，狭义相对论以及随之整个相对论，都要化为灰烬了。但实际上并不是这样。我们只能下这样的结论：不能认为狭义相对论的有效性是无止境的；只有在我们能够不考虑引力场对现象（例如光的现象）的影响时，狭义相对论的结果才能成立。

由于反对相对论的人时常说狭义相对论被广义相对论推翻了，因此用一个适当的比方来把这个问题的实质弄得更清楚些也许是适当的。在电动力学发展前，静电学定律被看作是电学定律。现在我们知道，只有在电质量相互之间并相对于坐标系完全保持静止的情况下（这种情况是永远不会严格实现的），才能够从静电学的角度出发正确地推导出电场。我们是否可以说，由于这个理由，静电学被电动力学的麦克斯韦场方程推翻了呢？绝对不可以。静电学作为一个极限情况包含在电动力学中；在场不随时间而改变的情况下，电动力学的定律就直接得出静电学的定律。任何物理理论都不会获得比这更好的命运了，即一个理论本身指出创立一个更为全面的理论的道路，而在这个更为全面的理论中，原来的理论作为一个极限情况继续存在下去。

在刚才讨论的关于光的传播的例子中，我们已经看到，广义相对论使我们能够从理论上

① 理论所要求的光线偏转的存在，首次于 1919 年 5 月 29 日的日食期间，借助于英国皇家学会和英国皇家天文学会的一个联合委员会所装备的两个远征观测队的摄影星图得到证实。见附录 I（3）。

推导引力场对自然过程的进程的影响，这些自然过程的定律在没有引力场时是已知的。但是，广义相对论对其解决提供了钥匙的最令人注意的问题乃是关于对引力场本身所满足的定律的研究。让我们对此稍微考虑一下。

我们已经熟悉了经过适当选取参考物体后处于（近似地）“伽利略”形式的那种空时区域，亦即没有引力场的区域。如果我们相对于一个不论作何种运动的参考物体 K' 来考察这样的一个区域，那么相对于 K' 就存在着一个引力场，该引力场对于空间和时间是可变的。[①] 这个场的特性当然取决于为 K' 选定的运动。按照广义相对论，普遍的引力场定律对于所有能够按这一方式得到的引力场都必须被满足。虽然绝不是所有的引力场都能够如此产生，我们仍然可以希望普遍的引力定律能够从这样的一些特殊的引力场推导出来。这个希望已经以极其美妙的方式实现了；但是从认清这个目标到完全实现它，是经过克服了一个严重的困难之后才达到的。由于这个问题具有很深刻的意义，我不敢对读者略而不谈。我们需要进一步推广我们对于空时连续区的观念。

1923 年 2 月 25 日，爱因斯坦与西班牙塔拉戈纳省一个名叫 Espluga Francoli 的村里的小孩子在一起。

① 这一点可由第 20 节的讨论推广得出。

23 在转动的参考物体上的钟和量杆的行为

到目前为止，我在广义相对论中故意避而不谈空间数据和时间数据的物理解释。因而我在论述中犯了一些潦草从事的毛病；我们从狭义相对论知道，这种毛病绝不是无关紧要和可以宽容的。现在是我们弥补这个缺陷的最适当的时候了；但是开头我就要提一下，这个问题对读者的忍耐力和抽象能力会提出不小的要求。

我们还是从以前常常引用的十分特殊的情况开始。让我们考虑一个空时区域，在这里相对于一个参考物体 K（其运动状态已适当选定）不存在引力场。这样，对于所考虑的区域而言，K 就是一个伽利略参考物体，而且狭义相对论的结果对于 K 而言是成立的。我们假定参照另一个参考物体 K' 来考察同一个区域。设 K' 相对于 K 做匀速转动。为了使我们的观念成立，我们设想 K' 具有一个平面圆盘的形式，这个平面圆盘

1923 年，爱因斯坦参加在柏林举行的反战示威游行。法国的朗之万和英国的史密斯这两位科学家陪同着爱因斯坦。

在其本身的平面内围绕其中心做匀速转动。在圆盘 K' 上离开盘心而坐的一个观察者感受到沿径向向外作用的一个力；相对于原来的参考物体 K 保持静止的一个观察者就会把这个力解释为一种惯性效应（离心力）。但是，坐在圆盘上的观察者可以把他的圆盘当作一个“静止”的参考物体；根据广义相对性原理，他这样设想是正当的。他把作用在他身上的、事实上作用于所有其他相对于圆盘保持静止的物体的力，看作是一个引力场的效应。然而，这个引力场的空间分布，按照牛顿的引力理论，看来是不可能的[①]。但是由于这个观察者相信广义相对论，所以这一点对他并无妨碍；他颇有正当的理由相信能够建立起一个普遍的引力定律——这一个普遍的引力定律不仅可以正确地解释众星的运动，而且可以解释观察者自己所体验到的力场。

这个观察者在他的圆盘上用钟和量杆做实验。他这样做的意图是要得出确切的定义来表达相对于圆盘 K' 的时间数据和空间数据的含义，这些定义是以他的观察为基础的。这样做他会得到什么经验呢？

首先他取构造完全相同的两个钟：一个放在圆盘的中心，另一个放在圆盘的边缘，因而

1923 年，爱因斯坦和朗之万（Paul Langevin）。

① 这个场在圆盘的中心消失；场值由中心向外增强并与距中心的距离成正比。

1924 年爱因斯坦出席国际联盟知识界合作联盟委员会（The International Committee on Intellectual Cooperation）的会议。

1924 年，爱因斯坦在德国的犹太学生联合会上讲话。

这两个钟相对于圆盘是保持静止的。我们现在来问问我们自己，从非转动的伽利略参考物体 K 的立场来看，这两个钟是否走得快慢一样。从这个参考物体去判断，放在圆盘中心的钟并没有速度，而由于圆盘的转动，放在圆盘边缘的钟相对于 K 是运动的。按照第 12 节得出的结果可知，第二个钟永远比放在圆盘中心的钟走得慢，亦即从 K 去观察，情况就会这样。显然，我们设想坐在圆盘中心那个钟旁边的一个观察者也会观察到同样的效应。因此，在我们的圆盘上，或者把情况说得更普遍一些，在每一个引力场中，一个钟走得快些或者慢些，要看这个钟（静止地）所放的位置如何。因此，要借助于相对于参考物体静止地放置的钟来得出合理的时间定义是不可能的。我们想要在这样一个例子中引用我们早先的同时性定义时也遇到了同样的困难，但是我不想再进一步讨论这个问题了。

此外，在这个阶段，空间坐标的定义也出现不可克服的困难。如果这个观察者引用他的标准量杆（与圆盘半径相比，一根相当短的杆），放在圆盘的边上并使杆与圆盘相切，那么，从伽利略坐标系去判断，这根杆的长度就小于 1，因为，按照第 12 节，运动的物体在运动的方向发生收缩。另一方面，如果把量杆沿半径方向放在圆盘上，从 K 去判断，量杆不会缩短。那么，如果这个观察者用他的量杆先量度圆盘的圆周，然后量度圆盘的直径，两者相除，他所得到的商将不会是大家熟知的数 $\pi = 3.14\cdots$，而是一个大一些的数；[①] 而对于一个相对于 K 保持静止的圆盘，这个操作和运算当然就会准确地得出 π。这证明，在转动的圆盘上，或者普遍地说，在一个引力场中，欧几里得几何学的命题并不能严格地成立，至少是如果我们把量杆在一切位置和每一个取向的长度都算作 1 的话。因而关于直线的观念也就失去了意义。所以我们不能借助于在讨论狭义相对论时所使用的方法相对于圆盘严格地来给坐标 x，y，z 下定义；而只要事件的坐标和时间的定义还没有给出，我们就不能赋予（在其中出现这些事件的）任何自然律以严格的意义。

这样，所有我们以前根据广义相对论得出的结论看来也就有问题。在实际情况中我们必须作一个巧妙的迂回才能够严格地应用广义相对论的公理。下面我将帮助读者对此做好准备。

---

① 在这个讨论的整个过程中，我们必须使用伽利略（无转动的）坐标系 K 作为参考物体，因为我们只能假定狭义相对论的结果相当于 K 才有效（相对于 K' 存在着引力场）。

24 欧几里得和非欧几里得连续区域

一张大理石桌摆在我的面前，眼前展开了巨大的桌面。在这个桌面上，我可以这样地从任何一点到达任何其他一点，即连续地从一点移动到“邻近的”一点，并重复这个过程若干（许多）次，换言之，亦即无须从一点“跳跃”到另一点。我想读者一定会足够清楚地了解我这里所说的“邻近的”和“跳跃”是什么意思（如果他不过于咬文嚼字的话）。我们把桌面描述为一个连续区来表示桌面的上述性质。

我们设想已经做好了许多长度相等的小杆，它们的长度同这块大理石板的大小相比是相当短的。我说它们的长度相等的意思是，把其中之一与任何其他一个叠合起来，它们的两端都能彼此重合。其次，我们取四根小杆放在石板上，构成一个四边形（正方形），这个四边形的对角线的长度是相等的。为了保证对角线相等，我们另外用了一根小测杆。我们把几个同样的正方形加到这个正方形上，加上的正方形每一个都有一根杆是与第一个正方形共用的。我们对于这些正方形的每一个都采取同样的做法，直到最后整块石板都铺满了正方形为止。这个排列是这样的，一个正方形的每一边都隶属于两个正方形，每一个隅角都隶属于四个正方形。

如果我们能够把这项工作做好而没有遇到极大的困难，那真是一个奇迹了。我们只需想一想下述情况。在任何时刻只要三个正方形相会于一隅角，那么第四个正方形的两个边就已经摆出；因此，这个正方形剩余两边的排列位置也就已经完全确定下来。但是这个时候我就不能再调整这个四边形使它的两根对角线相等了。如果这两根对角线出于它们的自愿而相等，那么这是石板和小杆的特别恩赐，对此我只能

爱因斯坦的二儿子爱德华（约摄于1925年）。

294 THE NEW PALESTINE March 27, 1925

The Mission of Our University

By ALBERT EINSTEIN

HE opening of our Hebrew University on Mount Scopus, at Jerusalem, is an event which should not only fill us with just pride, but should also inspire us to serious reflection.

A University is a place where the universality of the human spirit manifests itself. Science and investigation recognize as their aim the truth only. It is natural, therefore, that institutions which serve the interests of science should be a factor making for the union of nations and men. Unfortunately, the universities of Europe today are for the most part the nurseries of chauvinism and of a blind intolerance of all things foreign to the particular nation or race, of all things bearing the stamp of a different individuality. Under this regime the Jews are the principal sufferers, not only because they are thwarted in their desire for free participation and in their striving for education, but also because most Jews find themselves particularly cramped in this spirit of narrow nationalism. On this occasion of the birth of our University, I should like to express the hope that our University will always be free from this evil, that teachers and students will always preserve the consciousness that they serve their people best when they maintain its union with humanity and with the highest human values.

Jewish nationalism is today a necessity because only through a consolidation of our national life can we eliminate those conflicts from which the Jews suffer today. May the time soon come when this nationalism will have become so thoroughly a matter of course that it will no longer be necessary for us to give it special emphasis. Our affiliation with our past and with the present-day achievements of our people inspires us with assurance and pride *vis-à-vis* the entire world. But our educational institutions in particular must regard it as one of their noblest tasks to keep our people free from nationalistic obscurantism and aggressive intolerance.

Our University is still a modest undertaking. It is quite the correct policy to begin with a number of research institutes, and the University will develop naturally and organically. I am convinced that this development will make rapid progress and that in the course of time this institution will demonstrate with the greatest clearness the achievements of which the Jewish spirit is capable.

A special task devolves upon the University in the spiritual direction and education of the laboring sections of our people in the land. In Palestine it is not our aim to create another people of city dwellers leading the same life as in the European cities and possessing the European bourgeois standards and conceptions. We aim at creating a people of workers, at creating the Jewish village in the first place, and we desire that the treasures of culture should be accessible to our laboring class, especially since, as we know, Jews, in all circumstances, place education above all things. In this connection it devolves upon the University to create something unique in order to serve the specific needs of the forms of life developed by our people in Palestine.

All of us desire to cooperate in order that the University may accomplish its mission. May the realization of the significance of this cause penetrate among the large masses of Jewry. Then our University will develop speedily into a great spiritual center which will evoke the respect of cultured mankind the world over.

1925年3月27日，爱因斯坦在耶路撒冷希伯来大学创立之际发表了这篇文章，明确地指出了科学工作的普遍性原则，并且警告狭隘的民族主义。

怀着感激的心情而惊奇不已。如果这个作图法能够成功的话，那么这种令人惊奇的事情我们必然会遇到许多次。

如果凡事都进行得真正顺利，那么我就说石板上的诸点对于小杆而言构成一个欧几里得连续区域，这里小杆曾当作“距离”（线间隔）使用。选取一个正方形的一个隅角作为“原点”，我就能够用两个数来表示任一正方形的任一隅角相对于这个原点的位置。我只需说明，我从原点出发，向“右”走然后向“上”走，必须经过多少根杆子才能到达所考虑的正方形的隅角。这两个数就是这个隅角相对于由排列小杆而确定的“笛卡儿坐标系”的“笛卡儿坐标”。

如果将这个抽象的实验改变如下，我们就会认识到一定会出现这种实验不能成功的情况。我们假定这些杆子是会“膨胀”的，膨胀的量值与温度升高的量值成正比。我们将石板的中心部分加热，但周围不加热。在这种情况下，我们仍然能够使两根小杆在桌面上的每一个位置上相互重合。但是在加热期间我们的正方形作图就必然会受到扰乱，因为放在桌面中心部分的小杆膨胀了，而放在外围部分的小杆则不膨胀。

对于我们的小杆——定义为单位长度——而言，这块石板不再是一个欧几里得连续区，而且我们也不再能够直接借助于这些小杆来定义笛卡儿坐标，因为上述的作图法已无法实现了。但是由于有一些其他的事物并不像这些小杆那样受桌子温度的影响（或许丝毫不受影响），因而我们有可能十分自然地支持这样的观点，即这块石板仍是一个“欧几里得连续区”。为此我们必须对长度的量度或比较作一更为巧妙的约定，才能够满意地实现这个欧几里得连续区。

但是如果把各种杆子（亦即用各种材料做成的杆子）放在加热不均匀的石板上时它们对温度的反应都一样，并且如果除了杆子在与上述实验相类似的实验中的几何行为之外没有其他的方法来探测温度的效应，那么最好的办法就是：只要我们能够使杆子中一根的两端与石板上的两点相重合，我们就规定该两点之间的距离为 1。因为，如果不这样做，我们又应该如何来下距离的定义才不致在极大的程度上犯粗略任意的错误呢？这样我们就必须舍弃笛卡儿坐标的方法，而代之以不承认欧几里得几何学对刚体的有效性的另一种方法。[①] 读者将会注意到，这里所描述的局面与广义相对性公理所引起的局面（第 23 节）是一致的。

---

① 我们的问题曾以下述形式提到数学家面前。设我们给定一个欧几里得三维空间中的面（例如椭面），那么对于这个面同对于一个平面一样，存在着一种二维几何学。高斯曾试图从若干基本原理出发来论述这种二维几何学而不利用这个面是属于欧几里得三维连续区的这一事实。我们若设想用刚性的杆在这个面上作图（与上述在大理石上作图相似），我们就会发现，对于这些作图法能适用的定律与那些根据欧几里得平面几何学得出的定律并不相同。这个面对于这些杆而言并不是一个欧几里得连续区，因而我们不可能在这个面上定出完整的笛卡儿坐标来。高斯首先陈述了我们能够据以处理这个面上的几何关系的原理，从而指出了引向黎曼处理多维非欧几里得连续区的方法的道路。因此，数学家在很早以前就先在形式上解决了广义相对性公理所引起的问题。

25 高斯坐标

按照高斯的论述，这种把分析方法与几何方法结合起来的处理问题的方式可由下述途径达成。设想我们在桌面上画一个任意曲线系（见图4）。我们把这些曲线称作 u 曲线，并用一个数来标明每一根曲线。在图中画出了曲线 $u=1$，$u=2$ 和 $u=3$。我们必须设想在曲线 $u=1$ 和 $u=2$ 之间画有无限多根曲线，所有这些曲线对应于1和2之间的实数。这样我们就有一个 u 曲线系，而且这个“无限稠密”曲线系布满了整个桌面。这些 u 曲线必须彼此不相交，并且桌面上的每一点都必须有一根而且仅有一根曲线通过。因此大理石板面上的每一个点都具有一个完全确定的 u 值。我们设想以同样的方式在这个石板面上画一个 v 曲线系。这些曲线所满足的条件与 u 曲线相同，并以相应的方式标以数字，而且它们也同样可以具有任意的形状。因此，桌面上的每一点就有一个 u 值和一个 v 值。我们把这两个数称为桌面的坐标（高斯坐标）。例如图中的 P 点就有高斯坐标 $u=3$，$v=1$。这样，桌面上相邻两点 P 和 P' 就对应于坐标

$$P: \quad u, \ v$$

$$P': \quad u+\mathrm{d}u, \ v+\mathrm{d}v$$

其中 $\mathrm{d}u$ 和 $\mathrm{d}v$ 标记很小的数。同样，我们可以用一个很小的数 $\mathrm{d}s$ 表示 P 和 P' 之间的距离（线间隔），好像用一根小杆测量得出的

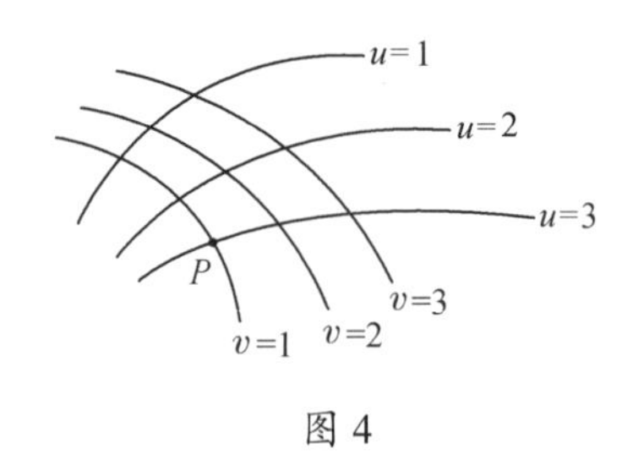

图4

1925年，爱因斯坦要揭示量子力学的矛盾，在同尼尔斯·玻尔的论战中一直采取进攻的策略。图为爱因斯坦在一次与玻尔讨论时拍下的照片：玻尔似乎在苦苦思索，而爱因斯坦则一副幸灾乐祸的样子。

一样。于是，按照高斯的论述，我们就有

$$ds^2 = g_{11}du^2 + 2g_{12}du\,dv + g_{22}dv^2$$

其中 g_{11}，g_{12}，g_{22} 是以完全确定的方式取决于 u 和 v 的量。量 g_{11}，g_{12}，g_{22} 决定小杆相对于 u 曲线和 v 曲线的行为，因而也就决定小杆相对于桌面的行为。对于所考虑的面上的诸点相对于量杆构成一个欧几里得连续区的情况，而且只有在这种情况下，我们才能够简单地按下式来画出以及用数字标出 u 曲线和 v 曲线：

$$ds^2 = du^2 + dv^2$$

在这样的条件下，u 曲线和 v 曲线就是欧几里得几何学中的直线，并且它们是相互垂直的。在这里，高斯坐标也就成为笛卡儿坐标。显然，高斯坐标只不过是两组数与所考虑的面上的诸点的一种缔合，这种缔合具有这样的性质，即彼此相差很微小的数值各与“空间中”相邻诸点相缔合。

爱因斯坦与玻尔之间的著名论战持续多年，影响深远，几乎当时所有理论物理学家都被卷入其中，但是直到今天仍然没有得出结论。

到目前为止，这些论述对于二维连续区是成立的。但是高斯的方法也可以应用到三维、四维或维数更多的连续区。例如，如果假定我们有一个四维连续区，我们就可以用下述方法来表示这个连续区。对于这个连续区的每一个点，我们任意地把四个数 x_1，x_2，x_3，x_4 与之相缔合，这四个数就称为“坐标”。相邻的点对应于相邻的坐标值。如果距离 ds 与相邻点 P 和 P' 相缔合，而且从物理的观点来看这个距离是可以测量的和明确规定了的，那么下述公式成立：

$$ds^2 = g_{11}dx_1^2 + 2g_{12}dx_1\,dx_2 + \cdots + g_{44}dx_4^2$$

其中 g_{11} 等量的值随连续区中的位置而变。唯有当这个连续区是一个欧几里得连续区时才有可能将坐标 $x_1 \cdots x_4$ 与这个连续区的点简单地缔合起来，使得我们有

$$ds^2 = dx_1^2 + dx_2^2 + dx_3^2 + dx_4^2$$

在这种情况下，与那些适用于我们的三维测量的关系相似的一些关系就能够适用于这个四维连续区。

但是我们在上面提出的表述 ds^2 的高斯方法并不是经常可能的。只有当所考虑的连续区的各个足够小的区域被当作是欧几里得连续区时，这种方法才有可能。例如，就大理石板和局部温度变化的例子而言，这一点显然是成立的。对于石板的一小部分面积而言，温度在实践上可视为恒量；因而小杆的几何行为差不多能够符合欧几里得几何学的法则。因此，前节所述正方形作图法的缺陷要到这个作图扩展到了占石板相当大的一部分时才会明显地表现出来。

我们可以对此总结如下：高斯发明了对一般连续区作数学表述的方法，在表述中下了“大小关系”（邻点间的“距离”）的定义。对于一个连续区的每一个点可标以若干个数（高斯

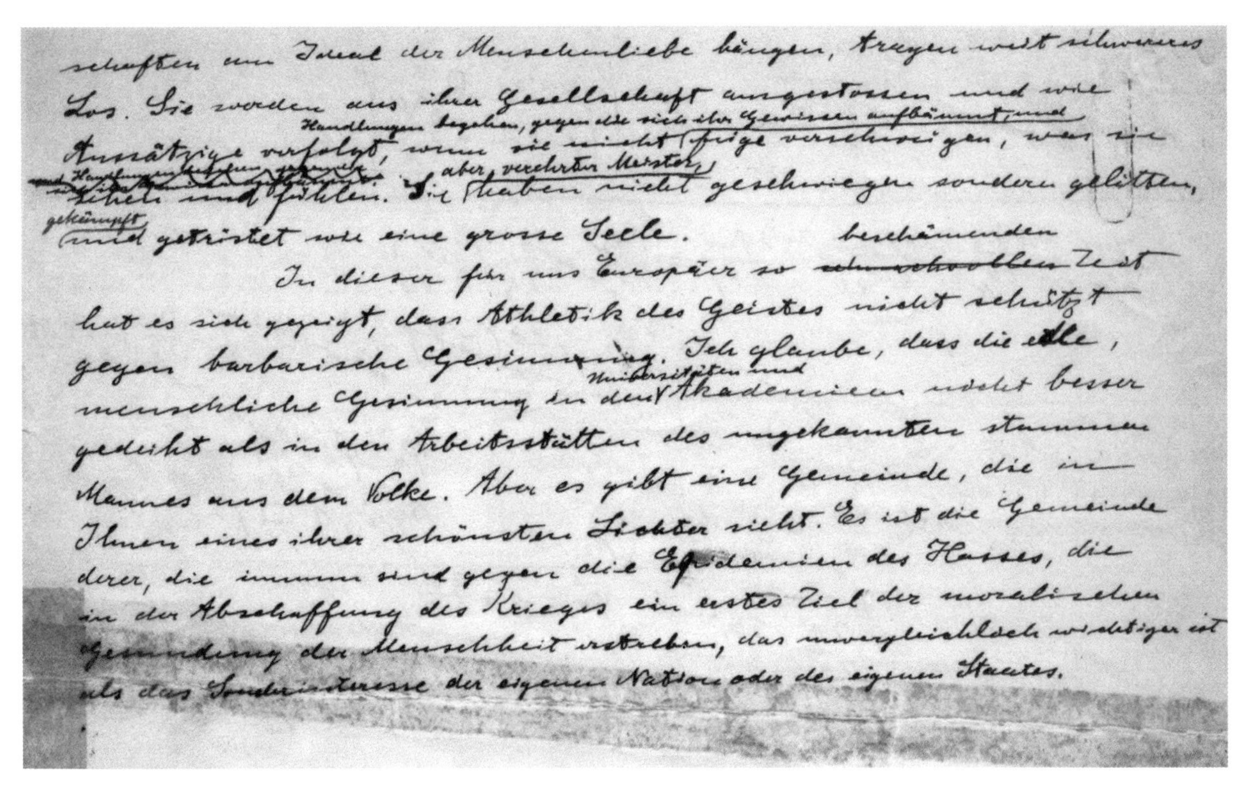

schaften am Ideal der Menschenliebe hängen, tragen weit schwereres Los. Sie werden aus ihrer Gesellschaft ausgestossen und wie Aussätzige verfolgt, wenn sie nicht Handlungen begehen, gegen die sich ihr Gewissen aufbäumt, und feige verschweigen, was sie sehen und fühlen. Sie aber, verehrter Meister, haben nicht geschwiegen sondern gelitten, gekämpft und getröstet wie eine grosse Seele.

In dieser für uns Europäer so beschämenden Zeit hat es sich gezeigt, dass Athletik des Geistes nicht schützt gegen barbarische Gesinnung. Ich glaube, dass die edle, menschliche Gesinnung in den Universitäten und Akademien nicht besser gedeiht als in den Arbeitsstätten des ungekannten stummen Mannes aus dem Volke. Aber es gibt eine Gemeinde, die in Ihnen eines ihrer schönsten Lichter sieht. Es ist die Gemeinde derer, die immun sind gegen die Epidemien des Hasses, die in der Abschaffung des Krieges ein erstes Ziel der moralischen Gesundung der Menschheit erstreben, das unvergleichlich wichtiger ist als das Sonderinteresse der eigenen Nation oder des eigenen Staates.

1926 年 1 月 29 日，在罗曼·罗兰 60 岁生日之际发表的爱因斯坦写给《书友》（*Liber Amicorum*）的稿件的草稿。爱因斯坦与罗曼·罗兰都热情地致力于和平事业。

H. FREUND
MINISTERIALDIREKTOR Z. D.
DRESDEN-N. 6
MARTIN LUTHER-PLATZ 11
TELEFON 27947

DRESDEN, DEN 17. Jan. 27.

Sehr geehrter Gesinnungsfreund!

Auf Grund einer Aussprache mit Herrn TUCHOLSKY beabsichtige ich entsprechend den Reihen: Köpfe ... Wirtschaftsführer ... eine Reihe ... Politikeranalysen - Titel steht noch nicht fest - in der Weltbühne zu veröffentlichen. Das wird zunächst nur mit Gesinnungsfreunden möglich sein. Deshalb wende ich mich mit der Anfrage an Sie, ob Sie zu einer Analyse bereit wären. Sie fände auf individualpsychologischer Grundlage also unter Nichtbetonung der Sexualität statt. Es würde kein Wort ohne vorherige Genehmigung veröffentlicht und für jede nicht zu veröffent = lichende Mitteilung bestünde Schweigepflicht.

Meine Legitimation zu solcher Arbeit entnehme ich folgenden Umständen.

1) objektiv bedeutet eine derartige Analysenreihe eine die Politik und Journalistik, wie die Psychologie verfeinernde und befruchtende Unter= nehmung mit rückwirkender anregender Kraft für den Analysierten.
2) Mit der gleichzeitigen Eignung als Politiker und Psychotherapeut ist in meiner Person eine nicht häufige Voraussetzung für solche Analyse gegeben.

Ich bitte Sie, mir Ihre Meinung zu der Sache mitzuteilen. Im übrigen wird anlässlich eines Berliner Aufenthaltes am 22. und 24.d.M. auch eine Aussprache möglich sein. Am22. am besten in der Zeit von 12 - 4. Am 24. in der Zeit von 9 - 12.

Mit Gesinnungsgruss!

Ihr sehr ergebener

H. Freund

S. g. H.

Ich bedaure, ihrem Wunsche nicht entsprechen zu können, weil ich gerne im Dunkel des Nicht-Analysiertseins verbleiben möchte.

Hoch

A. E.

1927 年 1 月 17 日，爱因斯坦在 H. 弗洛伊德的来信上直接拟了回信。

坐标），这个连续区有多少维，就标多少个数。这是这样来做的：每个点上所标的数只可能有一个意义，并且相邻诸点应该用彼此相差一个无穷小量的数（高斯坐标）来标出。高斯坐标系是笛卡儿坐标系的一个逻辑推广。高斯坐标系也可以适用于非欧几里得连续区，但是只有在下述情况下才可以：即相对于既定的“大小”或“距离”的定义而言，我们所考虑的连续区的各个小的部分愈小，其表现就愈像一个真正的欧几里得系统。

1927 年第五届索尔维会议合影：后排左起：A. 皮卡尔德（A. Piccard），E. 亨利厄特（E. Henriot），P. 厄任费斯脱（P. Ehrenfest），Ed. 赫尔岑（Ed. Herzen），Th. 德唐德（Th. de Donder），E. 薛定谔（E. Schrödinger），E. 费尔夏费尔特（E. Verschaffelt），W. 泡利（W. Pauli），W. 海森伯（W. Heisenberg），R. H. 否勒（R. H. Fowler），L. 布里渊（L. Brillouin）。中排左起：P. 德拜（P. Debye），M. 克努森（M. Knudsen），W. L. 布拉格（W. L. Bragg），H. A. 克莱默（H. A. Kramers），P. A. M. 狄拉克（P. A. M. Dirac），A. H. 康普顿（A. H. Compton），L. 德布罗意（L. de Broglie），M. 玻恩（M. Born），N. 玻尔（N. Bohr）。前排左起：I. 朗缪尔（I. Langmuir），M. 普朗克（M. Planck），M. 居里夫人（Marie Curie），H. A. 洛伦兹（H. A. Lorentz），A. 爱因斯坦（A. Einstein），P. 朗之万（P. Langevin），Ch. E. 古伊（Ch. E. Guye），C. T. R. 威尔孙（C. T. R. Wilson），O. W. 理查孙（O. W. Richardson）。

26　狭义相对论的空时连续区可以当作欧几里得连续区

现在我们已有可能更为严谨地表述闵可夫斯基的观念，这个观念在第17节中只是含糊地谈到一下。按照狭义相对论，要优先用某些坐标系来描述四维空时连续区。我们把这些坐标系称为“伽利略坐标系”。对于这些坐标系，确定一个事件或者换言之确定四维连续区中一个点所用的四个坐标x，y，z，t，在物理意义上具有简单的定义，这在本书第一部分已有所详述。从一个伽利略坐标系过渡到相对于这个坐标系做匀速运动的另一个伽利略坐标系时，洛伦兹变换方程是完全有效的。这些洛伦兹变换方程构成了从狭义相对论导出推论的基础，而这些方程的本身也只不过是表述了光的传播定律对于一切伽利略参考系的普适有效性而已。

闵可夫斯基发现洛伦兹变换满足下述简单条件。我们考虑两个相邻事件，这两个事件在四维连续区中的相对位置，是参照伽利略参考物体K用空间坐标差$\mathrm{d}x$，$\mathrm{d}y$，$\mathrm{d}z$和时间差$\mathrm{d}t$来表示的。我们假定这两个事件参照另一个伽利略坐标系的差相应地为$\mathrm{d}x'$，$\mathrm{d}y'$，$\mathrm{d}z'$，$\mathrm{d}t'$。那么这些量总是满足条件[①]

$$\mathrm{d}x^2+\mathrm{d}y^2+\mathrm{d}z^2-c^2\mathrm{d}t^2=\mathrm{d}x'^2+\mathrm{d}y'^2+\mathrm{d}z'^2-c^2\mathrm{d}t'^2$$

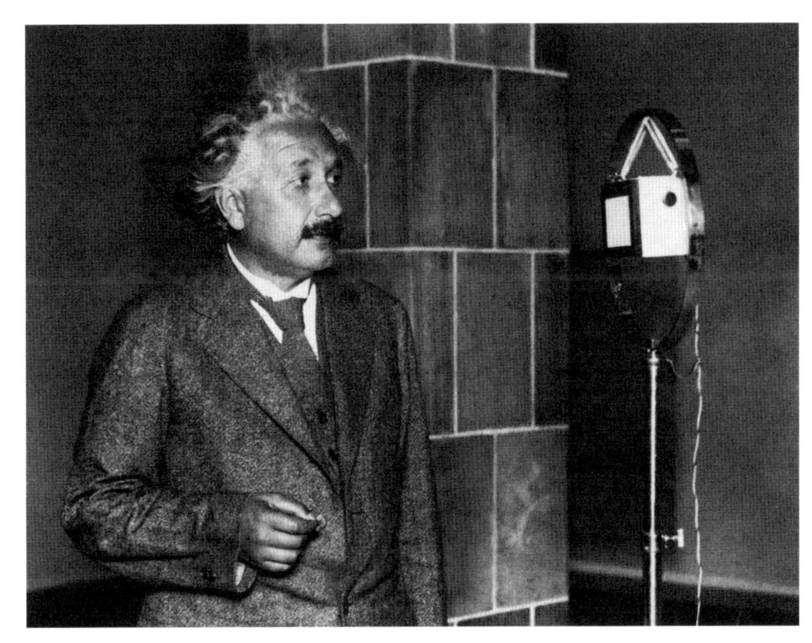

1929年10月21日为纪念发明电灯50周年而举办的宴会上，爱因斯坦通过短波的形式向爱迪生表示祝贺。

① 见附录Ⅰ（1）和（2）。在附录中就坐标本身导出的关系式，对于坐标差也有效，因而对于坐标微分（无穷小的差）也是有效的。

约 1930 年，米列娃、汉斯（左）、爱德华以及汉斯的妻子弗丽达，合影于苏黎世。

1930 年 6 月，爱因斯坦和天文学家阿瑟·爱丁顿（Arthur Stanley Eddington，1882—1944）在剑桥大学。

洛伦兹变换的有效性就是由这个条件来确定。对此我们又可以表述如下：

属于四维空时连续区的两个相邻点的这个量

$$ds^2 = dx^2 + dy^2 + dz^2 - c^2dt^2$$

对于一切选定的（伽利略）参考物体，皆具有相同的值。如果我们用 x_1，x_2，x_3，x_4 代换 x，y，z，$\sqrt{-1}\,ct$，我们也得出这样的结果，即

$$ds^2 = dx_1^2 + dx_2^2 + dx_3^2 + dx_4^2$$

与参考物体的选取无关。我们把量 ds 称为两个事件或两个四维点之间的“距离”。

因此，如果我们不选取实量 t 而选取虚变量 $\sqrt{-1}\,ct$ 作为时间变量，我们就可以——按照狭义相对论——把空时连续区当作一个“欧几里得”四维连续区，这个结果可以由前节的论述推出。

1930年9月11日，爱因斯坦和印度诗人泰戈尔在柏林郊外卡普特（Caputh）别墅会晤。爱因斯坦虽然并不赞同泰戈尔的哲学，却同意他对社会和政治的看法。他们的讨论内容涵盖了哲学问题和当代的问题，引起了公众的注意。

27　广义相对论的空时连续区不是欧几里得连续区

在本书的第一部分，我们能够使用可以对它作简单而直接的物理解释的空时坐标，而且，按照第26节，这种空时坐标可以被看作四维笛卡儿坐标。我们能够这样做，是以光速恒定定律为基础的。但是按照第21节，广义相对论不能保持这个定律。相反，按照广义相对论我们得出这样的结果，即当存在着一个引力场时，光速必须总是依赖于坐标。在第23节讨论一个具体例子时，我们发现，曾经使我们导致狭义相对论的那种坐标和时间的定义，由于引力场的存在而失效了。

鉴于这些论述的结果，我们得出这样的论断，按照广义相对论，空时连续区不能被看作一个欧几里得连续区；在这里只有相当于具有局部温度变化的大理石板的普遍情况，我们曾把它理解为一个二维连续区的例子。正如在那个例子里不可能用等长的杆构成一个笛卡儿坐标系一样，在这里也不可能用刚体和钟建立这样一个系统（参考物体），使量杆和钟在相互地作好刚性安排的情况下可用以直接指示位置和时间。这是我们在第23节中所遇到的困难的实质所在。

但是第25节和第26节的论述给我们指出了克服这个困难的道路。对于四维空时连续区我们可以任意利用高斯坐标来作参照。我们用四个数x_1，x_2，x_3，x_4（坐标）标出连续区的每一个点（事件），这些数没有丝毫直接的物理意义，其目的只是用一种确定而又任意的方式来标出连续区的各点。四个数的排列方法甚至无须一定要把x_1，x_2，x_3当作“空间”坐标、把x_4当作“时间”坐标。

读者可能会想到，这样一种对世界的描述是十分不够格的。如果x_1，x_2，x_3，x_4这些特定的坐标本身并无意义，那么我们用这些坐标标出一个事件又有什么意义呢？但是，更加仔细的探讨表明，这种担忧是没有根据的。例如我们考虑一个正在作任何运动的质点。如果这个点的存在只是瞬时的，并没有一个持续期间，那么这个点在空时中即由单独一组x_1，x_2，x_3，x_4的数值来描述。因此，如果这个点的存在是永久的，要描述这个点，这样的数值组就必须有无穷多个，而且其坐标值必须紧密到能够显示出连续性；对应于这个质点，我们就在四维连续区中有一根（一维的）线。同样，在我们的连续区中任何这样的线，必然也对应于许多运动的点。以上对于这些点的陈述中实际上只有关于它们的会合的那些陈述才称得起具有物理存在的意义。用我们的数学论述方法来说明，对于这样的会合的表述，就是两根代表所考虑的点的运动的线中各有特别的一组坐标值 x_1，x_2，x_3，x_4 是彼此共同的。经过深思熟虑以后，读者无疑将会承认，实际上这样的会合构成了我们在物理陈述中所遇到的具有时空性质的唯一真实证据。

当我们相对于一个参考物体描述一个质点的运动时，我们所陈述的只不过是这个点与这个参考物体的各个特定的点的会合。我们也可以借助于观察物体和钟的会合，并协同观察钟的指针和标度盘上特定的点的会合来确定相应的时间值。使用量杆进行空间测量时情况也正是这样，这一点稍加考虑就会明白。

下面的陈述是普遍成立的：每一个物理描述本身可分成许多个陈述，每一个陈述都涉及A、B两事件的空时重合。从高斯坐标来说，每一个这样的陈述，是用两事件的四个坐标 x_1，x_2，x_3，x_4 相符的说法来表达的。因此，实际上，使用高斯坐标所做的关于时空连续区的描述可以完全代替必须借助于一个参考物体的描述，而且不会有后一种描述方式的缺点；因为前一种描述方式不必受所描述的连续区的欧几里得特性的限制。

1930年12月。爱因斯坦在驶离纽约的“贝尔根兰号”（Belgenland）邮轮上。

28 广义相对性原理的严格表述

现在我们已经有可能提出广义相对性原理的严格表述来代替第 18 节中的暂时表述。第 18 节中所用的表述形式是，“对于描述自然现象（表述普遍的自然界定律）而言，所有参考物体 K、K' 等都是等效的，不论它们的运动状态如何。”这个表述形式是不能够保持下去的，因为，按照狭义相对论的观念所推出的方法使用刚性参考物体进行空时描述，一般说来是不可能的。必须用高斯坐标系代替参考物体，下面的陈述才与广义相对性原理的基本观念相一致：“所有的高斯坐标系对于表述普遍的自然界定律在本质上是等效的。”

我们还可以用另一种形式来陈述这个广义相对性原理，用这种形式比用狭义相对性原理的自然推广形式更加明白易懂。按照狭义相对论，当我们应用洛伦兹变换，以一个新的参考物体 K' 的空时变量 x'，y'，z'，t' 代换一个（伽利略）参考物体 K 的空时变量 x，y，z，t 时，表述普遍的自然界定律的方程经变换后仍取同样的形式。另一方面，按照广义相对论，对高斯变量 x_1，x_2，x_3，x_4 应用任意代换，这些方程经变换后仍取同样的形式；因为每一种变换（不仅仅是洛伦兹变换）都相当于从一个高斯坐标系过渡到另一个高斯坐标系。

如果我们愿意固执地坚持我们“旧时代”的对事物的三维观点，那么我们就可以对广义相对论的基本观念目前发展的特点作如下的描述：狭义相对论和伽利略区域相关，亦即和其中没有引力场存在的区域相关。就此而论，一个伽利略参考物体在充当着参考物体，这个参考物体是一个刚体，其运动状态必须选择得使“孤立”质点做匀速直线运动的伽利略定律相对于这个刚体是成立的。

从某些考虑来看，我们似乎也应该把同样的伽利略区域引入于非伽利略参考物体。那么相对于这些物体就存在着一种特殊的引力场（见第 20 节和第 23 节）。

在引力场中，并没有像具有欧几里得性质的刚体那样的东西；因此，虚设的刚性参考物体在广义相对论中是没有用处的。钟的运动也受引力场的影响，由于这种影响，直接借助于钟而做出的关于时间的物理定义不可能达到狭义相对论中同样程度的真实感。

因此，我们使用非刚性参考物体，这些物体整个说来不仅其运动是任意的，而且在其运动过程中可以发生任何形变。钟的运动可以遵从任何一种运动定律，不论如何不规则，但可用来确定时间的定义。我们想象每一个这样的钟是在非刚性参考物体上的某一点固定着。这些钟只满足这样的一个条件，即从（空间中）

1931 年 2 月 28 日，爱因斯坦和爱尔莎与印第安人合影。

1931 年 2 月 28 日爱因斯坦和爱尔莎在美国大峡谷国家公园。

相邻的钟同时观测到的“读数”彼此仅相差一个无穷小量。这个非刚性参考物体（可以恰当地称作“软体动物参考体”）基本上相当于一个任意选定的高斯四维坐标系。与高斯坐标系比较，这个“软体动物”所具有的某些较易理解之处就是形式上保留了空间坐标和时间坐标的分立状态（这种保留实际上是不合理的）。我们把这个“软体动物”上的每一点当作一个空间点，相对于空间点保持静止的每一个质点就当作是静止的，如果我们把这个“软体动物”视为参考物体的话。广义相对性原理要求所有这些“软体动物”都可以用作参考物体来表述普遍的自然界定律，在这方面，这些“软体动物”具有同等的权利，也可以取得同样好的结果；这些定律本身必须不随软体动物的选择而变易。

由于我们前面所看到的那些情况，广义相对性原理对自然界定律作了一些广泛而具明确性的限制，广义相对性原理所具有的巨大威力就在于此。

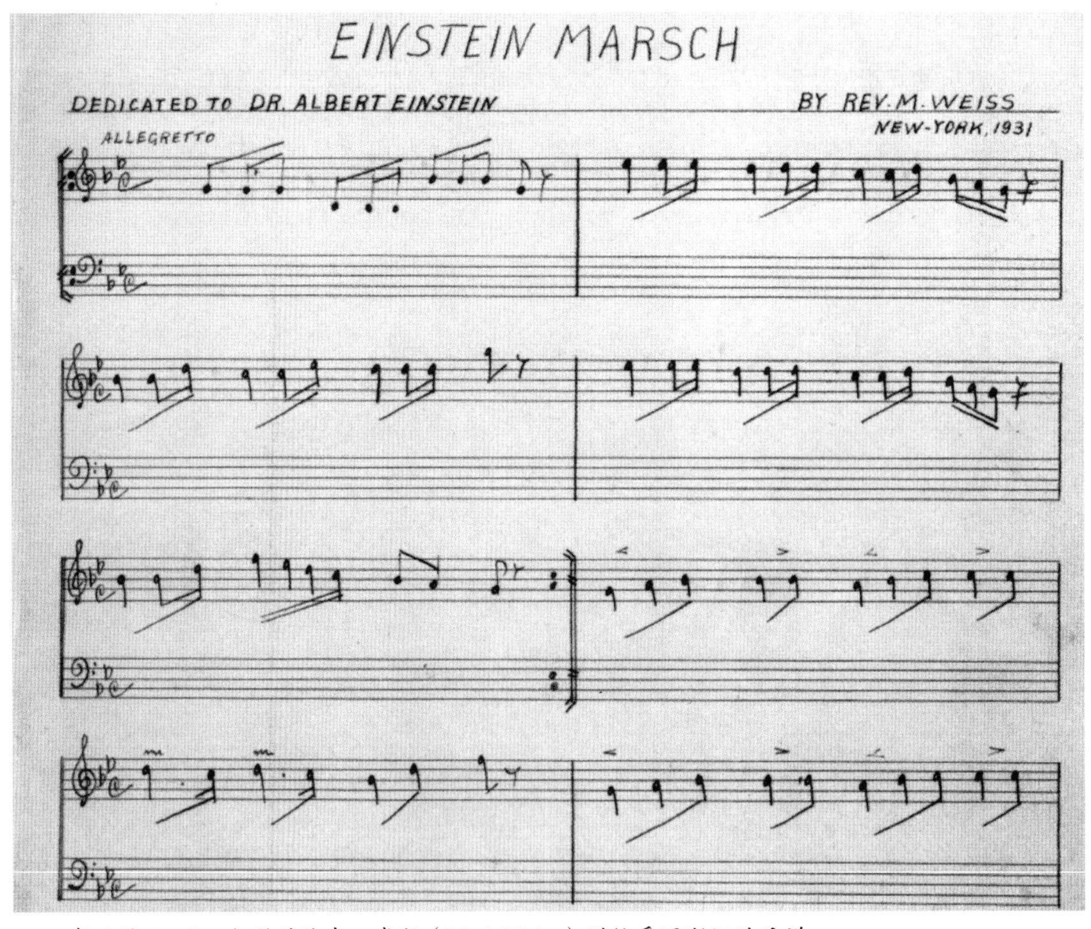

1931 年 4 月 15 日，纽约的马克·威斯（Mark Weiss）送给爱因斯坦的乐谱。

29　在广义相对性原理的基础上解引力问题

如果读者对于前面的论述已经全部理解，那么对于理解引力问题的解法，就不会再有困难。

我们从考察一个伽利略区域开始，伽利略区域就是相对于伽利略参考物体 K 其中没有引力场存在的一个区域。量杆和钟相对于 K 的行为已从狭义相对论得知，同样，“孤立”质点的行为也是已知的；后者沿直线做匀速运动。

我们现在参照作为参考物体 K' 的一个任意高斯坐标系或者一个“软体动物”来考察这个区域。那么相对于 K' 就存在着一个引力场 G（一种特殊的引力场）。我们只利用数学变换来察知量杆和钟以及自由运动的质点相对于 K' 的行为。我们把这种行为解释为量杆、钟和质点在引力场 G 的影响下的行为。此处我们引进一个假设：引力场对量杆、钟和自由运动的质点的影响将按照同样的定律继续发生下去，即使当前存在着的引力场不能简单地通过坐标变换从伽利略的特殊情况推导出来。

下一步是研究引力场 G 的空时行为，引力场 G 过去是简单地通过坐标变换由伽利略的特殊情况导出的。将这种行为表述为一个定律，不论在描述中所使用的参考物体（“软体动物”）如何选定，这个定律始终是有效的。

然而这个定律还不是普遍的引力场定律，因为所考虑的引力场是一种特殊的引力场。为了求出普遍的引力场定律，我们还需要将上述定律加以推广。这一推广可以根据下述要求妥善地得出：

（1）所要求的推广必须也满足广义相对性原理。

（2）如果在所考虑的区域中有任何物质存在，对其激发一个场的效应而言，只有它的惯性质量是重要的，按照第 15 节，也就是只有它的能量是重要的。

1931 年，爱因斯坦和导演雅克·费戴尔（Jacques Feyder）、演员雷蒙·诺瓦罗（Ramon Novarro）。

1931 年，爱因斯坦访问威尔逊山天文台时和各位天文学家的合影。左一为弥尔顿、左二为哈勃、左四为迈克尔逊，左五为爱因斯坦。

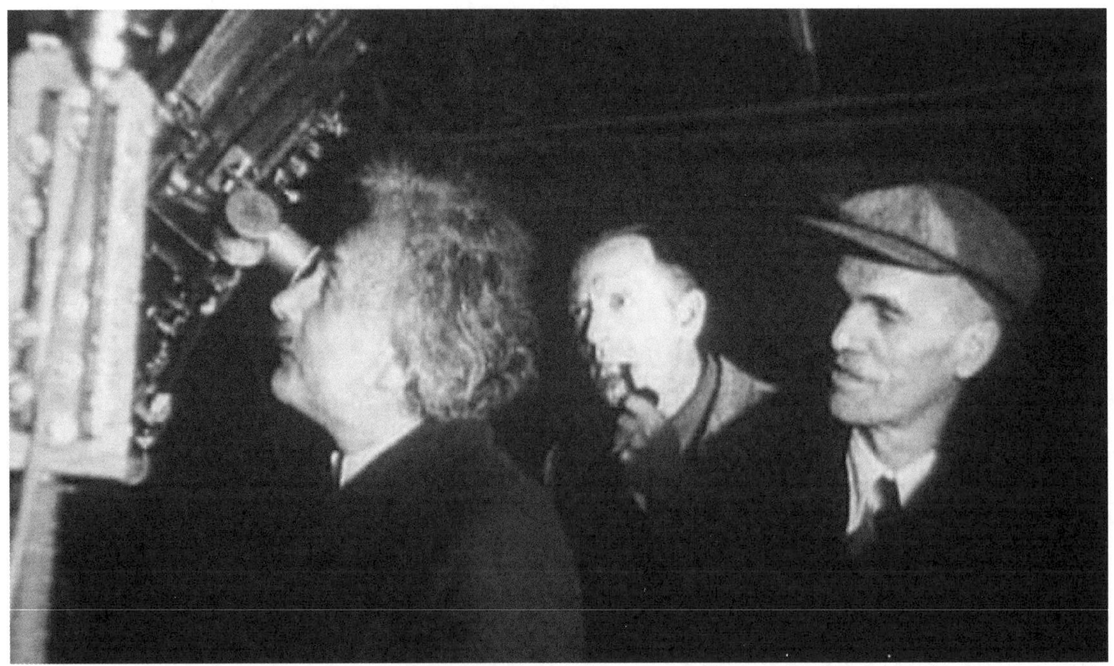

1931 年，爱因斯坦和哈勃等天文学家在使用威尔逊山天文台的 100 英寸望远镜。这是当时世界上最大的望远镜。

（3）引力场加上物质必须满足能量（和冲量）守恒定律。

最后，广义相对性原理使我们能够确定引力场对于不存在引力场时按照已知定律已在发生的所有过程的整个进程的影响，这样的过程也就是已经纳入狭义相对论的范围的过程。对此，我们原则上按照已对量杆、钟和自由运动的质点解释过的方法去进行。

照这样从广义相对性原理导出的引力论，其优越之处不仅在于它的完美性；不仅在于消除第21节所显示的经典力学所带的缺陷；不仅在于解释惯性质量和引力质量相等的经验定律；还在于它已经解释了经典力学对之无能为力的一个天文观测结果。

如果我们把这个引力论的应用限制于下述的情况，即引力场可以认为是相当弱的，而且在引力场内相对于坐标系运动着的所有质量的速度与光速比较都是相当小的，那么，作为第一级近似我们就得到牛顿的引力理论。这样，牛顿的引力理论在这里无须任何特别的假定就可以得到，而牛顿当时却必须引进这样的假设，即相互吸引的质点间的吸引力必须与质点间的距离的平方成反比。如果我们提高计算的精确度，那么它与牛顿理论不一致的偏差就会表现出来，但是由于这些偏差相当小，实际上都必然是观测所检验不出来的。

这里我们必须指出其中一个偏差提请读者注意。按照牛顿的理论，行星沿椭圆轨道绕日运行，如果我们能够略而不计恒星本身的运动以及所考虑的其他行星的作用，这个椭圆轨道相对于恒星的位置将永久保持不变。因此，如果我们改正所观测的行星运动而把这两种影响消去，而且如果牛顿的理论真能严格正确，那么我们所得到的行星轨道就应该是一个相对于恒星系是固定不移的椭圆轨道。这个可以用相当高的精确度加以验证的

1931年的爱因斯坦。当有人问他的聪明才智是从哪儿来的，他回答道："我并没有特殊的天赋，只是充满好奇。"

推断，除了一个行星之外，对于所有其他的行星而言，已经得到了证实，其精确度是目前的观测灵敏度所能达到的精确度。唯一例外的就是水星，它是离太阳最近的行星。从勒维耶的时候起人们就知道，作为水星轨道的椭圆，经过改正消去上述影响后，相当于恒星系并不是固定不移的，而是非常缓慢地在轨道的平面内转动，并且顺着沿轨道的运动的方向转动。所得到的这个轨道椭圆的这种转动的值是每世纪43″（角度），其误差保证不会超过几秒（角度）。经典力学解释这个效应只能借助于设立假设，而这些假设是不大可能成立的，这些假设的设立仅仅是为了解释这个效应而已。

根据广义相对论，我们发现，每一个绕日运行的行星的椭圆轨道，都必然以上述方式转动；对于除水星以外的所有其他行星而言，这种转动都太小，以现时可能达到的观测灵敏度是无法探测的；[①] 但是对于水星而言，这个数值必须达到每世纪43″，这个结果与观测严格相符。

除此以外，到目前为止只可能从广义相对论得出两个可以由观测检验的推论，即光线因太阳引力场而发生弯曲，[②] 以及来自巨大星球的光的谱线与在地球上以类似方式产生的（即由同一种原子产生的）相应光谱线比较，有位移现象产生。[③] 从广义相对论得出的这两个推论都已经得到证实。

1931年爱因斯坦夫妇参观了好莱坞华纳兄弟娱乐公司的电影制片厂，现场感受了电影的神奇。

① 目前的观测技术已经证实了其他行星的这种效应。——译者注。

② 爱丁顿（Eddington）及其他人于1919年首次观测到。见附录Ⅰ（3）。

③ 1924年为亚当斯（Adams）所证实。

第三部分

关于整个宇宙的一些考虑

· *Part Ⅲ. Considerations on the Universe as a Whole* ·

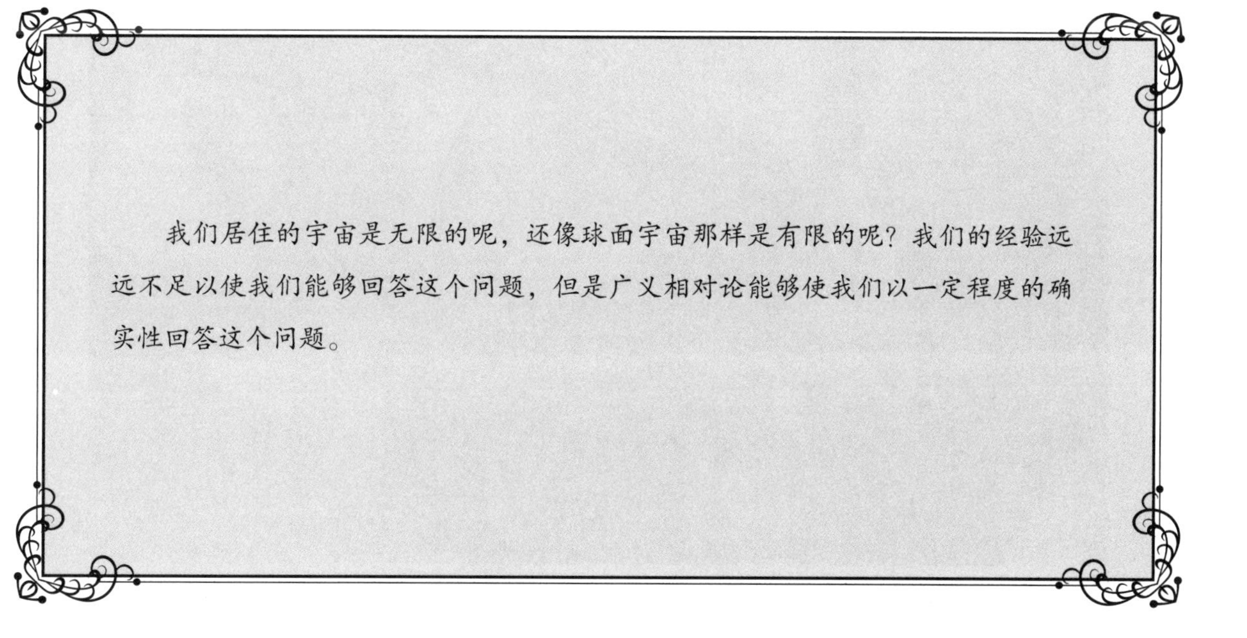

我们居住的宇宙是无限的呢，还像球面宇宙那样是有限的呢？我们的经验远远不足以使我们能够回答这个问题，但是广义相对论能够使我们以一定程度的确实性回答这个问题。

穿着皮夹克的爱因斯坦。

30　牛顿理论在宇宙论方面的困难

经典天体力学除了存在着第21节所讨论的困难之外，还存在着另一个基本困难。根据我的了解，天文学家希来哲（Seeliger）第一个对这个基本困难进行了详细的讨论。如果我们仔细地考虑一下这个问题：对于宇宙，作为整体而言，我们应持何种看法。我们所想到的第一个回答一定是：就空间（和时间）而言，宇宙是无限的。到处都存在着星体，因此，虽然就细微部分说来物质的密度变化很大，但平均说来是到处一样的。换言之，我们在宇宙空

1931年，爱因斯坦和卓别林在《城市之光》洛杉矶首映式上。

间中无论走得多么远，都会到处遇到稀薄的恒星群，这些恒星群的种类和密度，差不多都是一样的。

这个看法与牛顿的理论是不一致的。牛顿理论要求宇宙应具有某种中心，处在这个中心的星群密度最大，从这个中心向外走，诸星的群密度逐渐减小，直到最后，在非常遥远处，成为一个无限的空虚区域。恒星宇宙应该是无限的空间海洋中的一个有限的岛屿。①

这个概念本身已不很令人满意。这种概念

1933 年 9 月，度假期间的爱因斯坦住在这间小木屋里。屋内有一台钢琴供他使用，室外有警卫站岗。

① **证明** 按照牛顿的理论，来自无限远处而终止于质量 m 的“力线”的数目与质量 m 成正比。如果平均说来质量密度 ρ_0 在整个宇宙中是一个常数，则体积为 V 的球的平均质量为 $\rho_0 V$。因此，穿过球面 F 进入球内的力线数与 $\rho_0 V$ 成正比。对于单位球面积而言，进入球内的力线数就与 $\rho_0 \frac{V}{F}$ 或 $\rho_0 R$ 成正比。因此，随着球半径 R 的增长，球面上的场强最终就变为无限大，而这是不可能的。

1933 年，“比利时”号抵达纽约时，爱因斯坦不得不回答记者们所提出的上百个问题。

1933 年爱因斯坦和比利时国王阿耳伯特（Albert）合影。阿耳伯特国王和王后对爱因斯坦十分友好。他们共同讨论了比利时如何抗击即将来临的德国的军事侵略问题。

1933 年，爱因斯坦和美国著名律师塞缪尔·安特梅尔（Samuel Untermyer，1858—1940）、电影导演（Ernst Lubitsch，1892—1947）。

1933 年 10 月在伦敦皇家阿尔伯特大厅，爱因斯坦和许多著名的演讲者在那集会，帮助犹太难民基金筹款。10 月 17 日，爱因斯坦和全家乘船前往美国。

1933 年 11 月，爱因斯坦与大提琴手基斯金（Ossip Giskin）、小提琴手塞德尔（Toscha Seidel）和奥科（Bernard Ocko）在美国普林斯顿的住所聚会。

更加不能令人满意的是由于它导致了下述结果：从恒星发出的光以及恒星系中的各个恒星不断奔向无限的空间，一去不返，而且永远不再与其他自然客体相互发生作用。这样的一个有限的物质宇宙将注定逐渐而系统地被削弱。

为了避免这种两难局面，希来哲对牛顿定律提出了一项修正，其中假定，对于很大的距离而言，两质量之间的吸引力比按照平方反比定律得出的结果减小得更加快些。这样，物质的平均密度就有可能处处一样，甚至到无限远处也是一样，而不会产生无限大的引力场。这样我们就摆脱了物质宇宙应该具有某种像中心之类的东西的这种讨厌的概念。当然，我们摆脱上述基本困难是付出了代价的，这就是对牛顿定律进行了修改并使之复杂化，而这种修改和复杂化既无经验根据亦无理论根据。我们能够设想出无数个可以实现同样目的的定律，而不能举出理由说明为什么其中一个定律比其他定律更为可取；因为这些定律中的任何一个，与牛顿定律相比，并没有建立在更为普遍的理论原则上。

1934 年，在一场演出结束后，爱因斯坦与莫里斯·施瓦茨（Maurice Schwartz）和犹太艺术剧团演员的合影。

31　一个“有限”而又“无界”的宇宙的可能性

但是，对宇宙的构造的探索同时也沿着另一个颇不相同的方向前进。非欧几里得几何学的发展导致了对于这样一个事实的认识，即我们能对我们的宇宙空间的无限性表示怀疑，而不会与思维的规律或与经验发生冲突（黎曼、亥姆霍兹）。亥姆霍兹和彭加勒（Poincaré）已经以无比的明晰性详细地论述了这些问题，我在这里只能简单地提一下。

首先，我们设想在二维空间中的一种存在。持有扁平工具（特别是扁平的刚性量杆）的扁平生物自由地在一个平面上走动。对于它们来说，在这个平面之外没有任何东西存在；它们所观察到的它们自己的和它们的扁平的“东西”的一切经历，就是它们的平面所包含着的全部实在。具体言之，例如欧几里得平面几何学中的一切作图都可以借助于量杆来实现，亦即利用在第24节所已讨论过的格子构图法。与我们的宇宙对比，这些生物的宇宙是二维的；但同

SECOND NEWS SECTION

For News, Subscriptions or Advertising Call ATlantic 6100

SATURDAY MORNING,

Pittsburgh Post-Gazette

DECEMBER 29, 1934.

SPORTS, FINANCIAL, CLASSIFIED SECTION

This WORLD of OURS

Constantly Expressive—Einstein Warms Up to His Subject

ATOM ENERGY HOPE IS SPIKED BY EINSTEIN

Efforts at Loosing Vast Force Is Called Fruitless.

SAVANT TALKS HERE

1934年的一份报纸的头条：《爱因斯坦点燃了原子能的希望》。这篇报道强调，多年以来，爱因斯坦从不相信科学家可以支配原子中所埋藏的惊人力量，不论是好是坏。

我们的宇宙一样，它们的宇宙也延伸到无限远处。在它们的宇宙中有足够的地方可以容纳无限多个用量杆构成的互相等同的正方形；亦即它们的宇宙的容积（面积）是无限的。如果这些生物说它们的宇宙是“平面”的，那么这句话是有意义的，因为它们的意思是它们能用它们的量杆按照欧几里得平面几何学作图。这里，各个个别量杆永远代表同一距离，而与其本身所处的位置无关。

其次，让我们考虑一下另一种二维的存在，不过这次是在一个球面上而不是在一个平面上。这种“扁平生物”连同它们的量杆以及其他的物体，与这个球面完全贴合，而且它们不可能离开这个球面。因而它们所能观察的整个宇宙仅仅扩展到整个球面。这些生物能否认为它们的宇宙的几何学是平面几何学，它们的量杆同样又是其“距离”的实在体现呢？它们不能这样做。因为如果它们想实现一根直线，它们将

1934 年 12 月 28 日，爱因斯坦被众多记者团团围住。

1935年，爱因斯坦和美国著名编辑、进步运动的领袖威廉·怀特（William Allen White，1868—1944）。

会得到一根曲线，我们“三维生物”把这根曲线称作一个大圆，亦即具有确定的有限长度的、本身就是完整独立的线，其长度可以用量杆测定。同样，这个宇宙的面积是有限的，可以与用量杆构成的正方形的面积相比较。从这种考虑得出的极大妙处在于承认了这样一个事实，即这些生物的宇宙是有限的，但又是无界的。

但是这些球面生物无需作世界旅行就可以认识到它们所居住的不是一个欧几里得宇宙。在它们的“世界”的各个部分它们都能够弄清楚这一点，只要它们所使用的部分不太小就可以了。从一点出发，它们向所有各个方向画等长的“直线”（由三维空间判断是圆的弧段）。它们会把连接这些线的自由端的线称作一个“圆”。按照欧几里得平面几何学，平面上的圆的圆周与直径之比（圆周与直径的长度用同一根杆子测定）等于常数 π，这个常数与圆的直径大小无关。我们的“扁平生物”在它们的球面上将会发现圆周与直径之比有以下的值

$$\pi \frac{\sin\left(\frac{r}{R}\right)}{\left(\frac{r}{R}\right)}$$

亦即一个比 π 小的值，圆半径与“世界球”半径 R 之比愈大，上述比值与 π 之差就愈加可观。借助于这个关系，“球面生物”就能确定它们的宇宙（“世界”）的

半径，即使它们能够用来进行测量的仅仅是它们的世界球的比较小的一部分。但是如果这个部分的确非常小，它们就不再能够证明它们是居住在一个球面“世界”上，而不是居住在一个欧几里得平面上，因为球面上的微小部分与同样大小的一块平面仅有极微细的差别。

因此，如果这些“球面生物”居住在一个行星上，这个行星的太阳系仅占球面宇宙内的小到微不足道的一部分，那么这些球面生物就无法确定它们居住的宇宙是有限的还是无限的，因为它们所能接近的“一小块宇宙”在这两种情况下实际上都是平面的，或者说是欧几里得的。从这个讨论可以直接推知，对于我们的球面生物而言，一个圆的圆周起先随着半径的增大而增大，直到达到“宇宙圆周”为止，其后圆周随着半径的值的进一步增大而逐渐减小以至于零。在这个过程中，圆的面积继续不断地增大，直到最后等于整个“世界球”的总面积为止。

或许读者会感到奇怪，为什么我们把我们的“生物”放在一个球面上而不放在另外一种闭合曲面上。但是由于以下事实，这种选择是有理由的：在所有的闭合曲面中，唯有球面具有这种性质，即该曲面上所有的点都是等效的。我承认，一个圆的圆周 C 与其半径 r 的比取决于 r，但是，对于一个给定的 r 的值而言，这个比对于“世界球”上所有的点都是一样的；换言之，这个“世界球”是一个“等曲率曲面”。

对于这个二维球面宇宙，我们有一个三维比拟，这就是黎曼发现的三维球面空间。它的点同样也都是等效的。这个球面空间具有一个有限的体积，由其“半径”确定之（$2\pi^2R^3$）。能否设想一个球面空间呢？设想一个空间只不过是意味着我们设想我们的“空间”经验的一个模型，这种“空间”经验是我们在移动“刚”体时能够体会到的。在这个意义上我们能够设想一个球面空间。

设我们从一点向所有各个方向画线或拉绳索，并用一根量杆在每根线或绳索上量取距离 r。这些具有长度 r 的线或绳索的所有的自由端点都位于一个球面上。我们能够借助于一个用量杆构成的正方形用特别方法把这个曲面的面积（F）测量出来。如果这个宇宙是欧几里得宇宙，则 $F=4\pi r^2$；如果这个宇宙是球面宇

1936 年，爱因斯坦和儿子汉斯以及孙子伯恩·哈德在一起。

1936年爱尔莎去世后，爱因斯坦开始与约翰娜·范图娃密切交往。在普林斯顿，人们公认约翰娜·范图娃是爱因斯坦最后的亲密女友。

宙，那么F就总是小于$4\pi r^2$。随着r的值的增大，F从零增大到一个最大值，这个最大值是由“世界半径”来确定的，但随着r的值的进一步增大，这个面积就会逐渐缩小以至于零。起初，从始点辐射出去的直线彼此散开而且相距越来越远，但后来又相互趋近，最后它们终于在与始点相对立的“对立点”上再次相会。在这种情况下它们穿越了整个球面空间。不难看出，这个三维球面空间与二维球面十分相似。这个球面空间是有限的（亦即体积是有限的），同时又是无界的。

可以提一下，还有另一种弯曲空间：“椭圆空间”。可以把“椭圆空间”看作这样的弯曲空间，即在这个空间中两个“对立点”是等样的（不可辨别的）。因此，在某种程度上可以把椭圆宇宙当作一个具有中心对称的弯曲宇宙。

由以上所述可以推知，无界的闭合空间是可以想象的。在这类空间中，球面空间（以及椭圆空间）在其简单性方面胜过其他空间，因为其上所有的点都是等效的。由于这个讨论的结果，对天文学家和物理学家提出了一个非常有趣的问题：我们居住的宇宙是无限的呢，还像球面宇宙那样是有限的呢？我们的经验远远不足以使我们能够回答这个问题。但是广义相对论使我们能够以一定程度的确实性回答这个问题；这样，第30节所提到的困难就得到了解决。

32 以广义相对论为依据的空间结构

根据广义相对论，空间的几何性质并不是独立的，而是由物质决定的。因此，我们只有已知物质的状态并以此为依据进行考虑才能对宇宙的几何结构做出论断。根据经验我们知道，对于一个适当选定的坐标系而言，诸星的速度比起光的传播速度来是相当小的。因此，如果我们将物质看作是静止的，我们就能够在粗略的近似程度上得出一个关于整个宇宙的性质的结论。

从我们前面的讨论已经知道，量杆和钟的行为受引力场的影响，亦即受物质分布的影响。这一点本身就足以排除欧几里得几何学在我们的宇宙中严格有效的这种可能性。但是可以想象，我们的宇宙与一个欧几里得宇宙仅有微小的差别，而且计算表明，甚至像我们的太阳那样大的质量对于周围的空间的度规的影响也是极其微小的，因而上述看法就显得越发可靠。我们可以设想，就几何学而论，我们的宇宙的性质与这样的一个曲面相似，这个曲面在它的各个部分上是不规则地弯曲的，但整个曲面没有什么地方与一个平面有显著的差别，就像是一个有细微波纹的湖面。这样的宇宙可以恰当地称为准欧几里得宇宙。就其空间而言，这个宇宙是无限的。但是计算表明，在一个准欧几里得宇宙中物质的平均密度必然要等于零。因此这样的宇宙不可能处处有物质存在；呈现在我们面前的将是我们在第30节中所描绘的那种不能令人满意的景象。

如果在这个宇宙中我们有一个不等于零的物质平均密度，那么，不论这个密度与零相差多么小，这个宇宙就不可能是准欧几里得的。相反，计算的结果表明，如果物质是均匀分布的，宇宙就必然是球形的（或椭圆的）。由于实际上物质的细微分布不是均匀的，因而实在的宇宙在其各个部分上会与球形有出入，亦即宇宙将是准球形的。但是这个宇宙必然是有限的。实际上这个理论向我们提供了宇宙的空间广度与宇宙的物质平均密度之间的简单关系。[①]

① 对于宇宙“半径”R，我们得出方程

$$R^2=\frac{2}{\kappa\rho}$$

在此方程中引用厘米·克·秒制，得出$\frac{2}{\kappa}=1.08\cdot10^{27}$；$\rho$是物质的平均密度，$\kappa$是与牛顿引力常数有关的一个常数。

HUPFELD

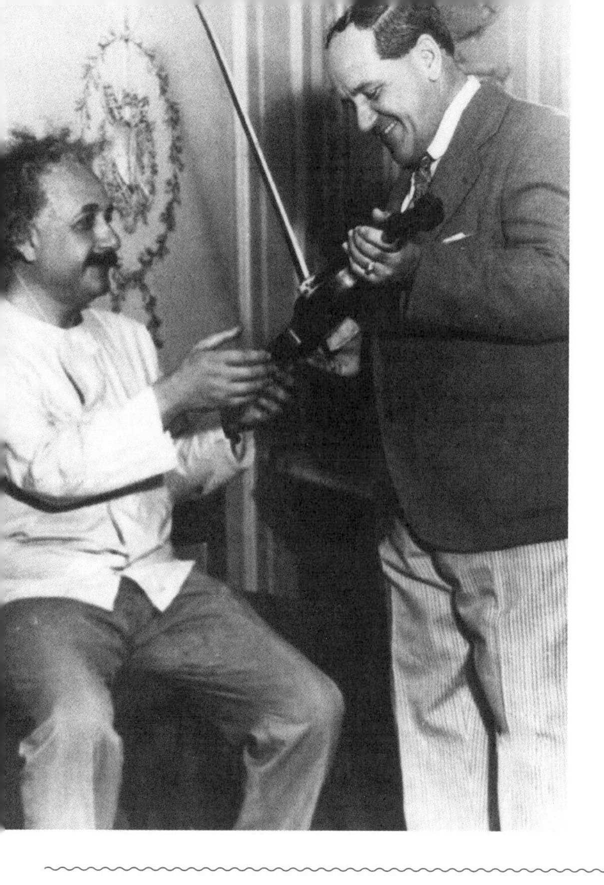

爱因斯坦6岁时，妈妈送给他一把小提琴，从此爱因斯坦一生喜欢拉小提琴，常常与朋友同事一起演奏。也经常在一些公益音乐会上演奏，帮助难民儿童。爱因斯坦的儿子汉斯说：“与其说我的父亲是物理学家，不如说他是一位艺术家。”爱因斯坦的孙子也曾回忆道：“爷爷一生中最爱的两样东西就是小提琴和烟斗。”

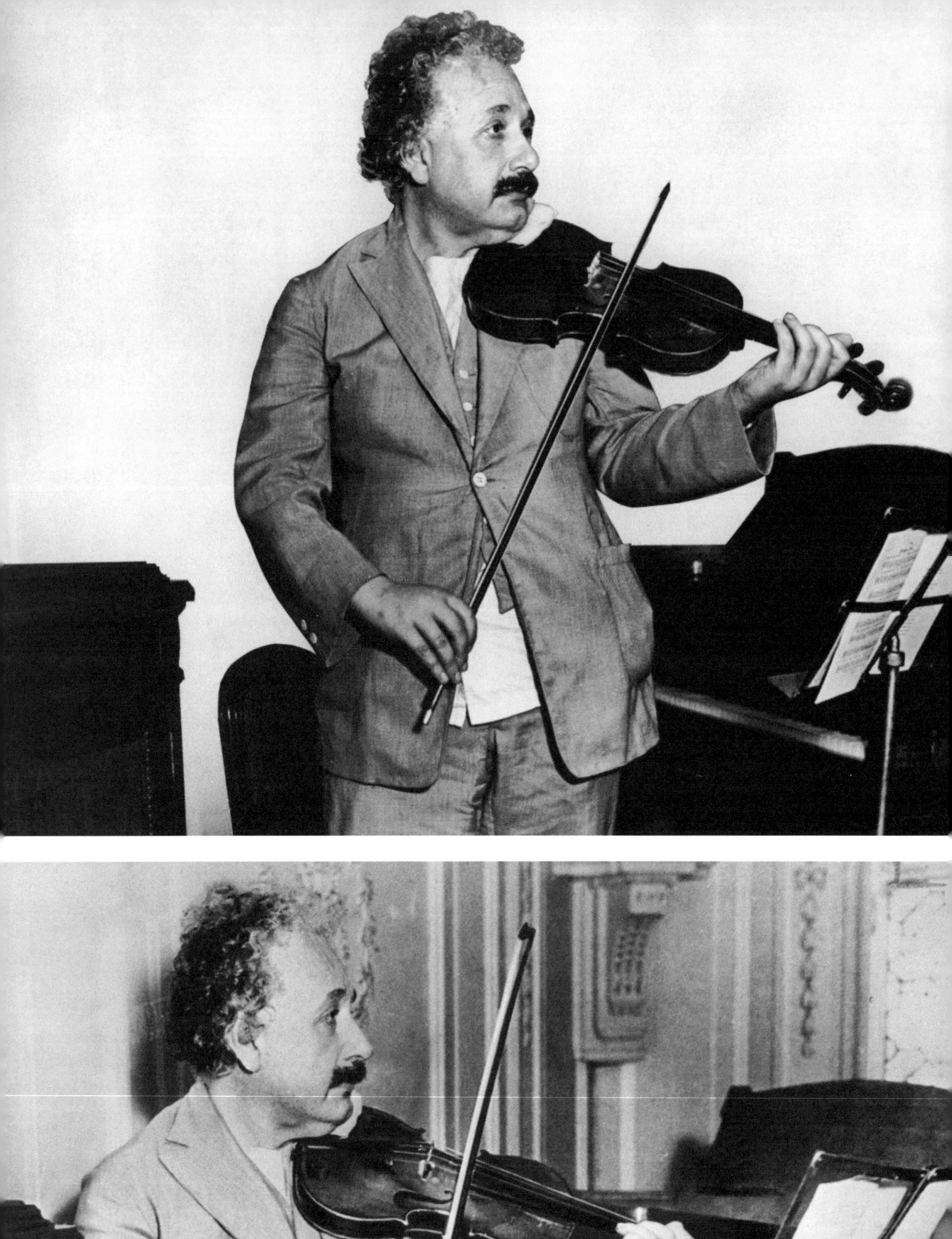

附录 I

· Appendices I ·

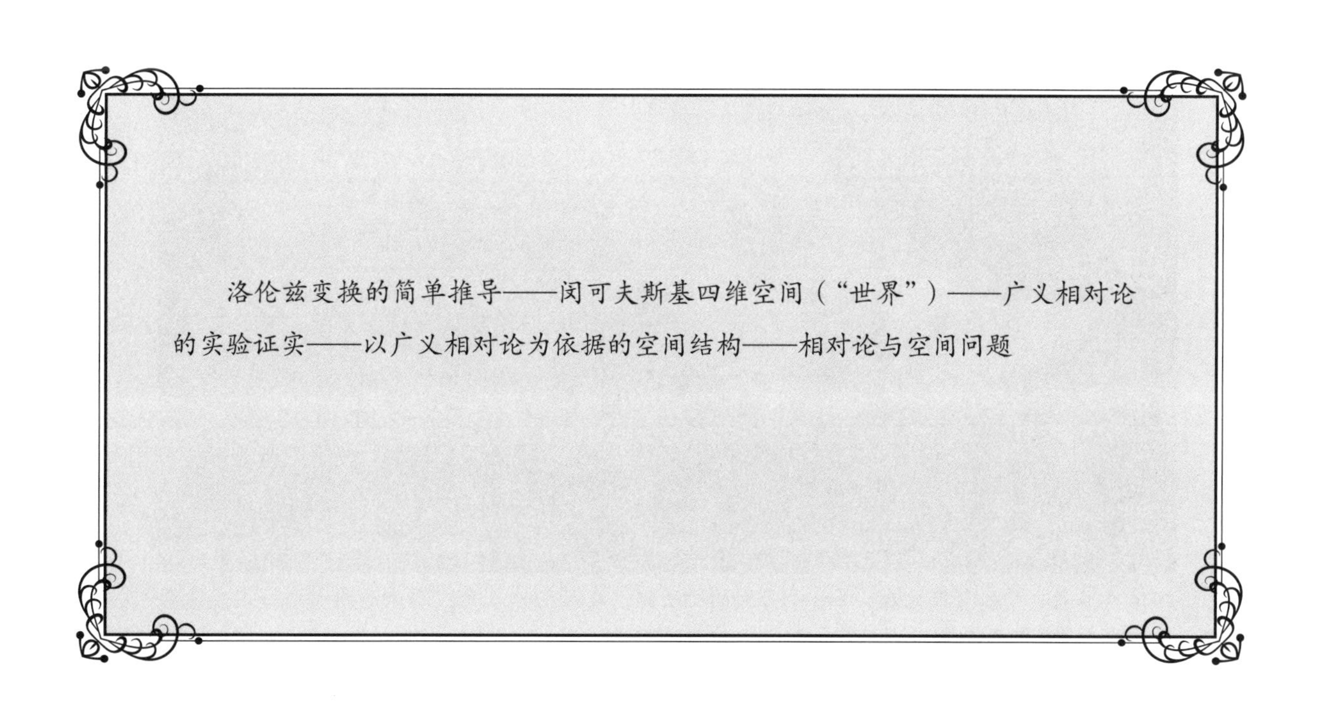

洛伦兹变换的简单推导——闵可夫斯基四维空间（“世界”）——广义相对论的实验证实——以广义相对论为依据的空间结构——相对论与空间问题

1946 年 9 月，爱因斯坦抱着一个 8 个月大的小女孩。在照相时他说：“将来她看起来一定会像意大利的圣母玛利亚画像。”

1. 洛伦兹变换的简单推导

〔补充第 11 节〕

按照图 2 所示两坐标系的相对取向，该两坐标系的 x 轴永远是重合的。在这个情况下我们可以把问题分为几部分，首先只考虑 x 轴上发生的事件。任何一个这样的事件，对于坐标系 K 是由横坐标 x 和时间 t 来表示，对于坐标系 K' 则由横坐标 x' 和时间 t' 来表示。当给定 x 和 t 时，我们要求出 x' 和 t' 。

1937 年的爱因斯坦，由中国物理学家周培源先生（1902—1993）拍摄。

沿着正 x 轴前进的一个光信号按照方程

$$x = ct$$

或

$$x - ct = 0 \tag{1}$$

传播。由于同一光信号必须以速度 c 相对于 K' 传播，因此相对于坐标系 K' 的传播将由类似的公式

$$x' - ct' = 0 \tag{2}$$

表示。满足（1）的那些空时点（事件）必须也满足（2）。显然这一点是成立的，只要关系

$$(x' - ct') = \lambda (x - ct) \tag{3}$$

一般被满足，其中 λ 表示一个常数；因为，按照（3），$(x - ct)$ 等于零时 $(x' - ct')$ 就必然也等于零。

如果我们对沿着负 x 轴传播的光线应用完全相同的考虑，我们就得到条件

$$(x' + ct') = \mu (x + ct) \tag{4}$$

方程（3）和（4）相加（或相减），并为方便起见引入常数 a 和 b 代换常数 λ 和 μ ，令

$$a = \frac{\lambda + \mu}{2}$$

1938 年爱因斯坦在一个朋友家中骑自行车。

以及
$$b=\frac{\lambda-\mu}{2}$$
我们得到方程
$$\left.\begin{aligned}x'&=ax-bct\\ct'&=act-bx\end{aligned}\right\}\qquad(5)$$

因此，若常数 a 和 b 为已知，我们就得到我们的问题的解。a 和 b 可由下述讨论确定。

对于 K' 的原点我们永远有 $x'=0$，因此按照（5）的第一个方程
$$x=\frac{bc}{a}t$$

如果我们将 K' 的原点相对于 K 的运动的速度称为 v，我们就有
$$v=\frac{bc}{a}\qquad(6)$$

同一量值 v 可以从方程（5）得出，只要我们计算 K' 的另一点相对于 K 的速度，或者计算 K 的一点相对于 K' 的速度（指向负 x 轴）。总之，我们可以指定 v 为两坐标系的相对速度。

还有，相对性原理告诉我们，由 K 判断的相对于 K' 保持静止的单位量杆的长度，必须恰好等于由 K' 判断的相对于 K 保持静止的单位量杆的长度。为了看一看由 K 观察 x' 轴上的诸点是什么样子，我们只需要从 K 对 K' 拍个“快照”；这意味着我们必须引入 t（K 的时间）的一个特别的值，例如 $t=0$，对于这个 t 的值，我们从（5）的第一个方程就得到
$$x'=ax$$

因此，如果在 K' 坐标系中测量，x' 轴上两点相隔的距离为 $\Delta x'=1$，该两点在我们的瞬时快照中相隔的距离就是
$$\Delta x=\frac{1}{a}\qquad(7)$$

但是如果从 K'（$t'=0$）拍取快照，而且如果我们从方程（5）消去 t，考虑到表示式（6），我们得到
$$x'=a\left(1-\frac{v^2}{c^2}\right)x$$

由此我们推断，在 x 轴上相隔距离 1（相对于 K）的两点，在我们的快照上将由距离
$$\Delta x'=a\left(1-\frac{v^2}{c^2}\right)\qquad(7a)$$
表示。

但是根据以上所述，这两个快照必须是全等的；因此（7）中的 Δx 必须等于（7a）中的 $\Delta x'$，这样我们就得到

Peconic Bay Long Island.
20. VII. 38.

Liebe Mileva!

Mit dem Bürgerrecht ist es so: Als ich 1914 nach Berlin kam, war ich ausschliesslich schweizer Bürger. Dies hatte ich für meine Annahme der Stelle in Berlin zur Bedingung gemacht, und sie wurde auch angenommen. Solange ich mit Dir verheiratet war, war ich also ausschliesslich Schweizer Bürger. Erst 1919 drang die Akademie in mich, neben dem schweizer Bürgerrecht auch das deutsche zu akzeptieren. Ich war so dumm und gab damals nach. Dies hatte nämlich zur Folge, dass sie 1933 mir alles wegnahmen, was ich in Deutschland besass. Dich und die Kinder geht dies aber nichts an. 1933 gab ich das deutsche Bürgerrecht auf und besitze also nur noch das schweizerische.

Was nun das Haus betrifft, so weisst Du ja selbst, dass ich eine erhebliche Summe letztes Jahr hineingesteckt habe. Es zu halten würde ich überhaupt nicht in der Lage sein. Wenn also die Gläubiger darauf drängen, so müssen wir es aufgeben. Nun ist erstens zu bedenken, dass das Geld, was ich Tetel monatlich gebe, in Yugoslavien bequem für Euch beide ausreicht. Ferner könnte man Deinen dortigen Besitz durch Übertragung auf Deine Schwester oder Tetel sichern. Das Bedenken wegen der geistigen Anregung kommt nicht in Betracht. Von Zeit zu Zeit ein paar Bücher und Musikalien lassen sich leicht auftreiben. Und für die medizinische Hilfe gebe ich keinen Dreck. Die monatliche Zahlung an Tetel habe ich testamentarisch festgelegt, und zwar so, dass sie allem andern vorangeht. Um diese Zahlung zu sichern, solang Tetel lebt, reicht es auf jeden Fall, wenn nicht in Amerika eine Finanzkatastrophe grossen Stils eintritt. Wenn Euch also die feinen Leute

1938 年 7 月 20 日，爱因斯坦写给他前妻米列娃的信。

1939 年的爱因斯坦。

$$a^2 = \frac{1}{1 - \frac{v^2}{c^2}} \qquad (7b)$$

方程（6）和（7b）决定常数 a 和 b。在（5）中代入这两个常数的值，我们得到第 11 节所提出的第一个和第四个方程：

$$\left.\begin{aligned} x' &= \frac{x - vt}{\sqrt{1 - \frac{v^2}{c^2}}} \\ t' &= \frac{t - \frac{v}{c^2}x}{\sqrt{1 - \frac{v^2}{c^2}}} \end{aligned}\right\} \qquad (8)$$

这样我们就得到了对于在 x 轴上的事件的洛伦兹变换。它满足条件

$$x'^2 - c^2t'^2 = x^2 - c^2t^2 \qquad (8a)$$

再把这个结果加以推广，以便将发生在 x 轴外面的事件也包括进去。此项推广只要保留方程（8）并补充以关系式

$$\left.\begin{aligned} y' &= y \\ z' &= z \end{aligned}\right\} \qquad (9)$$

就能得到。

这样，无论对于坐标系 K 或是对于坐标系 K'，我们都满足了任意方向的光线在真空中速度不变的公理。这一点可以证明如下。

设在时间 $t = 0$ 时从 K 的原点发出一个光信号。这个光信号将按照方程

$$r = \sqrt{x^2 + y^2 + z^2} = ct$$

传播，或者，如果方程两边取平方，按照方程

$$x^2 + y^2 + z^2 - c^2t^2 = 0 \qquad (10)$$

传播。

光的传播定律结合着相对性公理要求所考虑的信号（从 K' 去判断）应按照对应的公式

$$r' = ct'$$

或

$$x'^2 + y'^2 + z'^2 - c^2t'^2 = 0 \qquad (10a)$$

传播。为了使方程（10a）可以从方程（10）推出，我们必须有

$$x'^2 + y'^2 + z'^2 - c^2t'^2 = \sigma(x^2 + y^2 + z^2 - c^2t^2) \qquad (11)$$

由于方程（8a）对于 x 轴上的点必须成立，因此我们有 $\sigma = 1$。不难看出，对于 $\sigma = 1$，洛伦兹变换确实满足（11）；因为（11）可以由（8a）和（9）推出，因而也可以由（8）和（9）推出。这样我们就导出了洛伦兹变换。

由（8）和（9）表示的洛伦兹变换仍需加

以推广。显然，在选择 K' 的轴时是否要使之与 K 的轴在空间中相互平行是无关紧要的。同时，K' 相对于 K 的平动速度是否沿 x 轴的方向也是无关紧要的。通过简单的考虑可以证明，我们能够通过两种变换建立这种广义的洛伦兹变换，这两种变换就是狭义的洛伦兹变换和纯粹的空间变换，纯粹的空间变换相当于用一个坐标轴指向其他方向的新的直角坐标系代换原有的直角坐标系。

我们可以用数学方法，对推广了的洛伦兹变换的特性作如下的描述：

推广了的洛伦兹变换就是用 x，y，z，t 的线性齐次函数来表示 x'，y'，z'，t'，而这种线性齐次函数的性质又必须能使关系式

$$x'^2 + y'^2 + z'^2 - c^2t'^2 = x^2 + y^2 + z^2 - c^2t^2 \quad (11a)$$

恒等地被满足。也就是说：如果我们用这些 x,y,z，t 的线性齐次函数来代换在（11a）左边所列的 x'，y'，z'，t'，则（11a）的左边将与其右边完全一致。

1938 年爱因斯坦和作家托马斯 · 曼（Thomas Mann）在普林斯顿。

2. 闵可夫斯基四维空间（“世界”）

〔补充第 17 节〕

1939 年夏天，爱因斯坦在纽约长岛度假。

如果我们引用虚量$\sqrt{-1}\cdot ct$代替t作为时间变量，我们就能够更加简单地表述洛伦兹变换的特性。据此，如果我们引入

$$x_1 = x$$

$$x_2 = y$$

$$x_3 = z$$

$$x_4 = \sqrt{-1}\cdot ct$$

对带撇号的坐标系K'也采取同样的方式，那么为洛伦兹变换公式所恒等地满足的必要条件可以表示为：

$$x_1'^2 + x_2'^2 + x_3'^2 + x_4'^2 = x_1^2 + x_2^2 + x_3^2 + x_4^2 \quad (12)$$

亦即通过上述“坐标”的选用，（11a）就变换为这个方程。

我们从（12）看到，虚值时间坐标x_4与空间坐标x_1，x_2，x_3是以完全相同的方式进入这个变换条件中的。正是由于这个事实，所以按照相对论来说，“时间”x_4应与空间坐标x_1，x_2，x_3以同等形式进入自然定律中去。

用“坐标”x_1，x_2，x_3，x_4描述的四维连续区，闵可夫斯基称之为“世界”，他并且把代表某一事件的点称作“世界点”。这样，三维空间中发生的“事件”按照物理学的说法就成为四维“世界”的一个“存在”。

这个四维“世界”与（欧几里得）解析几

何学的三维“空间”很近似。如果我们在这个“空间”引入一个具有同一原点的新的笛卡儿坐标系（x_1'，x_2'，x_3'），那么x_1'，x_2'，x_3'就是x_1，x_2，x_3的线性齐次函数，并且恒等地满足方程

$$x_1'^2 + x_2'^2 + x_3'^2 = x_1^2 + x_2^2 + x_3^2$$

这个方程与（12）完全类似。我们可以在形式上把闵可夫斯基“世界”看作（具有虚值时间坐标的）四维欧几里得空间；洛伦兹变换相当于坐标系在四维“世界”中的“转动”。

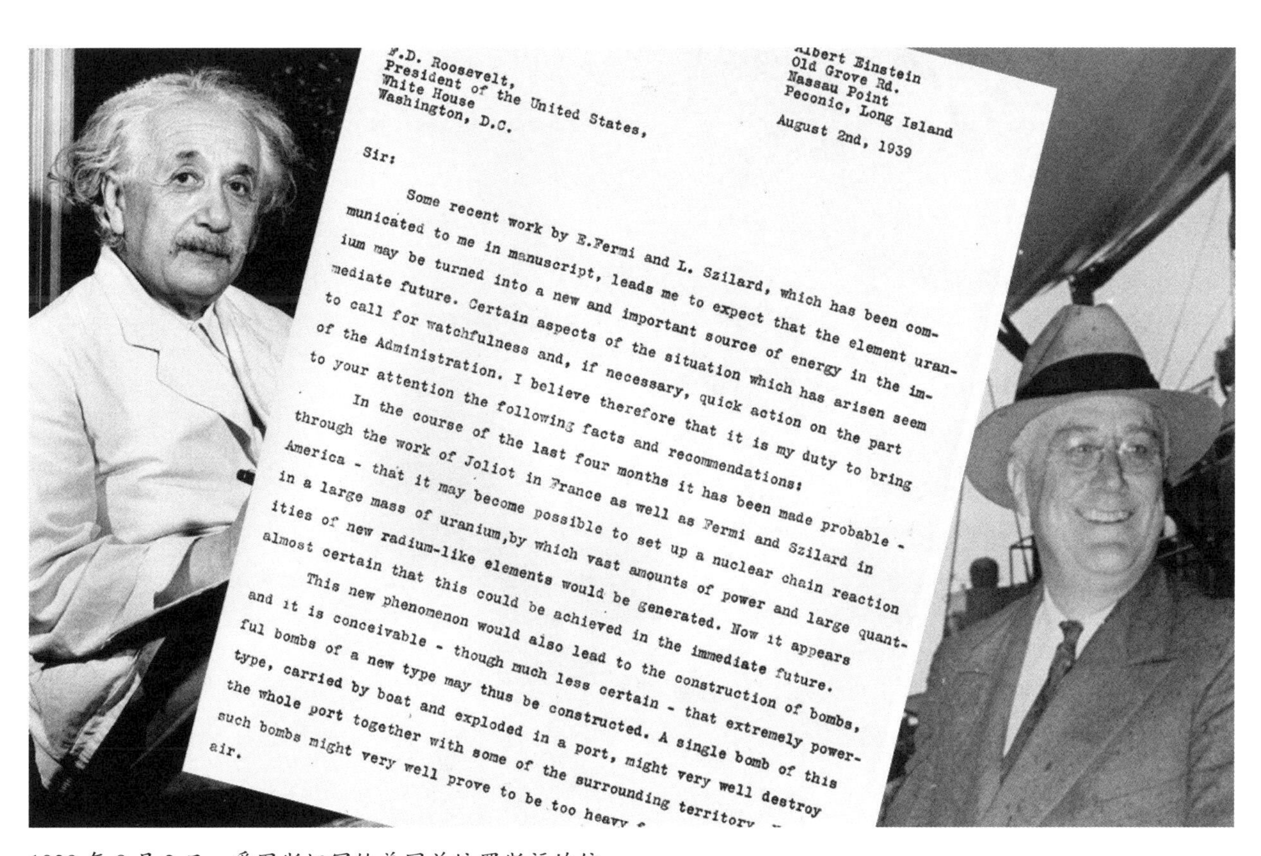

F.D. Roosevelt,
President of the United States,
White House
Washington, D.C.

Albert Einstein
Old Grove Rd.
Nassau Point
Peconic, Long Island

August 2nd, 1939

Sir:

Some recent work by E.Fermi and L. Szilard, which has been communicated to me in manuscript, leads me to expect that the element uranium may be turned into a new and important source of energy in the immediate future. Certain aspects of the situation which has arisen seem to call for watchfulness and, if necessary, quick action on the part of the Administration. I believe therefore that it is my duty to bring to your attention the following facts and recommendations:

In the course of the last four months it has been made probable - through the work of Joliot in France as well as Fermi and Szilard in America - that it may become possible to set up a nuclear chain reaction in a large mass of uranium,by which vast amounts of power and large quantities of new radium-like elements would be generated. Now it appears almost certain that this could be achieved in the immediate future.

This new phenomenon would also lead to the construction of bombs, and it is conceivable - though much less certain - that extremely powerful bombs of a new type may thus be constructed. A single bomb of this type, carried by boat and exploded in a port, might very well destroy the whole port together with some of the surrounding territory.
such bombs might very well prove to be too heavy
air.

1939年8月2日，爱因斯坦写给美国总统罗斯福的信。

3. 广义相对论的实验证实

从系统的理论观点来看，我们可以设想经验科学的进化过程是一个连续的归纳过程。理论发展起来并以经验定律的形式简洁地综合概括了大量的个别观察的结果，再从这些经验定律，通过比较推敲，确定普遍定律。根据这种看法，科学的发展有些像编纂分类目录。这好像是一种纯粹经验性的工作。

但是这种观点绝不能概括整个实际过程；因为这种观点忽视了在严正科学（严格正确的科学，特别指数学一类的科学。——译者注）的发展过程中直观和演绎思考所起的重要作用。一门科学一经走出它的初始阶段，理论的发展就不再仅仅依靠一个排列的过程来实现。而是研究人员受到经验数据的启发而建立起一个思想体系；一般来说，这个思想体系在逻辑上是用少数的基本假定，即所谓公理，建立起来的。我们将这样的思想体系称为**理论**。理论有存在的必要的理由乃在于它能把大量的个别观察联系起来，而理论的“真实性”也正在于此。

与同一个经验数据的复合相对应的可能会有好几个彼此颇不相同的理论。但就从这些理论得出的、能够加以检验的推论而言，这几种理论可能是十分一致的，以致难以发现两种理论有任何不一致的推论。例如，在生物学领域中有一个普遍感兴趣的例子，即一方面有达尔文关于物种通过生存竞争的选择而发展的理论，另一方面有以后天取得的特性可以遗传的假设为基础的物种发展理论。

我们还有另一个例子说明两种理论的推论是颇为一致的，这两种理论就是牛顿力学和广义相对论。这两种理论是这样的一致，以致从广义相对论导出的能够加以检验的推论而为相对论创立前的物理学所未能导出的，到目前为止我们只能找到少数几个，尽管这两种理论的基本假定有着深刻的差别。下面我们将再一次讨论这几个重要的推论，还要讨论迄今已经得到的关于这些推论的经验证据。

（1）水星近日点的运动

按照牛顿力学和牛顿的引力定律，绕太阳运行的行星围绕太阳（或者说得更正确些，围绕太阳和这个行星的共同重心）描画一个椭圆。在这样的体系中，太阳或者共同重心位于轨道椭圆的一个焦点上，因而在一个行星年的过程中，太阳和行星之间的距离由极小增为极大，随后又减至极小。如果我们在计算中不应用牛顿定律，而引进一个稍有不同的引力定律，我们就会发现，按照这个新的定律，在行星运动

THE WHITE HOUSE
WASHINGTON

October 19, 1939

My dear Professor:

I want to thank you for your recent letter and the most interesting and important enclosure.

I found this data of such import that I have convened a Board consisting of the head of the Bureau of Standards and a chosen representative of the Army and Navy to thoroughly investigate the possibilities of your suggestion regarding the element of uranium.

I am glad to say that Dr. Sachs will cooperate and work with this Committee and I feel this is the most practical and effective method of dealing with the subject.

Please accept my sincere thanks.

Very sincerely yours,

Franklin D. Roosevelt

Dr. Albert Einstein,
Old Grove Road,
Nassau Point,
Peconic, Long Island,
New York.

1939 年 10 月 19 日，罗斯福总统给爱因斯坦的回复。

1940年10月1日，爱因斯坦和他的继女玛戈特在新泽西州特伦顿的美国公民身份授予仪式上。[《时代晚报》记者马丁·达西（Martin D'Arcy）摄]

的过程中，太阳和行星之间的距离仍表现出周期性的变化；但在这个情况下，太阳和行星的连线（向径）在这样的一个周期中（从近日点——离太阳最近的点——到近日点）所扫过的角将不是360°。因而轨道曲线将不是一个闭合曲线，随着时间的推移轨道曲线将充满轨道平面的一个环形部分，亦即分别以太阳和行星之间的最大距离和最小距离为半径的两个圆之间的环形部分。

按照广义相对论（广义相对论当然与牛顿的理论不同），行星在其轨道上的运动应与牛顿-开普勒定律有微小的出入，即从一个近日点走到下一个近日点期间，太阳-行星向径所扫过的角度比对应于公转整一周的角度要大，这个差的值由

$$+\frac{24\pi^3a^2}{T^2c^2(1-e^2)}$$

决定。

（注意：公转整一周对应于物理学中惯用的角的绝对量度中的2π角；从一个近日点到下一个近日点期间，太阳-行星向径所扫过的角大于2π角，上式表出的量值就是这个差。）在此式中，a表示椭圆的半长轴，e是椭圆的偏心率，c是光速，T是行星公转周期。我们的结果也可以表述如下：按照广义相对论，椭圆的长轴绕太阳旋转，旋转的方向与行星的轨道运动方向相同。按照理论的要求，这个转动对于水星而言应达到每世纪43″（角度），但是对于我们的太阳系的其他行星而言，这个转动的量值应该是很小的，是必然观测不到的。[特别是由于下一颗行星——金星——的轨道几乎正好是一个圆，这样就更加难于精确地确定近日点的位置（参阅第90页附注①。——译者注）]。

事实上天文学家已经发现，按照牛顿

的理论计算所观测的水星运动时所达到的精确度是不能满足现时能够达到的观测灵敏度的。在计入其余行星对水星的全部摄动影响以后，发现（勒维耶于1859年，牛柯姆［Newcomb］于1895年）仍然遗留下一个无法解释的水星轨道近日点的移动问题，此种移动的量值与上述的每世纪＋43″（角度）并无显著的差别。此项经验结果的测不准范围只达到几秒。

1940年10月1日，爱因斯坦从菲利浦·福尔曼法官手中接过美国公民证书。

（2）光线在引力场中的偏转

在第22节已经提到，按照广义相对论，一道光线穿过引力场时其路程发生弯曲，此种弯曲情况与抛射一物体通过引力场时其路程发生弯曲相似。根据这个理论，我们应该预期一道光线经过一个天体的近旁时将发生趋向该天体的偏转。对于经过距离太阳中心 $\varDelta$ 个太阳半径处的一道光线而言，偏转角（α）应等于

$$\alpha = \frac{1.7''}{\Delta}$$

可以补充一句，按照理论，这个偏转的一半是由于太阳的牛顿引力场造成的；另一半是太阳导致的空间几何形变（“弯曲”）造成的。

这个结果可以在日全食时对恒星拍照从实验上进行检验。我们之所以必须等待日全食的唯一原因是由于在所有其他的时间里大气受阳光强烈照射以致看不见位

1940年10月1日，爱因斯坦和他的助手海伦·杜卡斯（左一），继女玛格特（右一），宣誓成为美国公民。

于太阳圆面附近的恒星。所预言的效应可以清楚地从图 5 中看到。如果没有太阳（S），一颗实际上可以视为位于无限远的恒星，由地球上观测，将在方向 D_1 看到。但是由于来自恒星的光经过太阳时发生偏转，这颗恒星将在方向 D_2 看到，亦即这颗恒星的视位置比它的真位置离太阳的中心更远一些。

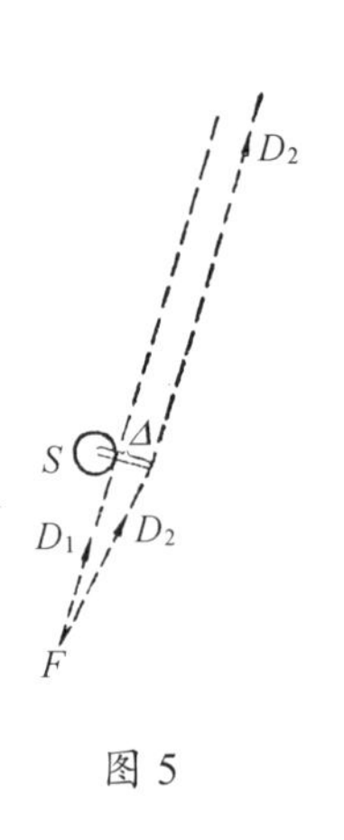

图 5

在实践中检验这个问题是按照下述方法进行的。在日食时对太阳附近的恒星拍照。此外，当太阳位于天空的其他位置时，亦即在早几个月或晚几个月时，对这些恒星拍摄另一张照片。与标准照片比较，日食照片上恒星的位置应沿径向外移（离开太阳的中心），外移的量值对应于角 α。

英国皇家学会和皇家天文学会对这个重要的推论进行了审查，我们深为感激。这两个学会没有被战争和战争所引起的物质上和精神上的种种困难所挫折，他们装备了两个远征观测队——一个到巴西的索布拉尔（Sobral），一个到西非的比林西卑岛（Principe）——并派出了英国的几位最著名的天文学家［爱丁顿、柯庭汉（Cottingham）、克罗姆林（Crommelin）、戴维逊（Davidson）］，拍摄了 1919 年 5 月 29 日的日食照片。预料到在日食期间拍摄的恒星照片与其他用作比较的照片之间的相对差异只有一毫米的百分之几。因此，为拍摄照片所需的调准工作以及随

4) Die Tagebücher möchte ich Ihnen nicht geben, weil allzu persönliche Dinge darin sind. Abenteuerliches ist ohnehin nicht darin. Abenteuerliches war aber sonst genug in meinem Leben, da ich ~~wohl~~ Sinn für persönliche Rücksichten aber nicht für konventionellen Rang, Wertungen und Formalitäten hatte, auch kein Verständnis für das, was man gewöhnlich gedankenlos als „Moral" bezeichnet. Deshalb war ich bei einfachen Leuten und bei Kindern beliebter als bei Leuten von Rang – und ich hatte sie meist auch lieber.

Mit besten Grüssen

Ihr A. Einstein.

1940 年爱因斯坦写给传记作者菲伸普·弗兰克（Philipp Frank）的信。

后对这些照片的量度都需要有很高的准确度。

测量的结果十分圆满地证实了这个理论。观测所得和计算所得的恒星位置偏差（以秒计算）的直角分量如下表所列：

恒星号码	第一坐标		第二坐标	
	观测值	计算值	观测值	计算值
11	− 0.19	− 0.22	+ 0.16	+ 0.02
5	+ 0.29	+ 0.31	− 0.46	− 0.43
4	+ 0.11	+ 0.10	+ 0.83	+ 0.74
3	+ 0.20	+ 0.12	+ 1.00	+ 0.87
6	+ 0.10	+ 0.04	+ 0.57	+ 0.40
10	− 0.08	+ 0.09	+ 0.35	+ 0.32
2	+ 0.95	+ 0.85	− 0.27	− 0.09

1940 年 10 月 2 日，爱因斯坦与秘书海伦·杜卡斯。

（3）光谱线的红向移动

在第 23 节中曾经表明，在一个相对于伽利略系 K 而转动的 K' 系中，构造完全一样而且被认定为相对于转动的参考物体保持静止的钟，其走动的时率与其所在的位置有关。现在我们将要定量地研究这个相倚关系。放置于距圆盘中心 r 处的一个钟有一个相对于 K 的速度，这个速度由

$$v = \omega r$$

决定，其中 ω 表示圆盘 K' 相对于 K 的转动角速度。设 v_0 表示这个钟相对于 K 保持静止时，在单位时间内相对于 K 的滴答次数（这个钟的“时率”），那么当这个钟相对于 K 以速度 v 运动、但相对于圆盘保持静止时，这个钟的“时

率”，按照第 12 节，将由

$$v = v_0\sqrt{1 - \frac{v^2}{c^2}}$$

决定，或者以足够的准确度由

$$v = v_0\left(1 - \frac{1}{2}\cdot\frac{v^2}{c^2}\right)$$

决定。此式也可以写成下述形式：

$$v = v_0\left(1 - \frac{1}{c^2}\cdot\frac{\omega^2 r^2}{2}\right)$$

如果我们以 ϕ 表示钟所在的位置和圆盘中心之间的离心力势差，亦即将单位质量从转动的圆盘上钟所在的位置移动到圆盘中心为克服离心力所需要作的功（取负值），那么我们就有

$$\phi = -\frac{\omega^2 r^2}{2}$$

由此得出

$$v = v_0\left(1 + \frac{\phi}{c^2}\right)$$

首先我们从此式看到，两个构造完全一样的钟，如果它们的位置与圆盘中心的距离不一样，那么它们走动的时率也不一样。由一个随着圆盘转动的观察者来看，这个结果也是有效的。

现在从圆盘上去判断，圆盘系处在一个引力场中，而引力场的势为 ϕ，因此，我们所得到的结果对于引力场是十分普遍地成立的。还有，我们可以将发出光谱线的一个原子当作一个钟，这样下述陈述即得以成立：

一个原子吸收的或发出的光的频率与该原

1943 年 5 月 24 日，在纽约卡内基音乐厅庆祝哥白尼诞辰 400 周年，主办方将刻有哥白尼名言的奖牌颁发给 10 位杰出的“现代革新者”。

子所处在引力场的势有关。

位于一个天体表面上的原子的频率与处于自由空间中的（或位于一个比较小的天体的表面上的）同一元素的原子的频率相比要低一些。这里$\phi = -K\frac{M}{r}$，其中K是牛顿引力常数，M是天体的质量。因此，在恒星表面上产生的光谱线与同一元素在地球表面上所产生的光谱线比较，应发生红向移动，移动的量值是

$$\frac{v_0 - v}{v_0} = \frac{K}{c^2} \cdot \frac{M}{r}$$

对于太阳而言，理论预计的红向移动约等于波长的百万分之二。对于恒星而言，不可能得出可靠的计算结果，因为质量M和半径r一般都是未知的。

此种效应是否存在还是一个未决问题，目前（1920 年）天文学家正在以很大的热情从事工作以求这个问题的解决。由于对于太阳而言

大约 1943 年的爱因斯坦（右一）。

此种效应很小，因而此种效应是否存在难以做出判断。格雷勃（Grebe）和巴合姆（Bachem）根据他们自己以及艾沃舍德（Evershed）和史瓦兹希耳德（Schwarzschild）对氰光谱带的测量，认为此种效应的存在差不多已经没有疑问；而其他的研究人员，特别是圣约翰（St. John），根据他们的测量结果，得出了相反的意见。

对恒星进行的统计研究指出，光谱线朝向折射较小的一端的平均位移肯定是存在的；但是，这些位移实际上是否由引力效应导致的，直到目前为止，根据对现有的数据的研究，还不能得出任何确定的结论。在艾·弗罗因德里希（E. Freundlich）写的题为“广义相对论的验证”的一篇论文中［见柏林 Julius Springer 出版的《自然科学》（*Die Naturwissenschaften*），1919 年第 35 期第 520 页］，已将观测的结果收集在一起，并从我们这里所注意的问题的角度对这些结果进行了详尽的讨论。

无论如何在未来的几年中将会得出一个确定的结论。如果引力势导致的光谱线红向移动并不存在，那么广义相对论就不能成立。另一方面，如果光谱线的位移确实是引力势引起的，那么对于此种位移的研究将会为我们提供关于天体的质量的重要情报。

【英文版附注】 光谱线的红向位移已为亚当斯（Adams）于 1924 年通过对天狼星的密度很大的伴星的观测确定地予以证实。天狼星的伴星所产生的这种效应要比太阳产生的这种效应大三十倍左右。

罗伯特·伍·罗森

1946 年，林肯大学校长霍瑞思·曼（Horace Mann）为爱因斯坦颁发荣誉学位。

für "Science Illustrated" Jan. 1946

Das Gesetz von der Äquivalenz von Masse und Energie ($E = mc^2$)

In der vor-relativistischen Physik gab es zwei voneinander unabhängige Erhaltung bezw. Bilanzgesetze, die strenge Gültigkeit beanspruchten, nämlich

1) den Satz von der Erhaltung der Energie
2) den Satz von der Erhaltung der Masse.

Der Satz von der Erhaltung der Energie, welcher schon von Leibnitz im 17. Jahrhundert in seiner vollen Allgemeinheit als gültig vermutet wurde, entwickelte sich im 19. Jahrhundert wesentlich als eine Folge eines Satzes der Mechanik. Man betrachtete ein Pendel, dessen Masse zwischen den Punkten A und B hin und her schwingt. In A (und B) verschwindet die Geschwindigkeit v, und die Masse m steht um h höher als im tiefsten Punkte C der Bahn. In C ist diese Hubhöhe verloren gegangen; dafür aber hat die Masse hier eine Geschwindigkeit v. Es ist, wie wenn sich Hubhöhe in Geschwindigkeit und umgekehrt restlos verwandeln könnten. Die exakte Beziehung ist

$$mgh = \frac{m}{2} v^2,$$

wobei g die Beschleunigung der Erdschwere bedeutet. Das Interessante dabei ist, dass diese Beziehung unabhängig ist von der Länge des Pendels und überhaupt von der Form der Bahn in welcher die Masse geführt wird. Interpretation: Es gibt ein etwas (nämlich die Energie) die während des Vorgangs erhalten bleibt. In A ist die Energie eine Energie der Lage oder „potentielle Energie" in C eine Energie der Bewegung oder „kinetische Energie". Wenn diese Auffassung das Wesen der Sache richtig erfasst, so muss die Summe

$$mgh + m\frac{v^2}{2}$$

auch für alle Zwischenlagen denselben Wert haben, wenn man mit h die Höhe über C und mit v die Geschwindigkeit in einem beliebigen Punkte der Bahn bezeichnet. Dies verhält sich in der That so. Die Verallgemeinerung dieses Satzes gibt den Satz von der Erhaltung der mechanischen Energie. Wie aber, wenn das Pendel schliesslich durch Reibung zur Ruhe gekommen ist? Davon später.

Beim Studium der Wärme-Leitung war man zu richtigen Ergebnissen gekommen unter Zugrundelegung der Annahme, dass die Wärme ein unzerstörbarer Stoff sei, der vom wärmeren zum kälteren Stoff fliesst. Es schien einen „Satz von der Erhaltung der Wärme" zu geben. Andererseits aber waren seit undenklichen Zeiten Erfahrungen bekannt, nach denen durch Reibung Wärme erzeugt wird (Feuerzeug der Indianer). Nachdem sich die Physiker lange dagegen

1946 年《科学画报》发表爱因斯坦题为“$E = mc^2$——我们这个时代最紧迫的问题”的文章。

4. 以广义相对论为依据的空间结构

〔补充第 32 节〕

自从这本小册子的第一版出版以来，我们对于宇宙太空的结构的认识（“宇宙论问题”）已有了重要的发展，即使是关于这个问题的一本通俗著作，也是应该提到这个重要的发展的。

关于这个问题我原来的论述系基于两个假设：

（1）整个宇宙空间中的物质有一个平均密度，这个平均密度处处相同而且不等于零。

（2）宇宙空间的大小（“半径”）与时间无关。

按照广义相对论，这两个假设已证明是一致的，但只是在场方程中加上一个假设项之后才能如此，而这样的一项不是理论本身所要求的，而且从理论的观点来看这一项也并不是很自然的（“场方程的宇宙项”）。

1947 年 12 月，爱因斯坦和美国物理学家奥本海默在普林斯顿高等研究院。

假设（2）当时在我看来是不可避免的，因为我当时认为，如果我们离开这个假设，就要陷入无休止的空想。

但是，早在 20 年代，苏联数学家夫里德曼（Friedman）就已经证明，从纯粹的理论观点看来，作另一种不同的假设是自然的。他看到，如果决心舍弃假设（2），那么在引力场方程中不引入这个不大自然的宇宙项对于保留假设（1）仍是可能的。亦即原来的场方程可以有这样的一个解，其中“世界半径”依赖于时间（膨胀的宇宙空间）。在这个意义上我们可以说，按照夫里德曼的观点，这个理论要求宇宙空间具有膨胀性。

几年以后哈勃（Hubble）对河外星云（“银河”）的专门研究证明，星云发出的光谱线有红向位移，此红向位移随着星云的距离有规则地增大。就我们现有的知识而言，这种现象可以依照多普勒原理解释为太空中整个恒星系的膨胀运动——按照夫里德曼，这是引力场方程所要求的。因此，在某种程度上可以认为哈勃的发现是这个理论的一个证实。

但是这里确实引起了一个不可思议的困难局面。如果将哈勃发现的银河光谱线位移解释为一种膨胀（从理论的观点看来这是没有多少疑问的），那么，依此推断，此种膨胀“仅仅”起源于大约十亿年以前；而按照天文物理学，各个个别恒星和恒星系的发生和发展很可能需要长得多的时间。如何克服这种矛盾，仍毫无所知。

我还需要提一下，我们还不能从宇宙空间膨胀理论以及天文学的经验数据得出关于（三维）宇宙空间的有限性或无限性的结论；而原来的宇宙空间“静态”假设则导致了宇宙空间的闭合性（有限性）。

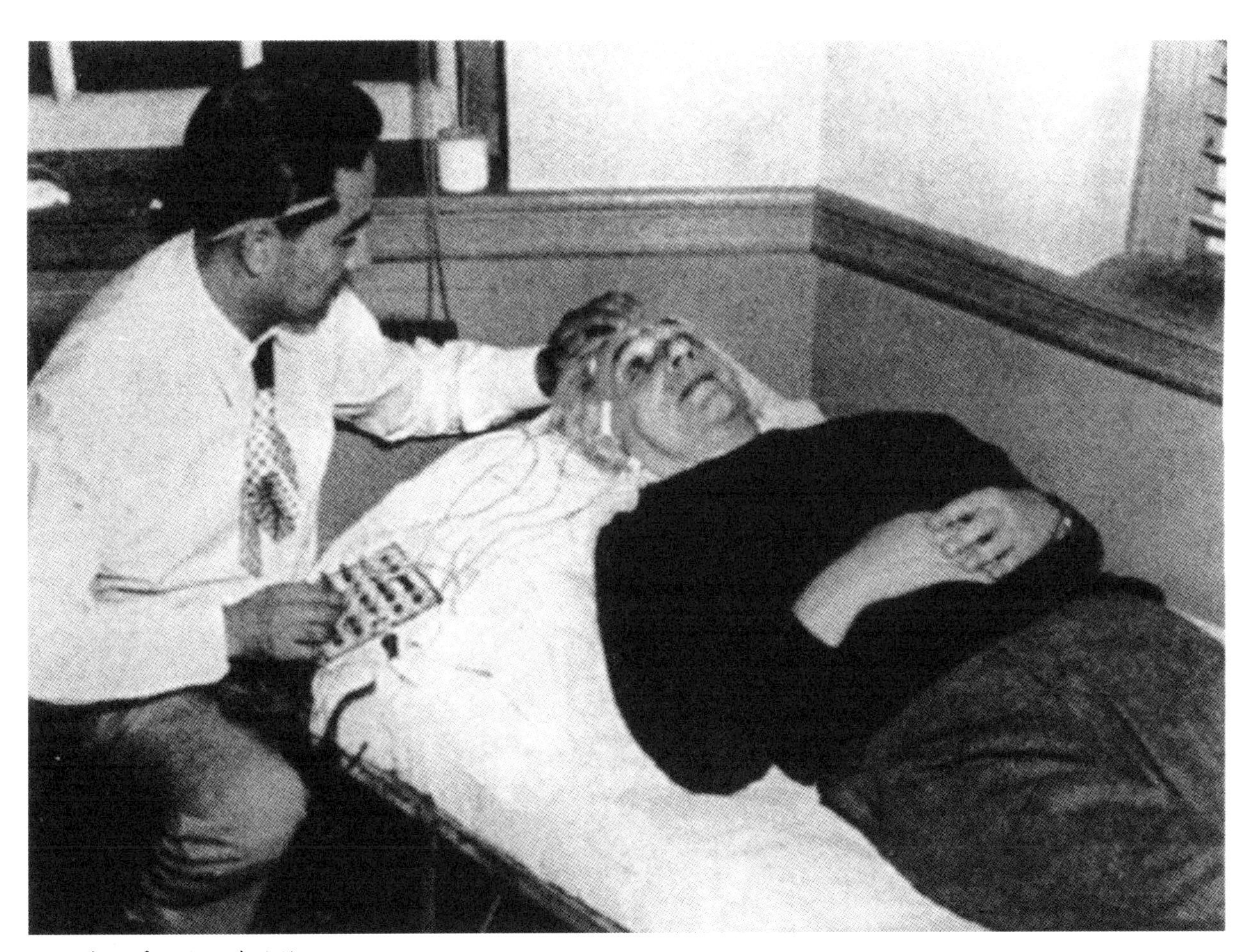

1948 年，爱因斯坦在体检。

5. 相对论与空间问题

牛顿物理学的特点是承认空间和时间乃是和物质一样地有其独立而实际的存在，这是因为在牛顿的运动定律中出现了加速度的观念。但是，按照这一理论，加速度只可能指“相对于空间的加速度”。因此，为了使牛顿运动定律中出现的加速度能够被看作是一个具有意义的量，就必须把牛顿的空间看作是“静止的”，或者最少是“非加速的”。对于时间而言，情况完全相同，时间当然也同样与加速度的概念有关。牛顿本人以及与他同时代的有识之士都感到，把空间本身和空间的运动状态同样地说成为具有物理实在性是不很妥当的；但是，为了使力学具有明确的意义，当时没有别的办法。

要人们把一般的空间，尤其是一无所有的空间，视为具有物理实在性，的确是一种苛刻的要求。自远古以来哲学家们就已一再拒绝作这样的假设。笛卡儿曾大体上按照下述方式进行论证：空间与广延性是同一的，但广延性是与物体相联系的；因此，没有物体的空间是不存在的，亦即一无所有的空间是不存在的。这个论点的弱点主要有如下述。广延性概念起源于我们能把固体铺展开来或拼靠在一起的经验，这一点当然是对的。但不能由此得出结论说，如果某些事例本身不是构成广延性概念的缘由，这个概念就不可能适用于这些事例。照这样来推广概念是否合理，可以间接地由其对于理解经验结果时所具有的价值来证明。因此，关于广延性的概念仅能适用于物体的断言，就其本身而论肯定是没有根据的。但是以后我们将会看到，广义相对论绕了一个大弯仍旧证实了笛卡儿的概念。使笛卡儿得出他的十分吸引人的见解的，肯定是这样的感觉，即只要不是万不得已的情况，我们不应该把像空间这一类无法“直接体验”[①]的东西视为具有实在性。

以我们通常的思想习惯为基础来考虑，空间观念或这一观念的必要性的心理起源，远非表面看来那样明显。古代的几何学家所研究的是概念上的东西（直线、点、面），并没有真正研究到空间本身，像后来在解析几何学上所做到的那样。但是，空间观念仍可以从某些原始经验得到一些启示。例如：假定有一个已经造好了的箱子。我们可以按照某种方法把物体排列在箱子里面，把它装满。这种排列物体的可能性是“箱子”这个物质客体的属性，是随着箱子而产生的，也就是随着被箱子“包围着的空间”而产生的。这个“被包围着的空间”因

① 对于这一用语的理解需加小心。

1949 年，爱因斯坦与有幸躲过大屠杀的犹太难民的孩子们在普林斯顿的家中。

1949 年，印度总理尼赫鲁（Jawaharlal Nehru）到美国普林斯顿拜访爱因斯坦。

不同的箱子而异，人们很自然地认为这个“被包围着的空间”在任何时刻都不依赖于箱子里面真有物体存在与否。当箱子里面没有物体时，箱子的空间看起来似乎是“一无所有的”。

到目前为止，我们的空间概念是同箱子联系在一起的。但是，我们知道，使箱子空间具有容纳物体的可能性并不取决于箱壁的厚薄如何。能不能把箱壁的厚度缩减为零而又使这个“空间”不致因此而消失呢？显然这种求极限的方法是很自然的。这样，在我们的思想中就只剩下了没有箱子的空间，一个本身自然存在的空间；虽然，如果我们把这个概念的起源忘掉的话，这个空间似乎还是很不实在。人们能够了解，把空间看作与物质客体无关且可以脱离物质而存在的东西，是和笛卡儿的论点相反的①。（但是这并没有妨碍他在解析几何学中把空间作

① 康德曾经试图否认空间的客观性来消除这个困难。但是，这种做法是难以认真对待的。箱子里面的空间可以装东西的这种固有的可能性是客观存在的，正如箱子本身以及能放进箱子里去的物体是客观存在的一样。

为一个基本概念来处理。）当人们指出水银气压计中有真空存在时，肯定就完全驳倒了所有持有笛卡儿见解的人们。但是不可否认，甚至在这初始阶段，空间的概念或者空间被看作是独立而实在的东西，已带有某些不能令人满意之处了。

用什么方法能够把物体装入空间（例如箱子），是三维欧几里得几何学的课题。欧几里得几何学的公理体系很容易使人迷惑，使人忘记它所讨论的仍是可以成为现实的东西。

如果空间概念是按照上述方式形成的，如果从“填满”箱子的经验推论下去，那么这个空间根本上是一个有界的空间。但是，这种限制看来并不是必要的，因为显然我们总可以用一个比较大的箱子把那个比较小的箱子装进去。这样看来，空间又好像是无界的。

在这里我不准备讨论关于三维性质的和欧几里得性质的空间概念如何能溯源于比较原始的经验。我想首先从其他角度来讨论一下空间概念在物理学思想发展过程中所起的作用。

当一个小箱子 s 在一个大箱子 S 的全空空间中处于相对静止的状态时，s 的全空空间就是 S 的全空空间的一部分，而且把 s 和 S 的全空空间一起包括进去的同一个“空间”，既属于箱子 s，也属于箱子 S。但是，当 s 相对于 S 运动时，这个概念就不那么简单了。人们就要认为 s 总是包围着同一空间，但其所包围的 S 的一部分空间则是可变的。这样就有必要认定每一个箱子各有其特别的、无界的空间，并且有必要假定这两个空间彼此做相对运动。

在人们注意到这种复杂情况以前，空间看来好像是物体在其中游来游去的一种无界的媒质或容器。但是现在必须记得，空间有无限多个，这些空间彼此做相对运动。认为空间是客观存在的、是不依赖于物质的这种概念系属于现代科学兴起以前的思想。但是关于存在着无限多个作相对运动的空间的观念则是现代科学兴起以后的思想。后一观念在逻辑上的确是无可避免的，但是这种观念甚至在现代科学思想中也远未起过重要的作用。

关于时间概念的心理起源又是怎样的呢？这个概念无疑是与“回想”相联系的，而且也与感觉经验和对这些经验的回忆这两者之间的辨别相联系。感觉经验与回忆（或简单重现）之间的辨别是否在心理上由我们直接感到的呢？这一点就其本身而言是有疑问的。每一个人都有过这样的经验，就是曾经怀疑某件事是通过自己的感官真正体验过的呢，还是只不过是一个梦。在这两种可能性之间进行辨别的能力大概最初是脑子要整理出次序来的一种活动的结果。

如果一个经验是与一个“回忆”联系在一起的，那么就认为这个经验与“此刻的经验”相比是“较早的”。这是一种用于回忆经验的排列概念次序的原则，而贯彻这个原则的可能性就产生了主观的时间概念，亦即关于个人经验的排列的时间概念。

使时间概念具有客观意义是什么意思呢？我们举一个例子。某甲（“我”）有这样的经验：

1950 年 2 月 10 日，埃利奥特 · 罗斯福（Elliott Roosevelt）在爱因斯坦家中对他进行采访。两天后，爱因斯坦关于氢弹的危险以及呼吁在世界政府领导下和平共处的录像声明在电视节目《今日和罗斯福夫人有约》中播出。

“天空正在闪电”。与此同时，某甲还经验到某乙的这样的一种行为，某甲可以把这种行为与他本身关于“天空正在闪电”的经验联系起来。这样某甲就把“天空正在闪电”的经验与某乙联系起来。对于某甲来说，他认为其他的人也参与了“天空正在闪电”的经验。“天空正在闪电”就不再被解释为一种个人独有的经验，而是解释为其他人的经验（或者最终解释为仅仅是一种“潜在的经验”）。这样就产生了这样的解释：“天空正在闪电”本来是进入意识中的一个“经验”，而现在也可以解释为一个（客观的）“事件”了。当我们谈到“实在的外部世界”时，所指的就是所有事件的总和。

我们已经看到，我们感到必须为我们的经验规定一种时间排列，大体上如下所述。如果β迟于α，而γ又迟于β，则γ也迟于α（“经验的序列”）。对于我们已经与经验联系起来的“事件”而言，这方面的情况又是如何的呢？乍看

PHYSICS SYMPOSIUM HELD AT PALMER PHYSICAL LABORATORY
PRINCETON UNIVERSITY, May 20,1950 at 2:30 p.m.
IN HONOR OF RUDOLPH LADENBURG, Cyrus Fogg Brackett Professor Of Physics
On The Occasion Of His Retirement

1950年5月20日下午2:30，在普林斯顿大学帕尔默物理实验室举行的物理学研讨会。爱因斯坦坐在前排中列，左数第二个位置上。

1950 年，爱因斯坦与三个小女孩在聊天。

起来似乎显然可以假定事件的时间排列是存在的，这种排列与经验的时间排列是一致的。一般来说，人们已不自觉地做出了这个假定，直到产生疑问为止[①]。为了获得客观世界的观念，还需要有另一个辅助概念：事件不仅确定于时间，而且也确定于空间。

在前几段中我们曾试图描述空间、时间和事件诸概念在心理上如何能与经验联系起来。从逻辑上说来，这些概念是人类智力的自由创造物，是思考的工具，这些概念能把各个经验相互联系起来，以便更好地考察这些经验。要认识这些基本概念的经验起源，就应该弄清楚我们实际上在多大的范围内受这些概念的约束。这样我们就可以认清我们所具有的自由；要在必要的时候合理地利用这种自由总是相当困难的。

这里关于空间–时间–事件诸概念（我们将把这些概念简称为“类空”概念，以有别于心理学方面的概念）的心理起源方面，我们还要作一些必要的补充。我们曾经利用箱子以及在箱子里面排列物质客体的例子把空间概念与经验联系起来。因此，此种概念的形成就已经以物质客体（例如“箱子”）的概念为前提。同样，对于客观的时间概念的形成，人也起着物质客体的作用。所以，依我看来，物质客体概念的形成必须先于我们的时空概念。

所有这些类空概念，与心理学方面的痛苦、目标和目的等一类的概念一样，同属于现代科学兴起以前的思想。目前

① 例如，通过声音获得的经验的时间次序与通过视觉所获得的时间次序可以不一致，因此我们不能把事件的时间序列与经验的时间序列简单地等同起来。

物理思想的特点，和整个自然科学思想的特点一样，是在原则上力求完全用“类空”概念来说明问题，力求借助于这些概念来表述一切具有定律形式的关系。物理学家设法把颜色和音调归之于振动；生理学家设法把思想和痛苦归之于神经作用。这样就从事物存在的因果关系中消除了心理因素，这种心理因素从而在任何情况下都不构成因果关系中的一个独立环节。目前“唯物主义”一词无疑正是指的这种观点，亦即认为完全用“类空”概念来理解一切关系在原则上是可能的（因为“物质”已失去了作为基本概念的地位）。

为什么必须把自然科学思想中的基本观念从柏拉图的奥林巴斯天界上［希腊神话传说奥林巴斯山（在希腊北部）是太古时代希腊诸神居住之处，这里指很大的架势而言。——译者注］拖下来并设法把它们的世俗血统揭发出来呢？答曰：为了使这些观念摆脱与世隔绝的禁令，从而能够在构成观念或概念方面获得更大的自由。休谟和马赫首先提出这种中肯的想法，他们在这方面具有不朽的功劳。

1950年，当爱因斯坦被蒙特利尔的一家烟斗俱乐部吸收为终身会员之后，他告诉人们：“我相信用烟斗抽烟可以使我们对人世间的事情有某种比较冷静而客观的判断。”

科学从科学发展前的思想中将空间、时间和物质客体（其中重要的特例是“固体”）的概念接收过来，加以修正，使之更加确切。在这方面第一个重要的成就是欧几里得几何学的发展。我们绝不应该只看到欧几里得几何学的公理体系而看不到它的经验起源（把固体铺展开来或拼靠在一起的可能性）。具体说来，空间的三维性和欧几里得特性都是起源于经验的（空间可以完全用结构相同的“立方体”充满）。

由于发现完全刚性的物体是不存在的，空间概念变得更加微妙了。一切物体都可以作弹性形变，它们的体积随着温度的变化而改变。因此，几何结构（其全等的可能性由欧几里得几何学来描述）的表示不能脱离物理概念。但是由于物理学毕竟还须假手于几何学始能建立其中的一些概念，因而几何学的经验性内容只能就整个物理学的体制来陈述和检验。

关于这个空间概念还不能忘却原子论及其对物质的有限的可分割性的概念；因为比原子还小的空间是无法量度的。原子论还迫使我们在原则上放弃认为可以清楚地和静止地划定固体界面的这种观念。严格说来，甚至在宏观领域中，对于相互接触的固体的可能位形而言，精确的定律也是不可能有的。

尽管如此，还是没有人想放弃空间概念。因为在自然科学的最圆满的整个体系中，空间概念看来是不可缺少的。在 19 世纪，唯有马赫曾经认真地考虑过舍弃空间概念，而用所有质点之间的瞬时距离的总和的概念来代替它（他这样做是为了试图求得对惯性的满意的理解）。

（1）场

在牛顿力学中，空间和时间起着双重作用。

1951 年 3 月 14 日，普林斯顿高等研究院为爱因斯坦举办 72 岁生日宴。宴会结束后，爱因斯坦坐在弗兰克·艾德洛特（Frank Aydellote）的车里。当国际合众社的记者亚瑟·塞西（Arthur Sasse）请他笑一笑，他就调皮地做了个怪相，吐了吐舌头。

第一，空间和时间起着所发生的物理事件的载体或框架的作用，相对于此载体或框架，事件是由其空间坐标和时间来描述的。原则上物质被看作是由“质点”所组成，质点的运动构成物理事件。倘若我们要把物质看作是连续的，我们只能在人们不愿意或不能够描述物质的分立结构的情况下暂时作这样的假定。在这种情况下，物质的微小部分（体积元）同样可以当作质点来处理；至少我们可以在只考虑运动而不考虑此刻不可能或者没有必要归之于运动的那些事件（例如温度变化、化学过程）的范围内照这样来处理。空间和时间的第二个作用是当作一种“惯性系”。在可以设想的所有参考系中，惯性系被认为具有这样的好处，就是惯性定律对于惯性系是有效的。

这里，主要之点是：人们曾设想，不依赖于主观认识的“物理实在”是由空时（为一方）以及与空时做相对运动的永远存在的质点（为另一方）所构成（至少在原则上是这样）。这个关于空时独立存在的观点，可以用这种断然的说法来表达：如果物质消失了，只有空时本身（作为表演物理事件的一种舞台）将依然存在。

理论的发展打破了这种观点。这个发展最初似乎与空时问题毫不相干。这个发展就是出现了场的概念以及最后在原则上要用这个概念来取代粒子（质点）观念的趋势。在经典物理学的体制中，场的概念是在物质被看作连续体的情况中作为一种辅助性的概念而出现的。例如，在考虑固体的热传导时，物体的状态是由

1951 年 7 月 13 日，爱因斯坦抱着邻居家的小孩。

物体每一点在每一个确定时刻的温度来描述的。在数学方法上，这就是意味着将温度 T 表示为温度场，亦即表示为空间坐标和时间 t 的一个数学表示式（或函数）。热传导定律被表述为一种局部关系（微分方程），其中包括热传导的所有特殊情况。这里，温度就是场的概念的一个简单的例子。这是一个量（或量的复合），是坐标和时间的函数。另一个例子就是对液体运动的描述。在每一个点上每一时刻都有一个速度，其值即由该速度对于一个坐标系的轴的三个“分量”来加以描述（矢量）。这里，在每一个点的速度的各个分量（场分量）也是坐标（x,y,z）和时间（t）的函数。

上面所提到的场的特性是它们只存在于有质物质之中；它们仅仅用来描述这种物质的状态。按照场概念的历史发展看来，没有物质的

地方就不可能有场存在。但是，在 19 世纪的头二十五年中，人们证明，如果把光看作一种波动场——与弹性固体中的机械振动场完全相似，那么光的干涉和运动现象就能够解释得极为清楚。因此人们就感到有必要引进一种在没有有质物质的情况下也能存在于“一无所有的空间”中的场。

这一情况产生了一个自相矛盾的局面。因为，按照其起源，场概念似乎仅限于描述有质体内部的状态。由于人们确信每一种场都应看作是能够给予力学解释的一种状态，而这又是以物质的存在为前提的，因此场概念只应限于描述有质体内部的状态这一点就显得更加确切了。因此人们感到不得不假定，甚至在一向被认为是一无所有的空间中也到处存在着某种形式的物质，这种物质称为“以太”。

将场概念从场必须有一个机械载体与之相联系的假定中解放出来，这在物理思想发展中是在心理方面最令人感兴趣的事件之一。19 世纪下半叶，从法拉第和麦克斯韦的研究成果中越来越清楚地看到，用场描述电磁过程大大胜过了以质点的力学概念为基础的处理方法。由于在电动力学中引进场的概念，麦克斯韦成功地预言了电磁波的存在，由于电磁波与光波在传播速度方面是相等的，它们在本质上的同一性也是无可怀疑的了。因此，光学在原则上就成为电动力学的一部分。这个巨大成就的一个心理效果是，与经典物理学的机械唯物论体制相对立的场概念逐渐赢得了更大的独立性。

但是最初人们还是理所当然地认为必须把电磁场解释为以太的状态，并且极力设法把这种状态解释为机械性的状态。由于这种努力总是遭到失败，科学界才逐渐接受了放弃此种机械解释的主张。然而人们仍然确信电磁场必然是以太的状态。19 世纪和 20 世纪之交，情况就是这样。

以太学说带来了一个问题：相对于有质体而言，以太的行为从力学观点看来是怎样的呢？以太参与物体的运动呢，还是以太各个部分彼此相

1951 年，爱因斯坦和以色列总理戴维·古里安在爱因斯坦的花园里聊天。

对地保持静止状态呢？为了解决这个问题，人们曾经做了许多巧妙的实验。这方面应提到下列两个重要事实：由于地球周年运动而产生的恒星的“光行差”和“多普勒效应”——即恒星相对运动对其发射到地球上的光的频率上的影响（对已知的发射频率而言）。对于所有这些事实和实验的结果，除了迈克尔逊-莫雷实验以外，洛伦兹根据下述假定都做出了解释。这个假定就是以太不参与有质体的运动，以太各个部分相互之间完全没有相对运动。这样，以太看来好像就是一个典型的绝对静止的空间。但是洛伦兹的研究工作还取得了更多的成就。洛伦兹根据下述假定解释了当时所知道的在有质体内部发生的所有电磁和光学过程。这就是，有质物质对于电场的影响——以及电场对于有质物质的影响——完全是由于：物质的组成粒子带有电荷，而这些电荷也参与了粒子的运动。洛伦兹证明了，迈克尔逊-莫雷实验所得出的结果至少与以太处于静止状态的学说并不矛盾。

尽管有这些辉煌的成就，以太学说的这种光景仍然不能完全令人满意，其理由有如下述。经典力学（无可怀疑，经典力学在很高的近似程度上是成立的）告诉我们，一切惯性系或惯性“空间”对于自然律的表达方式都是等效的；亦即从一惯性系过渡到另一惯性系，自然律是不变的。电磁学和光学实验也以相当高的准确度告诉我们同样的事实。但是，电磁理论基础却告诉我们，必须优先选取一个特别的惯性系，这个特别的惯性系就是静止的光以太。电磁理论基础的这一种观点实在非常不能令人满意。难道不会有也同经典力学那样去支持惯性系的等效性（狭义相对性原理）的修正理论么？

狭义相对论回答了这个问题。狭义相对论从麦克斯韦-洛伦兹理论中采用了关于在真空中光速保持恒定的假定。为了使这个假定与惯性系的等效性（狭义相对性原理）相一致，必须放弃“同时性”带有绝对性质的观念；此外，对于从一个惯性系过渡到另一个惯性系，必须引用时间和空间坐标的洛伦兹变换。狭义相对论的全部内容包括在下述公理中：自然界定律对于洛伦兹变换是不变的。这个要求的重要实质在于它

1951 年，爱因斯坦在普林斯顿的家中。

1951 年，爱因斯坦的妹妹玛雅去世。

用一种确定的方式限定了所有的自然律。

狭义相对论对于空间问题的观点如何？首先我们必须注意不要认为实在世界的四维性是狭义相对论第一次提出的新看法。甚至早在经典物理学中，事件就由四个数来确定，即三个空间坐标和一个时间坐标；因此全部物理“事件”被认为是寓存于一个四维连续流形中的。但是，根据经典力学，这个四维连续区客观地分割为一维的时间和三维的空间两部分，而只有三维空间才存在着同时的事件。一切惯性系都作了同样的分割。两个确定的事件相对于一个惯性系的同时性也就含有这两个事件相对于一切惯性系的同时性。我们说经典力学的时间是绝对的就是这个意思。狭义相对论的看法则与此不同。所有与一个选定的事件同时的诸事件就一个特定的惯性系而言确实是存在的，但是这不再能说成为与惯性系的选择无关的了。于是四维连续区不再能够客观地分割为两个部分，而是整个连续区包含了所有同时事件；所以“此刻”对于具有空间广延性的世界失去了它的客观意义。由于这一点，如果要表示客观关系的意义而不带有不必要的因袭的任意性的话，那么空间和时间必须看作是具有客观上不可分割性的一个四维连续区。

狭义相对论揭示了一切惯性系的物理等效性，因而也就证明了关于静止的以太的假设是不能成立的。因此必须放弃将电磁场看作物质载体的一种状态的观点。这样，场就成为物理描述中不能再加分解的基本概念，正如在牛顿的理论中物质概念不能再加分解一样。

到目前为止，我们一直把注意力放在探讨狭义相对论在哪一方面修改了空时概念。现在我们来看看狭义相对论从经典力学吸取了哪些基本观念。在狭义相对论中，自然律也是仅在引用惯性系作为空时描述的基础时才是有效的。惯性原理和光速恒定原理只有对于一个惯性系才是有效的。场定律也是只有对于惯性系才能说是有意义和有效的。因此，如同在经典力学中一样，在狭义相对论中，空间也是表述物理实在的一个独立部分。如果我们设想把物质和场移走，那么惯性空间（或者说得更确切些，

EMBASSY OF ISRAEL
WASHINGTON, D.C.

שגרירות ישראל
ושינגטון

November 17, 1952

Dear Professor Einstein:

The bearer of this letter is Mr. David Goitein of Jerusalem who is now serving as Minister at our Embassy in Washington. He is bringing you the question which Prime Minister Ben Gurion asked me to convey to you, namely, whether you would accept the Presidency of Israel if it were offered you by a vote of the Knesset. Acceptance would entail moving to Israel and taking its citizenship. The Prime Minister assures me that in such circumstances complete facility and freedom to pursue your great scientific work would be afforded by a government and people who are fully conscious of the supreme significance of your labors.

Mr. Goitein will be able to give you any information that you may desire on the implications of the Prime Minister's question.

Whatever your inclination or decision may be, I should be deeply grateful for an opportunity to speak with you again within the next day or two at any place convenient for you. I understand the anxieties and doubts which you expressed to me this evening. On the other hand, whatever your answer, I am anxious for you to feel that the Prime Minister's question embodies the deepest respect which the Jewish people can repose in any of its sons. To this element of personal regard, we add the sentiment that Israel is a small State in its physical dimensions, but can rise to the level of greatness in the measure that it exemplifies the most elevated spiritual and intellectual traditions which the Jewish people has established through its best minds and hearts both in antiquity and in modern times. Our first President, as you know, taught us to see our destiny in these great perspectives, as you yourself have often exhorted us to do.

Therefore, whatever your response to this question, I hope that you will think generously of those who have asked it, and will commend the high purposes and motives which prompted them to think of you at this solemn hour in our people's history.

With cordial personal wishes,

Yours respectfully,

Abba Eban

Abba Eban

Professor Albert Einstein
Princeton, N.J.

A. Einstein Archive
41 — 087

1952 年 12 月 17 日，以色列总理本 · 古里安请求爱因斯坦担任以色列总统的信。

这个空间连同联系在一起的时间）依然存在。这个四维结构（闵可夫斯基空间）被看作是物质和场的载体。各惯性空间连同联系在一起的时间，只是由线性洛伦兹变换联结起来的一种特选的四维坐标系。由于在这个四维结构中不再存在着客观地代表“此刻”的任一部分，事件的发生和生成的概念并不是完全用不着了，而是更为复杂化了。因此，将物理实在看作一个四维存在，而不是像直到目前为止那样，将它看作一个三维存在的进化，似乎更加自然些。

1953 年，爱因斯坦在美国普林斯顿高等研究院，这里巨大的窗户使他可以随时欣赏窗外的风景。

狭义相对论的这个刚性四维空间，在某种程度上类似于洛伦兹的刚性三维以太，只不过它是四维的罢了。对于狭义相对论而言，下述陈述也是合适的：物理状态的描述假设了空间是原来就已经给定的，而且是独立存在的。因此，连狭义相对论也没有消除笛卡儿对“空虚空间”是独立存在的或者竟然是先验性存在的这种见解所表示的怀疑。这里作初步讨论的真正目的就是要说明广义相对论在多大的程度上解决了这些疑问。

（2）广义相对论的空间概念

广义相对论的起因主要是力图对惯性质量和引力质量的同等性有所了解。我们从一个惯性系 S_1 来说起，这个惯性系的空间从物理的观点看来是空虚的。换句话说，在所考虑的这部分空间中，既没有物质（按照通常的意义），也没有场（按照狭义相对论的意义）。设有另一个参考系 S_2 相对于 S_1 作匀加速运动。这时候 S_2 就不是一个惯性系。对于 S_2 来说，每一个试验物体的运动都具有一个加速度，这个加速度与试验物体的物理性质和化学性质无关。因此，相对于 S_2，最少就第一级近似而言，就存在着一种与引力场无法区分的状态。因此，下述概念是与可观察的事实相符的：S_2 也可以相当于一个“惯性系”；不过相对于 S_2 又另存在着一个（均匀）引力场（关于这个引力场的起源，这里不必去管它）。因此，当讨论的体系中包括引力场时，惯性系就失去了它本身的客观意义（假定这个“等效原理”可以推广到参考系的任何相对运动）。如果在这些基本观念的基础上能够建立起一个合理的理论，那么这个理论本身将满足惯性质量与引力质量相等的事实，而这个事实是已被经验所充分证实的。

从四维的观点来考虑，四个坐标的一种非线性变换对应于从 S_1 到 S_2 的过渡。这里产生了一个问题：哪一种非线性变换是可能的，或者说，洛伦兹变换是怎样推广的？下述考虑对于回答这个问题具有决定性的意义。

设早先的理论中的惯性系具有这个性质：坐标差由固定不移的“刚性”量杆测量，时间差由静止的钟测量。对第一个假定还须补充以另一个假定，即对于静止的量杆的相对展开和并接而言，欧几里得几何学关于“长度”的诸定理是成立的。这样，经过初步的考虑，就可以从狭义相对论的结果得出下述结论：对于相对于惯性系 S_1 作加速运动的参考系（S_2）而言，对坐标作此种直接的物理解释不再是可能的了。但是，如果情况是这样的话，坐标现在就只能表示“邻接”的级或秩，也就是只能表示空间的维级，但一点也不能表示空间的度规性质。这样我们就意识到从已有的变换推广到任意连续变换[①]的可能性。而这里就已具有广义相对性原理的含义：“自然律对于任意连续的坐标变换必须是协变的。”这个要求（连带着自然律应具有最大可能的逻辑简单性的要求）远比狭义相对性原理更为有力地限制了一切自然律。

这一系列的观念主要是以场作为一个独立的概念为基础的。因为，对于 S_2 有效的情况被解释为一种引力场，而并不问其是否存在着产生这个引力场的质量。借助于这一系列的观念，还可以理解到为什么纯引力场定律比起一般的场（例如在有电磁场存在的时候）的定律来，它与广义相对论有更为直接的联系。也就是说，我们有充分的理由假定，“没有场”的闵可夫斯基空间表示自然律中可能有的一种特殊情况，事实上这是可以设想的最简单的特殊情况。就其度规性质而言，这样的空间的特性可由下述的方式表示：$dx_1^2+dx_2^2+dx_3^2$ 等于一个三维“类空”截面上无限接近的两点的空间间隔的实测值（用单位标准长度量度）的平方（毕达哥拉斯定律）；而 dx_4 则是具有共同的（x_1，x_2，x_3）的两个事件的时间间隔（以适当的计时标准量度）。这一切只不过是意味着将一种客观的度规意义赋予下面这个量

$$ds^2=dx_1^2+dx_2^2+dx_3^2-dx_4^2 \qquad (1)$$

这点也不难借助于洛伦兹变换来予以证明。从数学观点上来说，这个事实对应于这个条件：ds^2 对于洛伦兹变换是不变的。

如果按照广义相对性原理的意义，令这个

① 这个不精确的表达方式，在这里或许是足够了。

An die unsterbliche Akademie Olympia.

In deinem kurzen aktiven Dasein hast du in kindlicher Freude dich ergötzt an allem was klar und gescheit war. Deine Mitglieder haben dich geschaffen, um sich über deine grossen, alten und aufgeblasenen Schwestern lustig zu machen. Wie sehr sie damit das Richtige getroffen haben, hab ich durch langjährige sorgfältige Beobachtungen voll zu würdigen gelernt.

Wir alle drei Mitglieder haben uns zum Mindesten als dauerhaft erwiesen. Wenn sie auch schon etwas kräckelig sind, so strahlt doch noch etwas von deinem heitern und belebenden Licht auf unsern einsamen Lebenspfad, denn du bist nicht mit ihnen alt geworden und ausgewachsen wie eine ins Kraut gewachsene Salatpflanze.

Dir gilt meine Treue und Anhänglichkeit bis zum letzten hochgelehrten Schnaufer!

Das nunmehr nur korrespondierende Mitglied

A. E.

Princeton 3. IV. 53.

1953 年 4 月 3 日，爱因斯坦写下了与好友莫里斯 · 索洛文的回忆。

空间（参照方程（1））作一任意连续的坐标变换，那么这个具有客观意义的量 dS 在新的坐标系中即以下列关系式表示：

$$dS^2 = g_{ik}dx_idx_k \qquad (1a)$$

此式的右边要对指标 i 和 k 从 11，12，……直到 44 的全部组合求和。这里诸 g_{ik} 项并不是常数，而是诸坐标的函数，随任意选定了的变换来确定。但此诸 g_{ik} 项也并不是新坐标的任意函数，而是必须正好使形式（1a）经过四个坐标的连续的变换仍能还原为形式（1）的这样一类函数。为了使这一点成为可能，诸函数 g_{ik} 必须满足某些普遍协变条件方程，这些方程是在建立广义相对论以前半个多世纪时由黎曼导出的（“黎曼条件”）。按照等效原理，当诸函数 g_{ik} 满足黎曼条件时，（1a）就以普遍协变形式描述了一种特殊的引力场。

由此推论，当黎曼条件被满足时，一般的纯引力场的定律即必然被满足；但这个定律必然比黎曼条件弱或限制得较少。这样，纯引力的场定律实际上即可完全确定。这个结果不想在这里详加论证。

现在我们已有可能来考察一下，对空间概念要作多么大的修改才能过渡到广义相对论去。按照经典力学以及按照狭义相对论，空间（空时）的存在不依赖于物质或场。为了能够描述充满空间并依赖于坐标的东西，必须首先设想空时或惯性系连同其度规性质是已经存在的，否则，对于“充满空间的东西”的描述就没有意义[①]。而根据广义相对论，与依赖于坐标的“充满空间的东西”相对立的空间是不能脱离此种“充满空间的东西”而独立存在的。这样，我们知道，一个纯引力场是可以用从解引力方程而得到的 g_{ik}（作为坐标的函数）来描述的。如果我们设想将引力场亦即诸函数 g_{ik} 除去，剩下的就不是（1）型的空间，而是绝对的一无所有，而且也不是“拓扑空间”。因为诸函数 g_{ik} 不仅描述场，而且同时也描述这个流形的拓扑和度规结构性质。由广义相对论的观点判断，（1）型的空间并不是一个没有场的空间，而是 g_{ik} 场的一种特殊情况，对于这种特殊情况，诸函数 g_{ik}——指对于所使用的坐标系而言（坐标系本身并无客观意义）——具有不依赖于坐标的值。一无所有的空间，亦即没有场的空间，是不存在的。空时是不能独立存在的，只能作为场的结构性质而存在。

因此，笛卡儿认为一无所有的空间并不存在的见解与真理相去并不远。如果仅仅从有质物体来理解物理实在，那么上述观念看来的确是荒谬的。将场视为物理实在的表象的这种观念，再把广义相对性原理结合在一起，才能说明笛卡儿观念的真义所在：“没有场”的空间是不存在的。

① 如果我们设想将充满空间的东西（例如场）移去，按照（1），度规空间仍然存在，这个度规空间还将确定引入这个空间的试验物体的惯性行为。

1955年4月18日，爱因斯坦去世几个小时后，《生活》杂志摄影师拉尔夫·莫尔斯来到他在普林斯顿的办公室拍摄了这张凌乱的办公桌照片。

（3）广义的引力论

根据以上所述，以广义相对论为基础的纯引力场论已不难获得，因为我们可以确信，“没有场”的闵可夫斯基空间其度规若与（1）一致一定会满足场的普遍定律。而从这个特殊情况出发，加以推广，就能导出引力定律，并且在此推广过程中实际上可以避免任意性。至于理论上进一步的发展，则广义相对性原理并没有十分明确地做出了决定；在过去几十年中，人们曾经朝着各个不同方向进行探索。所有这些努力的共同点是将物理实在看成一个场，而且是作为由引力场推广出来的一个场，因而这个场的场定律是纯引力场定律的一种推广。经过长期探索之后，对于这一推广我认为我现在已经找到了最自然的形式①，但是我还不能判明这个推广的定律能否经得起经验事实的考验。

在前面的一般论述中，场定律的个别形式问题还是次要的。目下的问题主要是这里所设想的这种场论究竟能否达到其本身的目标。也就是说，这样的场论能否用场来透彻地描述物理实在，包括四维空间在内。目前这一代的物理学家对这个问题倾向于作否定的回答。依照目前形式的量子论，这一代的物理学家认为，一个体系的状态是不能直接规定的，只能对从该体系中所能获得的测量结果给予统计学的陈述而作间接的规定。目前流行的看法是，只有将物理实在的概念这样削弱之后，才能体现已由实验证实了的自然界的二重性（粒子性和波性）。我认为，我们现有的实际知识还不能做出如此深远的理论否定；在相对论性场论的道路上，我们不应半途而废。

① 这种推广的特点可以表述如下。纯引力场系由空虚的“闵可夫斯基空间”导出，按照此项推导，这个具有 g_{ik} 诸函数的纯引力场必须具备由 $g_{ik}=g_{ki}$（$g_{12}=g_{21}$，…）式来确定的完全对称性质。广义的场也与纯引力场同样，只是没有这种对称性质。场定律的推导与在特殊情况中的纯引力的推导完全相似。

附录Ⅱ[①]

·Appendices Ⅱ·

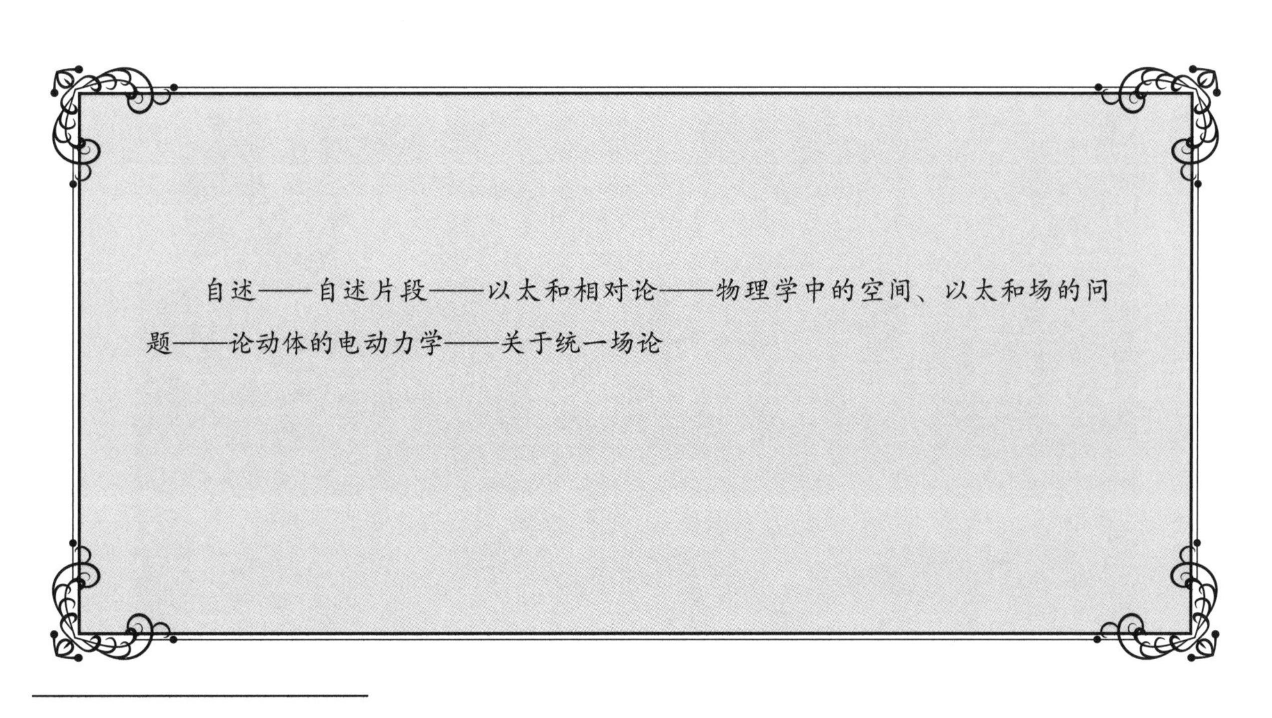

自述——自述片段——以太和相对论——物理学中的空间、以太和场的问题——论动体的电动力学——关于统一场论

①（附录2所选文章均引自许良英、范岱年编译的《爱因斯坦文集》）

爱因斯坦在弹钢琴。

1. 自　　述[1]

我已经67岁了，坐在这里，为的是要写点类似自己的讣告那样的东西。我做这件事，不仅因为希耳普博士已经说服了我，而且我自己也确实相信，向共同奋斗着的人们讲一讲一个人自己努力和探索过的事情在回顾中看起来是怎样的，那该是一件好事。稍作考虑以后，我就觉得，这种尝试的结果肯定不会是完美无缺的。因为，工作的一生不论怎样短暂和有限，其间经历的歧途不论怎样占优势，要把那些值得讲的东西讲清楚，毕竟是不容易的——现在67岁的人已完全不同于他50岁、30岁或者20岁的时候了。任何回忆都染上了当前的色彩，因而也带有不可靠的观点。这种考虑可能使人畏难而退。然而，一个人还是可以从自己的经验里提取许多别人所意识不到的东西。

当我还是一个相当早熟的少年的时候，我就已经深切地意识到，大多数人终生无休止地追逐的那些希望和努力是毫无价值的。而且，我不久就发现了这种追逐的残酷，这在当年较之今天是更加精心地用伪善和漂亮的字句掩饰着的。每个人只是因为有个胃，就注定要参与这种追逐。而且，由于参与这种追逐，他的胃是有可能得到满足的；但是，一个有思想、有感情的人却不能由此而得到满足。这样，第一条出路就是宗教，它通过传统的教育机关灌输给每一个儿童。因此，尽管我是完全没有宗教信仰的（犹太人）双亲的儿子，我还是深深地信仰宗教。但是，这种信仰在我12岁那年就突然中止了。由于读了通俗的科学书籍，我很快就相信，《圣经》里的故事有许多不可能是真实的。其结果就是一种真正狂热的自由思想，并且交织着这样一种印象：国家是故意用谎言来欺骗年轻人的。这是一种令人目瞪口呆的印象。这种经验引起我对所有权威的怀疑，对任何社会环境里都会存在的信念完全抱一种怀疑态度。这种态度再也没有离开过我，即使在后来，由于更好地搞清楚了因果关系，它已失去了原有的尖锐性时也是如此。

我很清楚，少年时代的宗教天堂就这样失去了。这是使我自己从“仅仅作为个人”的桎梏中，从那种被愿望、希望和原始感情所支配的生活中解放出来的第一个尝试。在我们之外

---

[1] 这篇《自述》（*Autobiographisches*）写于1946年，发表在希耳普（P.A.Schilpp）编的为庆祝爱因斯坦七十岁生日的论文集《阿尔伯特·爱因斯坦：哲学家—科学家》（*Albert Einstein*：*Philosopher-Scientist*）里，纽约Tudor出版公司，1949年。这里译自该书1—95页。——编译者注。

爱因斯坦与他的两个儿子。

有一个巨大的世界，它离开我们人类而独立存在，它在我们面前就像一个伟大而永恒的谜，然而至少部分地是我们的观察和思维所能及的。对这个世界的凝视深思，就像得到解放一样吸引着我们，而且我不久就注意到，许多我所尊敬和钦佩的人，在专心从事这项事业中，找到了内心的自由和安宁。在向我们提供的一切可能范围里，从思想上掌握这个在个人以外的世界，总是作为一个最高目标而有意无意地浮现在我的心目中。有类似想法的古今人物，以及他们已经达到的真知灼见，都是我的不可失去的朋友。通向这个天堂的道路，并不像通向宗教天堂的道路那样舒坦和诱人，但是，它已证明是可以信赖的，而且我从来也没有为选择了这条道路而后悔过。

我在这里所说的，仅仅在一定意义上是正确的，正像一张不多几笔的画，只能在很有限的意义上反映出一个细节混乱的复杂对象一样。如果一个人爱好很有条理的思想，那么他的本性的这一方面很可能以牺牲其他方面为代价而显得更为突出，并且愈来愈明显地决定着他的精神面貌。在这种情况下，这样的人在回顾中所看到的，很可能只是一种千篇一律的有系统的发展，然而，他的实际经验却是在千变万化的单个情况中发生的。外界情况是多种多样的，意识的瞬息内容是狭隘的，这就引起了每一个人生活的一种原子化。像我这种类型的人，其发展的转折点在于，自己的主要兴趣逐渐远远地摆脱了短暂的和仅仅作为个人的方面，而转向力求从思想上去掌握事物。从这个观点看来，可以像上面这样简要地说出来的纲要式的评述里，已包含着尽可能多的真理了。

准确地说，“思维”是什么呢？当接受感觉印象时出现记忆形象，这还不是“思维”。而且，当这样一些形象形成一个系列时，其中每一个形象引起另一个形象，这也还不是“思维”。可是，当某一形象在许多这样的系列中反复出现时，那么，正是由于这种再现，它就成为这种系列的一个起支配作用的元素，因为它把那些本身没有联系的系列联结了起来。这种元素便成为一种工具，一种概念。我认为，从自由联想或者“做梦”到思维的过渡，是由“概念”在其中所起的或多或少的支配作用来表征的。概念绝不是一定要同通过感觉可以知觉的和可以再现的符号（词）联系起来的；但是如果有了这样的联系，那么思维因此就成为可以交流的了。

读者会问，这个人有什么权利，在这样一个有问题的领域里，如此轻率而原始地运用观念，而不作丝毫努力去作点证明呢。我的辩护是：我们的一切思维都是概念的一种自由游戏；至于这种游戏的合理性，那就要看我们借助于它来概括感觉经验所能达到的程度。“真理”这个概念还不能用于这样的结构；按照我的意见，只有在这种游戏的元素和规则已经取得了广泛的一致意见（约定）的时候，才谈得上这个“真理”概念。

对我来说，毫无疑问，我们的思维不用符号（词）绝大部分也都能进行，而且在很大程度上是无意识地进行的。否则，为什么我们有时会完全自发地对某一经验感到“惊奇”呢？这种“惊奇”似乎只是当经验同我们的充分固定的概念世界有冲突时才会发生。每当我们尖锐而强烈地经历到这种冲突时，它就会以一种决定性的方式反过来作用于我们的思维世界。这个思维世界的发展，在某种意义上说就是对“惊奇”的不断摆脱。

当我还是一个四五岁的小孩，在父亲给我看一个罗盘的时候，就经历过这种惊奇。这只指南针以如此确定的方式行动，根本不符合那些在无意识的概念世界中能找到位置的事物的本性（同直接“接触”有关的作用）。我现在还记得，至少相信我还记得，这种经验给我一个深刻而持久的印象。我想一定有什么东西深深地隐藏在事情后面。凡是人从小就看到的事情，不会引起这种反应；他对于物体下落，对于风和雨，对于月亮或者对于月亮不会掉下来，对于生物和非生物之间的区别等都不感到惊奇。

爱因斯坦与二儿子爱德华。自从爱德华患上精神疾病后，和父亲的关系变得非常不好。

在12岁时，我经历了另一种性质完全不同的惊奇：这是在一个学年开始时，当我得到一本关于欧几里得平面几何的小书时所经历的。这本书里有许多断言，比如，三角形的三个高交于一点，它们本身虽然并不是显而易见的，但是可以很可靠地加以证明，以致任何怀疑似乎都不可能。这种明晰性和可靠性给我造成了一种难以形容的印象。至于不用证明就得承认公理，这件事并没有使我不安。如果我能依据一些其有效性在我看来是毋庸置疑的命题来加以证明，那么我就完全心满意足了。比如，我记得，在这本神圣的几何学小书到我手中以前，

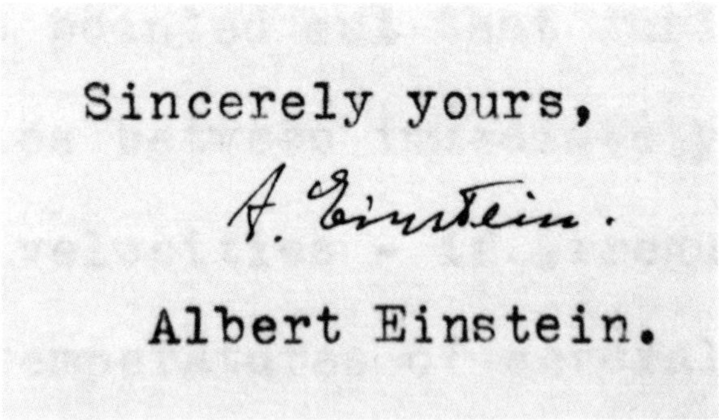

Sincerely yours,

A. Einstein.

Albert Einstein.

爱因斯坦的手写签名。

有位叔叔[①]曾经把毕达哥拉斯定理告诉了我。经过艰苦的努力以后，我根据三角形的相似性成功地“证明了”这条定理。在这样做的时候，我觉得，直角三角形各个边的关系“显然”完全决定于它的一个锐角。在我看来，只有在类似方式中不是表现得很“显然”的东西，才需要证明。而且，几何学研究的对象，同那些“能被看到和摸到的”感官知觉的对象似乎是同一类型的东西。这种原始观念的根源，自然是由于不知不觉地存在着几何概念同直接经验对象（刚性杆、截段等等）的关系，这种原始观念大概也就是康德（I. Kant）提出那个著名的关于“先验综合判断”可能性问题的根据。

如果因此好像用纯粹思维就可能得到关于经验对象的可靠知识，那么这种“惊奇”就是以错误为依据的。但是，对于第一次得到这种经验的人来说，在纯粹思维中竟能达到如此可靠而又纯粹的程度，就像希腊人在几何学中第一次告诉我们的那样，是足够令人惊讶的了。

既然我已经打断了刚开始的讣告而且扯远了，因此，我将毫不踌躇地在这里用几句话来说明我的认识论信条，虽然有些话在前面已经顺便谈过了。这个信条实际上是在很久以后才慢慢地发展起来的，而且同我年轻时候所持的观点并不一致。

我一方面看到感觉经验的总和，另一方面又看到书中记载的概念和命题的总和。概念和命题之间的相互关系具有逻辑的性质，而逻辑思维的任务则严格限于按照一些既定的规则（这是逻辑学研究的问题）来建立概念和命题之间的相互关系。概念和命题只有通过它们同感觉经验的联系才获得其“意义”和“内容”。后者同前者的联系纯粹是直觉的联系，并不具有逻辑的本性。科学“真理”同空洞幻想的区别就在于这种联系，即这种直觉的结合能够被保证的可靠程度，而不是别的什么。概念体系连同那些构成概念体系结构的句法规则都是人的创造物。虽然概念体系本身在逻辑上完全是任意的，可是它们受到这样一个目标的限制，就是要尽可能做到同感觉经验的总和有可靠的（直觉的）和完备的对应（Zuordnung）关系。其次，它们应当使逻辑上独立的元素（基本概念和公理），即不下定义的概念和推导不出的命题，要尽可能的少。

① 指雅各布·爱因斯坦（Jakob Einstein）。而指导他自学“几何学小书”的则是麦克斯·塔耳玫（Max Talmey），当时是慕尼黑大学的医科学生。——编译者注。

命题如果是在某一逻辑体系里按照公认的逻辑规则推导出来的，它就是正确的。体系所具有的真理内容取决于它同经验总和的对应可能性的可靠性和完备性。正确的命题是从它所属的体系的真理内容中取得其“真理性”的。

对历史发展的一点意见。休谟（David Hume）清楚地了解到，有些概念，比如因果性概念，是不能用逻辑方法从经验材料中推导出来的。康德完全确信某些概念是不可缺少的，他认为这些概念——它们正是这样挑选出来的——是任何思维的必要前提，并且把它们同那些来自经验的概念区别开来。但是，我相信，这种区分是错误的，那就是说，它不是按自然的方式来正确对待问题的。一切概念，甚至那些最接近经验的概念，从逻辑观点看来，完全像因果性概念一样，都是一些自由选择的约定，而这个问题首先是从因果性概念提出来的。

现在再回到讣告上来。在12—16岁的时候，我熟悉了基础数学，包括微积分原理。这时，我幸运地接触到一些书，它们在逻辑严密性方面并不太严格，但是能够简单明了地突出基本思想。总的说来，这个学习确实是令人神往的。它给我的印象之深并不亚于初等几何，好几次达到了顶点——解析几何的基本思想，无穷级数，微分和积分概念。我还幸运地从一部卓越的通俗读物中知道了整个自然科学领域里的主要成果和方法。这部著作就是伯恩斯坦（A. Bernstein）的《自然科学通俗读本》。这一部五六卷的著作几乎完全局限于定性的叙述，这是一部我聚精会神地阅读了的著作。当我17岁那年作为数学和物理学的学生进入苏黎世联邦理工学院时，我已经学过一些理论物理学了。

在那里，我有几位卓越的老师，比如胡尔维兹（A. Hurwitz）、闵可夫斯基（H. Minkowski），所以照理说，我应该在数学方面得到深造。可是我大部分时间却是在物理实验室里工作，迷恋于同经验直接接触。其余时间，则主要用于在家里阅读基尔霍夫（G. R. Kirchhoff）、亥姆霍兹（H. L. F. von Helmholtz）、赫兹（H. R. Hertz）等人的著作①。我在一定程度上忽视了数学，其原因不仅在于我对自然科学的兴趣超过对数学的兴趣，而且还在于下述奇特的经验。我看到数学分成许多专门领域，每一个领域都能花费我们所能有的短暂的一生。因此，我觉得自己的处境像布里丹的驴子②一样，它不能决定究竟该吃哪一捆干草。这显然是由于我在数学领域

① 这包括奥古斯特·弗普耳（August Föppl，1854—1924）的著作《空间结构》（*Das Fachwerk in Raume*，1892）和《麦克斯韦的电学理论》（*Maxwells Theorie der Elektrizität*，1894）。这二本著作对爱因斯坦建立相对论有重大启发作用。——编译者注。

② 布里丹（John Buridan，1300？—1360），14世纪法国唯名论哲学家，是奥卡姆（William of Occam）的信徒，倾向于决定论，认为意志是环境决定的。反对他的人提出这样一个例证来反驳他：假定有一头驴子站在两堆同样大、同样远的干草之间，如果它没有自由选择的意志，它就不能决定究竟该先吃哪堆干草，结果它就会饿死在这两堆干草之间。后人就把这个论证叫作“布里丹的驴子”。——编译者注。

里的直觉能力不够强，以致不能把真正带有根本性的最重要的东西同其余那些多少是可有可无的广博知识可靠地区分开来。此外，我对自然知识的兴趣，无疑地也比较强；而且作为一个学生，我还不清楚，在物理学中，通向更深入的基本知识的道路是同最精密的数学方法联系着的。只是在几年独立的科学研究工作以后，我才逐渐地明白了这一点。诚然，物理学也分成了各个领域，其中每一个领域都能吞噬短暂的一生，而且还没有满足对更深邃的知识的渴望。在这里，已有的而且尚未充分地被联系起来的实验数据的数量也是非常大的。可是，在这个领域里，我不久就学会了识别出那种能导致深邃知识的东西，而把其他许多东西撇开不管，把许多充塞脑袋、并使它偏离主要目标的东西撇开不管。当然，这里的问题在于，人们为了考试，不论愿意与否，都得把所有这些废物统统塞进自己的脑袋。这种强制的结果使我如此畏缩不前，以致在我通过最后的考试以后有整整一年对科学问题的任何思考都感到扫兴。但是得说句公道话，我们在瑞士所受到的这种窒息真正科学动力的强制，比其他许多地方要少得多。这里一共只有两次考试，除此以外，人们差不多可以做他们愿意做的任何事情。如果能像我这样，有个朋友经常去听课，并且认真地整理讲课内容，那情况就更是如此了。这种情况给予人们以选择从事什么研究的自由，直到考试前几个月为止。我大大地享受了这种自由，并把与此伴随而来的内疚看作是乐意忍受的微不足道的弊病。现代的教学方法，竟然还没有把研究问题的神圣好奇心完全扼杀掉，真可以说是一个奇迹。因为这株脆弱的幼苗，除了需要鼓励以外，主要需要自由；要是没有自由，它就不可避免地会夭折。认为用强制和责任感就能增进观察和探索的乐趣，那是一种严重的错误。我想，即使是一头健康的猛兽，当它不饿的时候，如果用鞭子强迫它不断地吞食（特别是，当人们强迫喂给它吃的食物是经过适当选择的时候），是会使它丧失贪吃的习性的。

现在来谈当时物理学的情况。当时物理学在各个细节上虽然取得了丰硕的成果，但在原则问题上居统治地位的是教条式的顽固：开始时（假如有这样的开始）上帝创造了牛顿（I. Newton）运动定律以及必需的质量和力。这就是一切；此外一切都可以用演绎法从适当的数学方法发展出来。在这个基础上，特别是由于偏微分方程的应用，19世纪所取得的成就必然会引起所有有敏锐理解能力的人的赞叹。牛顿也许是第一个在他的声传播理论中揭示了偏微分方程的功效的人。欧拉（L. Euler）已经创立了流体动力学的基础。但是，作为整个物理学基础的质点力学的更加精确的发展，则是19世纪的成就。然而，对于一个大学生来说，印象最深刻的并不是力学的专门结构或者它所解决的复杂问题，而是力学在那些表面上同力学无关的领域中的成就：光的力学理论，它把光设想为准刚性的弹性以太的波动，但是首先是气体分子运动论：——单原子气体比热同原子量无关，气体状态方程的导出及其同比热的关系，气体离解的分子运动论，特别是气体的黏滞性、热传导和扩散之间的定量关系，而且气体扩散还提供了原子的绝对大小。这些结果同时支持了力学作为物理学和原子假说的基础，而后者在化学中已经牢固地确立了它的地位。但是在化学中起作用的仅仅是原子的质量之比，而不是它们的绝对大小，因此原子论与其看做关于物质的实在结构的一种认识，不如看作一种形象化的比喻。此外，古典力学的统计理论能够导出热力学的基本定律，也是令人深感兴趣的，这在本质上已经由玻耳兹曼（L. Boltzmann）完成了。

爱因斯坦喜欢抽烟斗，还喜欢带好几个烟斗轮着用。

因此我们不必惊奇，可以说19世纪所有的物理学家，都把古典力学看作全部物理学的、甚至是全部自然科学的牢固的和最终的基础，而且，他们还孜孜不倦地企图把这一时期逐渐取得全面胜利的麦克斯韦（J. C. Maxwell）电磁理论也建立在力学的基础之上。甚至连麦克斯韦和H.赫兹，在他们自觉的思考中，也都始终坚信力学是物理学的可靠基础，而我们在回顾中可以公道地把他们看成是动摇了以力学作为一切物理学思想的最终基础这一信念的人。是恩斯特·马赫（Ernst Mach），在他的《力学史》中冲击了这种教条式的信念。当我是一个学生的时候[①]，这本书正是在这方面给了我深刻的影响。我认为，马赫的真正伟大，就在于他的坚不可摧的怀疑态度和独立性。在我年轻的时候，马赫的认识论观点对我也有过很大的影响，但是，这种观点今天在我看来是根本站不住脚的。因为他没有正确阐明，思想中，特别是科学思想中，本质上是构造的和思辨的性质；因此，正是在理论的构造-思辨的特征赤裸裸地表现出来的那些地方，他却指责了理论，比如在原子运动论中就是这样。

在我开始批判那个作为物理学基础的力学以前，首先必须谈谈某些一般观点。根据这些观点，才有可能去批判各种物理理论。第一个观点是很明显的：理论不应当同经验事实相矛盾。这个要求初看起来似乎很明显，但应用起来却非常伤脑筋。因为人们常常，甚至总是可以用人为的补充假设来使理论同事实相适应，从而坚持一种普遍的理论基础。但是，无论如何，这第一个观点所涉及的是用现成的经验事实来证实理论基础。

第二个观点涉及的不是关于〔理论〕同观察材料的关系问题，而是关于理论本身的前提，关于人们可以简单地、但比较含糊地称之为前提（基本概念以及这些概念之间作为基础的关系）的“自然性”或者“逻辑的简单性”。这个观点从来都在选择和评价各种理论时起着重大的作用，但是确切地把它表达出来却有很大困难。这里的问题不单是一种列举逻辑上独立的前提问题（如果这种列举竟是毫不含糊地可能的话），而是一种在不能比较的性质间作相互权衡的问题。其次，在几种基础同样“简单”的理论中，那种对理论体系的可能性质限制最严格的理论（即含有最确定的论点的理论）被认为是比较优越的。这里我不需要讲到理论的“范围”，因为我们只限于这样一些理论，它们的对象是一切物理现象的**总和**。第二个观点可以简要地称为同理论本身有关的“内在的完备”，而第一个观点则涉及“外部的证实”。我认为下面这一点也属于理论的“内在的完备”：从逻辑观点来看，如果一种理论并不是从那些等价的和以类似方式构造起来的理论中任意选出的，那么我们就给予这种理论以较高的评价。

我不想用篇幅不够来为上面两段话中包含的论点不够明确求得原谅。而要在这里承认，我不能立刻，也许根本就没有能力用明确的定义来代替这些提示。但是，我相信，要作比较明确的阐述还是可能的。无论如何，可以看到，“预言家”们在判断理论的“内在的完备”时，他们之间的意见往往是一致的，至于对“外部的证实”程度的判断，情况就更是如此了。

现在来批判作为物理学基础的力学。

从第一个观点（实验证实）来看，把波动光学纳入机械的世界图像，必将引起严重的疑虑。如果把光解释为一种弹性体（以太）中的

① 据爱因斯坦晚年时的回忆，大约在 1897 年，是贝索（M. Besso）使他注意到这本书。——编译者注。

波动，那么这种物体就应当是一种能透过一切东西的媒质。由于光波的横向性，这种媒质大体上像一种固体，并且又是不可压缩的，从而纵波并不存在。这种以太必须像幽灵似的同其他物质并存着，因为它对“有重”物体的运动似乎不产生任何阻力。为了解释透明物体的折射率以及辐射的发射和吸收过程，人们必须假定在这两种物质之间有着复杂的相互作用，这件事从来也没有认真地尝试过，更谈不上有什么成就。

爱因斯坦在普林斯顿一条林荫小道上散步。身后是他的秘书杜卡斯。

此外，电磁力还迫使我们引进一种带电物质，它们虽然没有显著的惯性，但是却能相互作用，并且这种相互作用完全不同于引力，而是属于一种具有极性的类型。

法拉第（M. Faraday）-麦克斯韦的电动力学，使物理学家们在长期犹豫不决之后，终于逐渐地放弃了有可能把全部物理学建立在牛顿力学之上的信念。因为这一理论以及赫兹实验对它的证实表明：存在着这样一种电磁现象，它们按其本性完全不同于任何有重物质——它们是在空虚空间里由电磁“场”组成的波。人们如果要保持力学作为物理学的基础，那就必须对麦克斯韦方程作力学的解释。这件事曾极其努力地尝试过，但毫无结果，而这方程本身则越来越被证明是富有成效的。人们习惯于把这些场当作独立的实体来处理，而并不觉得有必要去证明它们的力学本性。这样，人们几乎不知不觉地放弃了把力学作为物理学的基础，因为要使力学适合于各种事实，看来终于是没有希望了。从那时候起，就存在着两种概念元素：一方面是质点以及它们之间的超距作用力，另一方面是连续的场。这表现为物理学的一种过渡状态，它没有一个适合于全体的统一的基础。这种状态虽然不能令人满意，但是，要代替它还差得很远。

现在，从第二个观点，即从内在的观点来对作为物理学基础的力学提出一些批判。在今天的科学状况下，也就是在抛弃了力学基础以后，这种批判只有方法论上的意义了。但是，这种批判很适合于说明一种论证方法。今后，当基本概念和公理距离直接可观察的东西愈来愈远，以致用事实来验证理论的含意也就变得愈来愈困难和更费时日的时候，这种论证方法对于理论的选择就一定会起更大的作用。这里首先要提到的是马赫的论证，其实，这早已被牛顿清楚地认识到了（水桶实验）。从纯粹几何描述的观点来看，一切“刚性的”坐标系在逻辑上都是等价的。力学方程（比如，惯性定律就是这样）只有对某一类特殊的坐标系，即“惯性系”才是有效的。至于坐标系究竟是不是有形客体，在这里倒并不重要。因此，为了说明这种特殊选择的必要性，就必须在理论所涉及的对象（物体、距离）之外去寻找某些东西。为此，牛顿十分明白地像因果上规定的那样，引进了“绝对空间”，它是一切力学过程的一个无所不在的积极参与者；所谓“绝对”，他指的显然是不受物体及其运动的影响。使这种事态特别显得令人讨厌的是这样的事实：应当有无限个相互作匀速平移运动的惯性系存在，它们比一切别的刚性坐标系都要优越。

爱因斯坦和秘书杜卡斯及爱犬科奇（Chico）在普林斯顿住宅的花园内。

马赫推测，在一个真正合理的理论中，惯性正像牛顿的其他各种力一样，也必须取决于物体的相互作用。我有很长一个时期认为这种想法原则上是正确的。但是，它暗中预先假定，基本理论应当具有牛顿力学的一般类型：以物体和它们的相互作用作为原始概念。人们立刻就会看出，这种解决问题的企图同贯彻一致的场论是不适合的。

然而，人们可以从下述类比中特别清楚地看到，马赫的批判本质上是多么正确。试设想，有人要创立一种力学，但他们只知道地面上很小的一部分，而且也看不到任何星体。于是他们会倾向于把一些特殊的物理属性给予空间的竖直方向（落体的加速度方向），而且根据这种概念基础，就有理由认为大地大体上是水平的。他们可能不会受下述论点的影响，这种论点认为，空间就几何性质来说是各向同性的，因而在建立物理学的基本定律时又认为按照这些定律应该有一个优先的方向，那是不能令人满意的；他们可能（像牛顿一样）倾向于断言竖直方向是绝对的，因为，这是经验证明了的，人们必须对此感到心安理得。竖直方向比所有其他空间方向更优越，同惯性系比其他刚性坐标系更优越，是完全类似的。

现在来谈其他论证，这些论证也同力学的内在的简单性或自然性有关。如果人们未经批判的怀疑就接受了空间（包括几何）和时间概念，那就没有理由反对超距作用力的观念，即使这个概念同人们在日常生活的未经加工的经验基础上形成的观念并不符合。但是，还有另一个因素使得那种把力学当作物理学基础的看法显得很幼稚。〔力学〕主要有两条定律：

1. 运动定律；

2. 关于力或势能的表示式。

运动定律是精确的，不过在力的表示式还没有定出以前，它是空洞的。但是，在规定力的表示式时，还有很大的任意〔选择〕的余地，尤其是当人们抛弃了力仅仅同坐标有关（比如同坐标对时间的微商无关）这个本身很不自然的要求时，情况就更是这样。从一个点发出的引力作用（和电力作用）受势函数（$1/r$）[①]支配，这在理论的框架里，本身完全是任意的。补充一点意见：很久以前人们就已经知道，这函数是最简单的（转动不变的）微分方程 $\delta\varphi=0$[②]的中心对称解。因此，如果认为这是一种迹象，表示这函数应当被看作是由空间定律决定的，那倒是一种容易了解的想法。按照这种做法，可以消除选择力定律的任意性。这实际上是使我们避开超距力理论的第一个认识，这种认识——由法拉第、麦克斯韦和赫兹开路的——只是在以后才在实验事实的外来压力下开始发展。

我还要提到这个理论的一种内在的不对称性，即在运动定律中出现的惯性质量也在引力定律中出现，但不在其他各种力的表示式中出

① 原文是 $1/v$.——编译者注。

② 按照通常使用的符号，这个微分方程（即拉普拉斯方程）应当写成 $\Delta\varphi=0$（或者 $\nabla^2\varphi=0$），而在本文的后面作者也是这样写的。——编译者注。

爱因斯坦穿着毛茸茸的鞋坐在家门前的台阶上。

现。最后我还想指出，把能量划分为本质上不同的两部分，即动能和势能，必须被认为是不自然的。H. 赫兹对此深感不安，以致在他最后的著作中，曾企图把力学从势能概念（即从力的概念）中解放出来。

这已经够了。牛顿啊，请原谅我。你所发现的道路，在你那个时代，是一位具有最高思维能力和创造力的人所能发现的唯一的道路。你所创造的概念，甚至今天仍然指导着我们的物理学思想，虽然我们现在知道，如果要更加深入地理解各种联系，那就必须用另外一些离直接经验领域较远的概念来代替这些概念。

惊奇的读者可能会问："难道这算是讣告吗？"我要回答说："本质上是的。"因为像我这种类型的人，一生中主要的东西，正是在于他所想的是**什么**和他是**怎样**想的，而不在于他所做的或者所经受的是什么。所以，这讣告可以主要限于报道那些在我的努力中起重要作用的思想。一种理论的前提的简单性越大，它所涉及的事物的种类越多，它的应用范围越广，它给人们的印象也就越深。因此，古典热力学对我造成了深刻的印象。我确信，这是在它的基本概念可应用的范围内绝不会被推翻的唯一具有普遍内容的物理理论（这一点请那些原则上是怀疑论者的人特别注意）。

在我的学生时代，最使我着迷的课题是麦克斯韦理论。这理论从超距作用力过渡到以场作为基本变量，而使它成为革命的理论。光学并入电磁理论，连同光速同绝对电磁单位制的关系，以及折射率同介电常数的关系，反射系数同金属体的传导率之间的定性关系——这真好像是一种启示。在这里，除了转变为场论，即转变为用微分方程来表示基本定律外，麦克斯韦只需要一个唯一的假设性的步骤——在真空和电介质中引进位移电流及其磁效应。这种革新几乎是由微分方程的形式性质规定了的。谈到这里，我情不自禁地要说，在法拉第-麦克斯韦这一对同伽利略-牛顿这一对之间有非常值得注意的内在相似性——每一对中的第一位都直觉地抓住了事物的联系，而第二位则严格地用公式把这些联系表述了出来，并且定量地应用了它们。

当时使人难以看清电磁理论的本质的是下述特殊情况：电或磁的“场强度”和“位移”都被当作同样基本的〔物理〕量来处理，而空虚空间则被认为是电介体的一种特殊情况。场的载体看来是**物质**，而不是**空间**。这就暗示了场的载体具有速度，而且，这当然也适用于“真空”（以太）。赫兹的动体的电动力学是完全建立在这种基本观点上的。

H.A. 洛伦兹的伟大功绩就在于他在这里以令人信服的方式完成了一个变革。按照他的看法，场原则上只能在空虚空间中存在。被看作是〔由〕原子〔组成〕的物质，则是电荷的唯一基体；物质粒子之间是空虚空间，它是电磁场的基体，而电磁场则是由那些位于物质粒子上的点电荷的位置和速度产生的。介电常数、传导率等等，只取决于那些组成物体的粒子之间的力学联系的方式。粒子上的电荷产生场，另一方面，场又以力作用在粒子的电荷上，而且按照牛顿运动定律决定粒子的运动。如果人们把这同牛顿体系作比较，那么其变化就在于：超距作用力由场代替，而场同时也描述辐射。引力通常是由于它相对地说来比较小而不予考虑；但是，通过充实场的结构，或者扩充麦克斯韦场定律，总有可能考虑到引力。现在这一代的物理学家认为洛伦兹所得到的观点是唯一可能的观点；但在当时，它却是一个惊人大胆的步骤，要是没有它，以后的发展是不可能的。

如果人们批判地来看这一阶段理论的发展，那么令人注目的是它的二元论。这种二元论表现在牛顿意义上的质点同作为连续区的场，彼此并列地都作为基本概念来运用。动能和场能表现为两种根本不同的东西。既然按照麦克斯韦理论，运动电荷的磁场代表惯性，所以这就显得更加不能令人满意。那么，为什么不是**全部**惯性呢？在场代表全部惯性的情况下，只有场能仍然留下，而粒子则不过是场能特别稠密的区域。在这种情况下，人们可以希望，质点的概念连同粒子的运动方程都可以由场方程推导出来——那种恼人的二元论就会消除了。

H. A. 洛伦兹对此了解得很清楚。可是从麦克斯韦方程不可能推导出那构成粒子的电的平衡。也许只有另一种**非线性**场方程才有可能做到这一点。但是，不冒任意专断的危险，就无法发现这种场方程。无论如何，人们可以相信，沿着法拉第和麦克斯韦如此成功地开创的道路前进，就能一步一步地为全部物理学找到一个新的可靠的基础。

因此，由于引进场而开始的革命，绝没有结束。那时又发生了这样的事：在世纪交替时期，同我们刚才讨论的事情无关，出现了第二个基本危机，由于麦克斯·普朗克（Max Planck）对热辐射的研究（1900）而突然使人意识到它的严重性。这一事件的历史尤其值得注意，因为，至少在开始阶段，它并没有受到任何实验上的惊人发现的任何影响。

基尔霍夫以热力学为根据，曾得到这样的结论：在一个由温度为 T 的不透光的器壁围住的空腔（Hohlraum）里，辐射的能量密度和光谱组成，同器壁的性质无关。这就是说，单色[①]辐射的密度 ρ 是频率 v 和绝对温度 T 的普适函数。于是就产生了怎样来决定这个函数 ρ（v，T）的有趣问题。关于这个函数，用理论方法可以探知些什么呢？按照麦克斯韦理论，辐射必定对腔壁产生一个压力，这个压力由总能量密度决定。由此，玻耳兹曼由纯粹热力学方法推出：辐射的总能量密度（$\int \rho \, \mathrm{d}v$）同 T^4 成正比。从而他为早先已由斯忒藩（J.Stefan）在经验上发现的定律找到了理论根据，也就是说，他把这条经验定律同麦克斯韦理论的基础联系了起来。此后，W. 维恩（Wien）从热力学上经过一种巧妙的考虑，同时也运用了麦克斯韦理论，发现了这个含有二个变数 v 和 T 的普适函数 ρ 应当具有如下的形式：

$$\rho \approx v^3 f\left(\frac{v}{T}\right).$$

此处 $f(v/T)$ 是一个只含有一个变数 v/T 的普适函数。很明显，从理论上决定这个普适函数 f 是有根本性的意义的——这正是普朗克所面临的任务。仔细的量度已经能相当准确地从经验上来确定这函数 f。根据这些实验量度，普朗克首先找到了一个确实能把量度结果很好地表达出来的表示式：

$$\rho = \frac{8\pi h v^3}{c^3} \frac{1}{\exp(hv/kT) - 1}.$$

此处 h 和 k 是两个普适常数，其中第一个导致了量子论。这公式由于它的分母而显得有点特别。它是否可以从理论上加以论证呢？普朗克确实找到了一种论证，这种论证的缺陷，最初并没有被发现，这一情况对于物理学的发展可以说真正是个幸运。如果这公式是正确的，那么，借助于麦克斯韦理论，就可以由它算出准单色振子在辐射场中的平均能量 E 为：

$$E = \frac{hv}{\exp(hv/kT) - 1}.$$

普朗克喜爱从理论上试图算出这平均能量。首先热力学对于这种尝试再也帮不了什么忙，麦克斯韦理论同样也帮不了忙。但是，在这公式中，非常鼓舞人心的是下述情况。它在高温时（在 v 是固定的情况下）得出如下的表示式：

$$E = kT.$$

① 原文为 nonchromatische，疑是 monochromatische 之误。——编译者注。

这式子同气体分子运动论中所得出的作一维弹性振动的质点的平均能量的表示式相同。在气体分子运动论中，人们得到

$$E = (R/N)\,T.$$

此处 R 是气体状态方程的常数；N 是每克分子的分子数，从这个常数，可以算出原子的绝对大小。使这两个式子相等，我们就得到

$$N = R/k.$$

因而普朗克公式中的一个常数给我们准确地提供了原子的真实大小。其数值同用气体分子运动论定出的 N 符合得相当令人满意，尽管后者并不很准确。

普朗克清楚地认识到这是一个重大的成功。但是这件事有一个严重的缺陷，幸而当初普朗克没有注意到。由于同样的考虑，应当要求 $E = kT$ 这一关系对于低的温度也必须同样有效。然而，在这种情况下，普朗克公式和常数 h 也就完蛋了。因此，从现有的理论所得出的正确结论应当是：要么由气体理论给出的振子的平均动能是错误的，那就意味着驳斥了〔统计〕力学；要么由麦克斯韦理论求得的振子的平均动能是错误的，那就意味着驳斥了麦克斯韦理论。在这样的处境下，最可能的是，这两种理论都只有在极限情况下是正确的，而在其他情况下则是不正确的。我们往后会看到，情况确实是如此。如果普朗克得出了这样的结论，那么，他也许就

爱因斯坦拿着自己形象的布偶。

不会作出他的伟大发现了，因为这样就会剥夺他的纯粹思考的基础。

现在回到普朗克的思考。根据气体分子运动论，玻耳兹曼已经发现，除了一个常数因子外，熵等于我们所考察的状态的“几率”的对数。通过这种见解，他认识到在热力学意义上的“不可逆”过程的本质。然而，从分子力学的观点来看，一切过程都是可逆的。如果人们把由分子论定义的状态称为微观描述的状态，或者简称为微观状态，而把由热力学描述的状态称为宏观状态，那么，属于一个宏观状态就有非常多个（Z个）状态[①]。于是Z就是一个所考察的宏观状态的几率的一种量度。这种观念，还由于它的适用范围并不局限于以力学为基础的微观描述，而显得格外重要。普朗克看到了这一点，并且把玻耳兹曼原理应用于一种由很多个具有同样频率v的振子所组成的体系。宏观状态是由所有这些振子振动的总能量决定，而微观状态则由每一单个振子的（瞬时）能量决定。因此，为了能用一个有限的数来表示属于一个宏观状态的微观状态的数目，他把总能量分为数目很大但还是有限个数的相同的能量元ε，并问在振子之间分配这些能量元的方式能有多少。于是，这个数目的对数就提供这体系的熵，并因此（通过热力学的方法）提供这体系的温度。当普朗克为他的能量元ε选取$\varepsilon = hv$的值时，他就得到了他的辐射公式。在这样做时，决定性的因素在于只有为ε选取一个确定的有限值，也就是不使它趋于极限$\varepsilon = 0$，才能有这一结果。这种思考方式不是一下子就能看出它同推导过程的其他方面所依据的力学和电动力学的基础是相矛盾的。可是，实际上，这种推导暗中假定了单个振子只能以大小为hv的“量子”吸收和发射能量，也就是说，不论是可振动的力学结构的能量，还是辐射的能量，都只能以这种量子方式进行转换。这是同力学定律和电动力学定律相违背的。在这里，同动力学的矛盾是基本的，而同电动力学的矛盾可能没有那么基本。因为辐射能量密度的表示式虽然同麦克斯韦方程是相容的，但它并不是这些方程的必然结果。以这个表示式为基础的斯忒藩-玻耳兹曼定律和维恩定律是同经验相符合的这一事实，就显示了这个表示式提供着重要的平均值。

在普朗克的基本工作发表以后不久，所有这些我都已十分清楚；以致尽管没有一种古典力学的代替品，我还是能看出，这条温度-辐射定律，对于光电效应和其他同辐射能量的转换有关的现象，以及（特别是）对于固体的比热，将会得出什么结果。可是，我要使物理学的理论基础同这种认识相适应的一切尝试都失败了。这就像一个人脚下的土地都被抽掉了，使他看不到哪里有可以立足的巩固基地。至于这种摇晃不定、矛盾百出的基础，竟足以使一个具有

① 此处的Z个“状态”，显然是指Z个“微观状态”。——编译者注。

像玻尔（N. Bohr）那样独特本能和机智的人发现光谱线和原子中电子壳层的主要定律以及它们对化学的意义。这件事对我来说，就像是一个奇迹——而且即使在今天，在我看来仍然像是一个奇迹。这是思想领域中最高的音乐神韵。

在那些年代里，我自己的兴趣主要不在于普朗克的成就所得出的个别结果，尽管这些结果可能非常重要。我的主要问题是：从那个辐射公式中，关于辐射的结构，以及更一般地说，关于物理学的电磁基础，能够得出什么样的普遍结论呢？在我深入讨论这个问题之前，我必须简要地提到关于布朗（Brown）运动及有关课题（起伏现象）的一些研究。这些研究主要是以古典的分子力学为根据的。在不知道玻耳兹曼和吉布斯（W. Gibbs）的已经发表而且事实上已经把问题彻底解决了的早期研究工作的情况下，我发展了统计力学，以及以此为基础的热力学的分子运动论。在这里，我的主要目的是要找到一些事实，尽可能地确证那些有确定的有限大小的原子的存在。这时我发现，按照原子论，一定会有一种可以观察到的悬浮微粒的运动，而我并不知道，关于这种“布朗运动”的观察实际上早已是人所共知的了。最简单的推论是以如下的考虑为根据的。如果分子运动论原则上是正确的，那么那些可以看得见的粒子的悬浮液就一定也像分子溶液一样，具有一种能满足气体定律的渗透压。这种渗透压同分子的实际数量有关，亦即同一克当量中的分子个数有关。如果悬浮液的密度并不均匀，那么这种渗透压也会因此在空间各处有所不同，从而引起一种趋向均匀的扩散运动，这种扩散运动可以从已知的粒子迁移率计算出来。但另一方面，这种扩散过程也可以看作是悬浮粒子因热骚动而引起的、原来不知其大小的无规则位移的结果。通过把这两种考虑所得出的扩散通量的数值等同起来，就可以定量地得到这种位移的统计定律，也就是布朗运动定律。这些考查同经验的一致，以及普朗克根据辐射定律（对于高温）对分子的真实大小的测定，使当时许多怀疑论者，如奥斯特瓦耳德（W. Ostwald）、马赫等相信了原子的实在性。这些学者之所以厌恶原子论，无疑可以溯源于他们的实证论的哲学观点。这是一个有趣的例子，它表明即使是有勇敢精神和敏锐本能的学者，也可能因为哲学上的偏见而妨碍他们对事实做出正确解释。这种偏见——至今还没有灭绝——就在于相信无须自由的概念构造，事实本身就能够而且应该为我们提供科学知识。这种误解之所以可能，只是因为人们不容易认识到，经过验证和长期使用而显得似乎同经验材料直接相联系的那些概念，其实都是自由选择出来的。

布朗运动理论的成功再一次清楚地表明：当速度对时间的高阶微商小到可以忽略不计时，把古典力学用于这种运动，总是提供可靠的结果。依据这种认识，可以提出一种比较直接的方法，使我们能够从普朗克公式中求得一些关于辐射结构的知识。也就是说，我们可以得出这样的结论：在充满辐射的空间里，一面（垂直于它自

爱因斯坦走过普林斯顿大学校园。

身的平面）自由运动着的准单色反射镜，必定要作一种布朗运动，其平均功能等于 $\frac{1}{2}$（R/N）T（$R=1$ 克分子的气体方程中的常数，N 等于每克分子中的分子数目，$T=$ 绝对温度）。如果辐射没有受局部起伏的支配，镜子就会渐趋静止，因为，由于它的运动，在它的正面反射的辐射要比背面反射的多。可是由于组成辐射的波束互相干涉，镜子必然要遇到作用在它身上的压力的某种不规则的起伏，这种起伏必定能够从麦克斯韦理论计算出来。然而，这种计算表明，这些压力起伏（特别是在辐射密度很小的情况下）要给镜子以平均动能 $\frac{1}{2}$（R/N）T 是无论如何也做不到的。为了能够得到这个结果，就必须假定另外有第二种压力起伏（它是不能从麦克斯韦理论推导出来的）。这种压力起伏必须符合于这样的假定：辐射能量是由许多能量为 $h\nu$（动量为 $h\nu/c$，$c=$ 光速）好像集中在一点上的不可分割的量子所组成的，而量子在被反射时也是不可分割的。这种考虑以激烈而直接的方式表明，普朗克的量子必须被认为是一种直接的实在，因而，从能量角度来看，辐射必定具有一种分子结构。这当然是同麦克斯韦理论相矛盾的。直接依据玻耳兹曼的熵-几率关系（取几率等于统计的时间频率）对辐射所作的考察也得到同样的结果。辐射的

（和物质微粒的）这种二象性是实在的一种主要特性，它已经由量子力学以巧妙而且非常成功的方式作了解释。几乎当代所有物理学家都认为这种解释基本上是最终的解释，而在我看来，它不过是一条暂时的出路。关于这一点，有些意见留待以后再谈。

早在1900年以后不久，即在普朗克的首创性工作以后不久，这类思考已使我清楚地看到：无论是力学还是热力学（除非在极限情况下）都不能要求严格有效。渐渐地我对那种根据已知事实用构造性的努力去发现实在的规律的可能性感到绝望了。我努力得愈久，就愈加绝望，也就愈加确信只有发现一个普遍的形式原理，才能使我们得到可靠的结果。我认为热力学就是放在我面前的一个范例。在那里，普遍原理是用这样一条定理来说明的：自然规律是这样的，它们使（第一类和第二类）永动机（perpetuum mobile）的制造成为不可能。但是这样一条普遍原理究竟是怎样找到的呢？经过十年沉思以后，我从一个悖论中得到了这样一个原理。这个悖论我在16岁时就已经无意中想到了：如果我以速度 c（真空中的光速）追随一条光线运动，那么我就应当看到，这样一条光线就好像一个在空间中振荡着而停滞不前的电磁场。可是，无论是依据经验，还是按照麦克斯韦方程，看来都不会有这样的事情。从一开始，在我直觉地看来就很清楚，从这样一个观察者的观点来判断，一切都应当像一个相对于地球是静止的观察者所看到的那样按照同样的一些定律进行。因为，第一个观察者怎么会知道或者能够判明他是处在均匀的快速运动状态中呢？

人们看得出，这个悖论已经包含着狭义相对论的萌芽。今天，当然谁都知道，只要时间的绝对性或同时性的绝对性这条公理不知不觉地留在潜意识里，那么任何想要令人满意地澄清这个悖论的尝试，都是注定要失败的。清楚地认识这条公理以及它的任意性，实际上就意味着问题的解决。对于发现这个中心点所需要的批判思想，就我的情况来说，特别是由于阅读了戴维·休谟和恩斯特·马赫的哲学著作而得到决定性的进展。

人们必须清楚地了解，在物理学中一个事件的空间坐标和时间值意味着什么。要从物理上说明空间坐标，就得预先假定一个刚性的参照体，而且，这参照体必须处在多少是确定的运动状态中（惯性系）。在一个既定的惯性系中，坐标就是用（静止的）刚性杆作一定量度的结果（人们始终应当意识到，原则上有刚性杆存在的假定，是一种由近似的经验启示的，但在原则上却是任意的假定）。由于对空间坐标作这样一种解释，欧几里得几何的有效性问题便成为一个物理学上的问题了。

如果人们想用类似的方法来说明一个事件的时间，那就需要一种量度时间差的工具（这是借助于一个空间广延足够小的体系来实现的自行决定的周期过程）。一只相对于惯性系是静止的钟规定着一个“当地时间”。如果人们已经定出一种方法去相互“校准”这些〔空间各个点上的〕钟，那么，这些空间点的当地时间合在一起，就是所选定的那个惯性系的“时间”。人们看到，根本没有必要先验地认为这样定义的“时间”在不同的惯性系中是彼此一致的。假如在日常生活的实际经验中光（因为c的数值很大）看起来不像是一种能断定绝对同时性的工具，那么，人们早就该注意到这一点了。

关于（原则上）有（理想的，即完善的）量杆和时钟存在这样的假定并不是彼此无关的；因为，只要光速在真空中恒定不变的假设不导致矛盾，那么，在一根刚性杆两端之间来回反射的一个光信号就构成一只理想的时钟。

上述悖论现在就可以表述如下。从一个惯性系转移到另一个惯性系时，按照古典物理学所用的关于事件在空间坐标和时间上的联系规则，下面两条假定是彼此不相容的（尽管两者各自都是以经验为依据的）：

1. 光速不变；

2. 定律（并且特别是光速不变定律）同惯性系的选取无关（狭义相对性原理）。

狭义相对论所依据的认识是：如果事件的坐标和时间的换算是按照一种新的关系（“洛伦兹变换”），那么这两个假定就是彼此相容的了。根据前面对坐标和时间的物理解释，这绝不仅仅是一种约定性的步骤，而且还包含着某些关于运动着的量杆和时钟的实际行为的假说，而这些假说是可以被实验证实或者推翻的。

狭义相对论的普遍原理包含在这样一个假设里：物理定律对于（从一个惯性系转移到另一个任意选定的惯性系的）洛伦兹变换是不变的。这是对自然界定律的一条限制性原理，它可以同不存在永动机这样一条作为热力学基础的限制性原理相比拟。

首先就这理论对“四维空间”的关系说几句话。认为狭义相对论似乎首先发现了，或者第一次引进了物理连续区的四维性，这是一种广泛流传的错误。情况当然不是这样的。古典力学也是以空间和时间的四维连续区为基础的。只是在古典物理学的四维连续区中，时间值恒定的截面有绝对的实在性，即同参照系的选取无关。因此，四维连续区就自然而然地分为一个三维连续区和一个一维连续区（时间），所以，四维的考察方式就没有**必要**强加于人了。与此相反，狭义相对论在空间坐标作为一方和时间坐标作为另一方如何进入自然规律的方式方法之间，创立了一种形式上的依存关系。

闵可夫斯基对这理论做出了重要贡献。在闵可夫斯基的研究之前，为了检验一条定律在洛伦兹变换下的不变性，人们就必须对它实行一次这样的变换；可是闵可夫斯基却成功地引进了这样一种形式体系，使定律的数学形式本身就保证了它在洛伦兹变换下的不变性。由于创造了四维张量演算，他对四维空间也就得到了同通常的矢量演算对三维空间所得到的结果一样。他还指出，洛伦兹变换（且不管由于时间的特殊性造成的正负号的不同）不是别的，只不过是坐标系在四维空间中的转动。

首先，对上述理论提一点批评性意见。人们注意到，这理论（除四维空间外）引进了两类物理的东西，即①量杆和时钟，②其余一切东西，比如电磁场、质点等等。这在某种意义上是不一致的。严格地说，量杆和时钟应当表现为基本方程的解（由运动着的原子实体所组成的客体），而不是似乎理论上独立的实体。可是这种做法是有道理的，因为一开始就很清楚，这理论的假设不够有力，还不足以从其中为物理事件推导出足够完备的而且充分避免任意性的方程，以便以此为基础来建立量杆和时钟的理论。如果人们根本不愿放弃坐标的物理解释（这本来是可能的），那么，最好还是允许这种不一致性，然而有责任在理论发展的后一阶段把它消除。但是，人们不应当把上述过失合法化，以致把间隔想象为本质上不同于其他物理量的特殊类型的物理实体（“把物理学归结为几何学”等等）。我们现在要问，物理学中有哪些具有确定性质的认识应该归功于狭义相对论。

爱因斯坦成了公众明星，经常被记者们围着。

1. 在距离上分隔开的事件之间没有同时性，因而也没有牛顿力学意义上的直接的超距作用。虽然，按照这种理论，引入以光速传播的超距作用是可以想象的，但是却显得很不自然。因为在这样一种理论中，不可能有能量守恒原理的合理陈述。因此，看来不可避免地要用空间的连续函数来描述物理实在。所以质点就难以再被认为是理论的基本概念了。

2. 动量守恒定律和能量守恒定律融合成为单独的一条定律。封闭体系的惯性质量就是它的能量，因此，质量不再是独立的概念了。

附注。光速 c 是那些作为“普适常数”在物理方程中出现的物理量之一。可是，如果人们用光走过 1 厘米的时间作为时间单位，来代替秒，那么 c 在这方程中就不再出现。在这个意义上，人们可以说，常数 c 只是一个**表观的**普适常数。

如果采用适当选取的“自然”单位（比如电子的质量和半径）来代替克和厘米，那么还可以从物理学中再消去另外两个普适常数，这是很明显的，而且也是大家所公认的。

设想我们这样做了，那么在物理学的基本方程中就只能出现“无量纲的”常数。关于这些常数，我想讲这样一条命题，它在目前，除了相信自然界是简单的和可理解的以外，还不能以其他任何东西为依据。这命题就是：这种**任意的**常数是不存在的。也就是说，自然界是这样构成的，它使得人们在逻辑上有可能规定这样一些十分确定的定律，而在这些定律中只能出现一些完全合理地确定了的常数（因而，不是那些在不破坏这种理论的情况下也能改变其数值的常数）。

狭义相对论的起源要归功于麦克斯韦的电磁场方程。反过来，后者也只有通过狭义相对论才能在形式上以令人满意的方式被人们理解。麦克斯韦方程是对于一种从矢量场导出的反对称张量所能建立的最简单的洛伦兹不变的场方程。要不是从量子现象中我们知道麦克斯韦理论不能正确说明辐射的能量特性，那么，这一切本来是会令人满意的。但是，怎样才能自然地修改麦克斯韦理论呢？对于这个问题，狭义相对论也提供不出充分的依据。而且对于马赫的问题（为什么惯性系在物理上比其他坐标系都特殊，这是怎么一回事？）这个理论同样作不出回答。

当我力图在狭义相对论的框架里把引力表示出来的时候，我才完全明白，狭义相对论不过是必然发展过程的第一步。在用场来解释的古典力学中，引力势表现为一种**标量场**（只有一个分量的、理论上可能的最简单的场）。首先，引力场的这种标量理论，很容易做到对于洛伦兹变换群是不变的。因此，下述纲领看来是自然的：总的物理场是由一个标量场（引力场）和一个矢量场（电磁场）组成的；以后的认识也许最终还有必要引进更加复杂的场；但是开始时人们还不需要为此担心。

然而，实现这个纲领的可能性，一开始就成问题，因为这种理论必须把下面两件事结合在一起：

1. 根据狭义相对论的一般考虑，可以清楚地看到，物理体系的**惯性**质量随其总能量（因而，比如也随其功能）的增加而增加。

2. 根据很精确的实验，尤其是根据厄缶（Eötvös）的扭秤实验，在经验上非常精确地知道，物体的**引力**质量同它的**惯性**质量是完全相等的。

从 1. 和 2. 得知一个体系的**重量**以一种完全清楚的方式取决于它的总能量。如果理论不能做到这一点，或者不能自然地做到这一点，那么它就应当被抛弃。这条件可以极其自然地表述如下：在既定的重力场中，一个体系的降落加速度同这降落体系的本性（因而特别是同它的能量含量）无关。

那么这就表明，在上述拟定的纲领的框子里，根本不能满足，或者无论如何不能以自然的方式满足这种基本情况。这就使我相信，在狭义相对论的框架里，是不可能有令人满意的引力理论的。

这时，我想到：惯性质量同引力质量相等这件事，或者降落加速度同落体的本性无关这件事，可以表述如下：如果在一个（空间范围很小的）引力场里，我们不是引进一个“惯性系”，而是引进一个相对于它作加速运动的参照系，那么事物就会像在没有引力的空间里那样行动。

这样，如果我们把物体对于后一参照系的行为，看作是由“真实的”（而不只是表观的）引力场引起的，那么像原来的参照系一样，我们有同样的理由把这个参照系看作是一个“惯性系”。

因此，如果人们认为，可能有任意广延的引力场，这种场不是一开始就受到空间界限的限制的，那么，“惯性系”这个概念就成为完全空洞的了。这样，“相对于空间的加速度”这个概念就失去了任何意义，从而惯性原理连同马

爱因斯坦与大提琴家门德尔松（Francesco von Mendelssohn）和钢琴家埃斯纳（Brimp Eosmer）一起在他位于柏林哈伯兰大街5号的家中。

赫的悖论也都失去了任何意义。

因此，惯性质量同引力质量相等的事实，很自然地使人认识到，狭义相对论的基本要求（定律对于洛伦兹变换的不变性）是太狭窄了，也就是说，我们必须假设，定律对于四维连续区中的坐标的**非线性**变换也是不变的。

这发生在1908年。为什么建立广义相对论还需要7年时间呢？其主要原因在于，要使人们从坐标必须具有直接的度规意义这一观念中解放出来，可不是那么容易的。它的转变大体上是以如下方式发生的。

爱因斯坦和朗之万（Langevin）。

我们从一个没有场的空虚空间出发，在狭义相对论的意义上，它——对于一个惯性系来说——是一切可以想象的物理状况中最简单的一个。现在我们设想引进一个非惯性系，假定这新的参照系相对于惯性系（在三维的描述中）在一个（适当地规定的）方向上做等加速运动，于是，对于这个参照系来说，就有一个静止的、平行的引力场。这时，这参照系可以被选定为刚性的，并具有欧几里得性质的三维度规关系。但是，场在其中显示为静止的那个时间，却**不是**用**构造相同**的静止的钟来量度的。从这个特例中，人们已经可以认识到，如果完全容许坐标的非线性变换，那么坐标也就失去了直接的度规意义。可是，如果人们想要使理论的基础适合于引力质量同惯性质量相等，并且想克服马赫关于惯性系的悖论，那么，就**必须**容许坐标的非线性变换。

但是，如果人们现在必须放弃给坐标以直接的度规意义（坐标的差＝可量度的长度或时间），那就不可避免地要把一切由坐标的连续变换所能造成的坐标系都当作是等价的。

因此，广义相对论基于下述原理：自然规律是用那些对于连续的坐标变换群是协变的方程来表示的。这种群在这里也就代替了狭义相对论的洛伦兹变换群，后一种群便成为前者的一个子群。

这种要求本身，当然不足以成为导出物理学基本方程的出发点。起初，人们甚至于会否认这一要求本身就包含着一种对物理定律的真正限制；因为一个最初只是对某些坐标系规定的定律，总有可能重新加以表述，使新的表述方式具有广义的协变形式。此外，从一开始就很清楚，可以建立无限多个具有这种协变性质的场定律。但是，广义相对性原理的著名的启发性意义就在于，它引导我们去探求那些**在广义协变的**表述形式中**尽可能简单的**方程组；我们应当从这些方程组中找出物理空间的场定律。凡是能用这样的变换进行相互转换的场，它们所描述的都是同一个实在状况。

对于在这个领域里从事探索的人们来说，他们的主要问题是：可以用来表示空间的物理性质（“结构”）的量（坐标的函数）是属于哪一种数学类型？然后才是：这些量满足哪些方程？

我们今天还不可能对这些问题做出确实可靠的回答。最初表述广义相对论时所选择的途径可以表述如下。即使我们还不知道该用什么样的场变数（结构）来表征物理空间，但是我们确实知道一种特殊情况，那就是狭义相对论中的“没有场”的空间。这种空间的特征是：对于一个适当选取的坐标系来说，属于相邻两点的表示式

$$ds^2 = dx_1^2 + dx_2^2 + dx_3^2 - dx_4^2 \qquad (1)$$

代表一个可量度的量（距离的平方），因此它具有实在的物理意义。对于任意的坐标系，这个量可表示如下：

$$ds^2 = g_{ik}dx_i dx_k, \qquad (2)$$

式中的指标应从 1 记到 4. 这些 g_{ik} 形成一个对称张量。如果对场（1）进行一次变换以后，g_{ik} 关于坐标的一阶导数不等于零，那么在上述考虑中对于这个坐标系来说，就存在着一个引力场，而且是一个十分特殊的引力场。多亏黎曼对 n 维度规空间所作的研究，这种特殊的场总是能够表征为：

1. 由度规（2）的系数所形成的黎曼的曲率张量 R_{iklm} 等于零。

2. 对于惯性系（对它来说，（1）是有效的，）一个质点的轨道是一条直线，因此是一条极值曲线（短程线）。然而，后者已经是以（2）为依据的关于运动定律的一种表征。

因而物理空间的**普遍**定律，必须是上述定律的一种推广。我现在假定，有两个推广的步骤：

a）纯粹的引力场；

b）一般的场（其中也会出现一些以某种方式同电磁场相对应的量）。

情况 a）的特征是：这个场仍然可以用黎曼度规（2），也就是用对称张量来表示，但是，不能写成（1）的形式（除了在无限小区域中）。这意味着，在情况 a）中，黎曼张量**不**等于零。可是，很明显，在这种情况下，必然有一条作为这条定律的一种推广（放宽）的场定律是有效的。如果这条定律也应当含有二阶微分，而且二阶导数是线性的，那么，只有经过一次降秩而得到的方程

$$0 = R_{kl} = g^{im}R_{iklm}$$

爱因斯坦与居里夫人在瑞士山间远足。

才能被认为是情况 a）的场方程。而且，如果我们假定，在情况 a）中，短程线仍然表示质点的运动定律，那么，这也显得很自然。

那时，我认为，冒险尝试把总场 b）表示出来，并为它确定场定律，是没有希望的。因此，我宁愿为表示整个物理实在建立一个初步的形式框架；至少为了能初步研究广义相对性的基本思想是否有用，这是必要的。这是这样进行的：

在牛顿的理论中，在物质密度 ρ 等于零的那些点上，引力场定律可以写成：

$$\Delta\varphi = 0$$

（φ =引力势）。一般则写成（泊松方程）

$$\Delta\varphi = 4\pi k\rho \quad (\rho = \text{质量密度})。$$

在引力场的相对论性理论中，R_{ik} 代替了 $\Delta\varphi$。于是，我们在等式右边也必须同样用一个张量来代替 ρ。因为我们从狭义相对论知道，（惯性）质量等于能量，所以在等式右边应该是能量密度的张量，就其不属于纯粹的引力场而论，更准确地说，应该是总的能量密度的张量。这样，人们便得到场方程

$$R_{ik} - \frac{1}{2} g_{ik}R = - kT_{ik}$$

左边第二部分是由于形式上的理由而加进去的；左边之所以写成这样的形式，是要使它的散度在绝对微分学意义下恒等于零。右边是对一切在场论意义上看来其含意还成问题的东西所做的一种形式上的总括。当然，我一刻也没有怀疑过，这种表述方式仅仅是一种权宜之计，以便给予广义相对性原理以一个初步的自圆其说的表示。因为它本质上**不过是**一种引力场理论，这种引力场是有点人为地从还不知道其结构的总场中分离出来的。

如果说，在上述理论中——除要求〔场〕方程对连续坐标变换群有不变性外——还有什么东西可能被认为是有最

终意义的话，那么，这就是关于纯引力场极限情况的理论及其对空间度规结构的关系。因此，我们接下去就只讲纯引力场的方程。

这些方程的特点，一方面在于它们的复杂结构，特别在于它们对于场变数及其导数的非线性特征，另一方面在于变换群几乎是以强制的必然性决定着这种复杂的场定律。如果人们停留在狭义相对论上，即停留在对洛伦兹群的不变性上，那么在这个比较狭小的群的框架里，场定律 $R_{ik}=0$ 仍然是不变的。但是，从较狭小的群的观点看来，最初也没有理由要用像对称张量 g_{ik} 所表示的那么复杂的结构来表示引力。然而，假如人们能为此找到足够的理由，那么就会有非常多个由量 g_{ik} 构成的场定律，它们对于洛伦兹变换（但不是对一般的变换群）都是协变的。可是，即使从所有可以想象得到的洛伦兹不变的定律中，偶尔碰巧猜中了一条属于较宽广的群的定律，人们还是没有达到广义相对性原理所已达到的认识程度。因为，从洛伦兹群的观点看来，两个解如果可以用非线性坐标变换来互相转换，也就是说，从范围较宽广的群的观点看来，它们只是同一个场的不同表示，那么这两个解

爱因斯坦与居里夫人的女儿伊伦娜。

就会被错误地认为在物理上是各不相同的。

关于〔场〕结构和〔变换〕群再提一点一般性的意见。显然，一般说来，人们会这样来判断一个理论：作为理论的基础的“结构”愈简单，场方程对之不变的〔变换〕群愈宽广，那么这理论也就愈完善。现在人们可以看出，这两个要求是互相冲突的。比如，按照狭义相对论（洛伦兹群），人们能为可想象的最简单的结构（标量场）建立一条协变定律，而在广义相对论中（比较宽广的坐标连续变换群），只是对于较复杂的对称张量结构才有一条不变的场定律。我们已经提出了**物理上的**一些理由来说明，在物理学中，必须要求对于较宽广的群是不变的[①]：根据纯数学的观点，

① 保留较狭小的群，而同时又以较复杂的（张量）结构作为广义相对论的基础，意味着一种天真的前后矛盾。罪恶终究是罪恶，即使它是由其他方面都非常令人尊敬的人所犯的。——原注。

我看不出有必要为较宽广的群而牺牲较简单的结构。

广义相对论的群第一次不再要求最简单的不变定律关于场变数及其微商该是线性的和齐次的。这一点由于下述原因而具有基本的重要性。如果场定律是线性的（和齐次的），那么，两个解之和也是一个解；比如，空虚空间中的麦克斯韦场方程就是这样。在这样一种理论中，不可能单单从场定律推导出那种能用方程组的各个解分别加以描述的物体之间的相互作用。因此，到现在为止的所有理论中，除场定律外，还需要有物体在场作用下运动的特殊定律。在相对论的引力论中，固然除场定律外，最初还独立地假定了运动定律（短程线）。可是，后来发现，这条运动定律并不需要（也不应该）独立地予以假定，因为它已经隐含在引力场定律之中了。

这种真正复杂情况的本质可以形象地说明如下：一个单个的静止质点将由这样一个引力场来表示，除了这质点所在的地点以外，它到处都是非无限小的并且是正则的；而在质点所在的地点，场有一个奇点。可是，如果通过对场方程的积分来计算属于两个静止质点的场，那么，这个场除了在两个质点所在地点上有两个奇点外，还有一条由许多奇点组成的线，把这两个质点连接起来。可是，人们可以这样来规定质点的运动，使得由这些质点所决定的引力场，除质点所在地点以外，任何地方都不出现奇点。这些正是在第一级近似下由牛顿定律所描述的运动。因此，人们可以说：物体是以这样的方式运动的，它使场方程〔的解〕除在质点所在地点以外，在空间里，没有任何地方出现奇点。引力方程的这种属性，同它们的非线性直接有关，而这种非线性则是较宽广的变换群的一个结果。

现在，人们当然可能会提出这样的反对意见：如果允许在质点所在地点出现奇点，那么有什么理由可以禁止在空间的其他地方也出现奇点呢？如果引力场方程被看作是总场的方程，那么，这种反对意见就应当是正确的。可是，人们必须说，当我们愈趋近质点的位置时，就愈不能把质点的场看作是**纯粹的引力场**。如果人们有总场的场方程，那么势必要求：粒子本身**到处**都可以被描述为完备的场方程的没有奇点的解。只有在这种情况下，广义相对论才是一种**完备的**理论。

在我着手讨论如何完成广义相对论问题以前，我必须对我们时代最成功的物理理论，即统计性量子理论表示我的态度，这种理论大约在25年以前就已经具有贯彻一致的逻辑形式。现在，它是能对微观力学过程的量子特征方面的经验提供一个统一理解的唯一的理论。以这个理论为一方，以相对论为另一方，两者在一定意义上都被认为是正确的，虽然迄今为止想把它们融合起来的一切努力都遇到了抵制。这也许就是当代理论物理学家中，对于未来物理学的理论基础将是怎样的这个问题存在着完全不同见解的原因。它会是一种场论吗？它会是一种本质上是统计性的理论吗？在这里我将简单地说一说我对这个问题的想法。

物理学是从概念上掌握实在的一种努力，至于实在是否被观察，则被认为是无关的。人们就是在这种意义上来谈论“物理实在”的。在量子物理学以前，对这一点应当怎样理解，那是没有疑问的。在牛顿的理论中，实在是由空间和时间里的质点来表示的；在麦克斯韦的理论中，是由空间和时间里的场来表示的。在量子力学中，可就不是那么容易看得清楚了。如果有人问：量子理论中的 ψ 函数，是否正像一个质点系或者一个电磁场一样，在同样意义上表示一个实在的实际状况呢？那么，人们就会踌躇起来，不敢简单地回答“是”或者“不是”；为什么呢？因为，ψ 函数（在一个确定的时刻）所断言的是：如果我在时间 t 进行量度，那么在一个确定的已知间隔中能找到一个确定的物理量 q（或 p）的概率是多少呢？在这里，概率被认为是一个可以在经验上测定的，因而确实是“实在的”量；只要我经常能造出同样的 ψ 函数，并且每次都能进行 q 的量度，我就能测定它。但是，每次测得的 q 值是怎样的呢？有关的单个体系在量度前是否就已经有这个 q 值呢？对于这些问题，在这个理论的框架里，没有确定的回答，因为，量度确实意味着外界对体系施加有限干扰的一个过程；因此，可以想象，只有通过量度本身，体系才能为被量度的数值 q（或 p）得到一个确定的数值。为了作进一步的讨论，我设想有两个物理学家 A 和 B，他们对 ψ 函数所描述的实在状况持有不同的见解。

A.〔认为〕对于体系的一切变量（在量度以前），单个体系都具有一个确定的 q（或 p）值，而且，**这个**值就是在量度这个变量时所测得的。从这种观念出发，他会说：ψ 函数不是体系的实在状况的穷尽的描述，而是一种不完备的描述；它只是表述了我们根据以前对这体系的量度所知道的东西。

B.〔认为〕单个体系（在量度前）没有一个确定的 q（或 p）值。只有通过量度动作本身，并且结合由 ψ 函数赋予量值的特有的概率，才能得出这个量度的值。从这种观念出发，他会（或者，至少他可以）说：ψ 函数是体系的实在状况的一种穷尽的描述。

现在我们向这两位物理学家提出如下的情况：有一个体系，在我们观察的时刻 t 由两个局部体系 S_1 和 S_2 组成，而且在这个时刻，这两个局部体系在空间上是分开的，彼此（在古典物理学的意义上）也没有多大相互作用。假定这总体系在量子力学意义上是由一个已知的 ψ 函数 ψ_{12} 完备地来描述的。现在所有量子理论家对下面这一点都是一致的：如果我对 S_1 做一次完备的量度，那么从这量度结果和 ψ_{12} 中就得到体系 S_2 的一个完全确定的 ψ 函数 ψ_2. 于是 ψ_2 的特征便取决于我对 S_1 所做的是**哪一种**量度。现在，我觉得，人们可以谈论局部体系 S_2 的实在状况了。开初，在对 S_1 进行量度以前，我们对这个实在状况的了解，比我们对一个由 ψ 函数描述的体系的了解还少。但是，照我的看法，我们应当无条件地坚持这样**一个**假定：体系 S_2 的实在状况（状态），同我们对那个在空间上同它分开的体系 S_1 所采取的措施无关。可是，按照我对 S_1 所做的量度的类型，对于第二个局部体系，我将得到不同的 ψ_2：（ψ_2，ψ_2^1，……）。但是，S_2 的实在状况应当同 S_1 所碰到的事情无关。因此，对于 S_2 的同一个实在状况，可以（按照人们对 S_1 选择哪一种量度）找到不同类型的 ψ 函数（人们只有通过下述办法才能避开这种结论：要么假定对 S_1 的量度会用传心术[①]的办法改变 S_2 的实在状况；要么根本否认空间上互相分开的事物能有独立的实在状况。在我看来，两者都是完全不能接受的）。

如果现在物理学家 A 和 B 认为这种考虑是站得住脚的，那么 B 就必须放弃他认为 ψ 函数是关于实在状况的一种完备描述这个观点。因为，在这种情况下，S_2 的同一个实在状况，不可能同两种不同类型的 ψ 函数相对应。

因此，目前这理论的这种统计特征应当是量子力学对体系描述的不完备性的一个必然结果，而且也不再有任何理由可以假定物理学将来的基础必须建立在统计学上。

我的意见是，当前的量子理论，借助于某些确定的、主要取自古典力学的基本概念，形成了一种对联系的最适宜的表述方式。可是，我相信，这种理论不能为将来的发展提供任何有用的出发点。正是在这一点上，我的期望同当代大多数物理学家有分歧。他们相信，用满足微分方程的空间的连续函数来描述事物的实在状态的那种理论不可能说明量子现象的主要方面（一个体系的状态的变化，表面上是跳跃式的，在时间上是不确定的，能量基元同时具有粒子性和波动性）。他们也想到，人们以这种方式无法理解物质和辐射的原子结构。他们可以料想，由这样一种理论的考查所能得出的微分方程组，根本不会有那种在四维空间里到处都是正则的（没有奇点的）解。但是，在一切之上，他们首先相信，基元过程外观上跳跃式的特征，只能用一种本质上是统计性的理论来描述，而在这理论中，体系的跳跃式变化，是用可能实现的状态的概率的**连续**变化来说明的。

所有这些意见，给我的印象是十分深刻的。可是，在我看来，起决定性作用的问题是：在理论的目前情况下，可以做哪些尝试才有点成功的希望？在这一点上，在引力论中的经验为我的期望指明了方向。照我的看法，这些方程，比所有其他物理方程有更多的希望可以说出一些**准确的**东西。比如，人们可以取空虚空间里的麦克斯韦方程来作比较。这些方程是同无限弱的电磁场的经验相符合的表述方式。这个经

① “传心术”（telepathy）是西方一些江湖骗子搞起的一门伪科学，他们伪造一些假象，扬言人与人之间可以不通过物质媒介而直接发生精神感应（所谓心灵交通），甚至胡说人同鬼魂（死人）也会有精神感应。19 世纪以来，西方和俄国也有不少科学家迷信这门伪科学。——编译者注。

验根源，已经决定了它们的线性形式；可是，上面已经强调指出，真正的定律不可能是线性的。这种〔线性〕定律对于它们的解来说是满足叠加原理的，因而并不含有关于基元物体的相互作用的任何论断。真正的定律不可能是线性的，而且也不可能从这些线性方程中得到。我从引力论中还学到了另外一些东西：经验事实不论收集得多么丰富，仍然不能引导到提出如此复杂的方程。一个理论可以用经验来检验。但是并没有从经验建立理论的道路。像引力场方程这样复杂的方程，只有通过发现逻辑上简单的数学条件才能找到，这种数学条件完全地或者几乎完全地决定着这些方程。但是，人们一旦有了那些足够强有力的形式条件，那么，为了创立理论，就只需要少量关于事实的知识；在引力方程的情况下，这就是四维性和表示空间结构的对称张量，这些连同对于连续变换群的不变性，实际上就完全决定了这些方程。

我们的任务是要为总场找到场方程。所求的结构必须是对称张量的一种推广。它的群一点也不应当比连续坐标变换群狭小。如果人们现在引进一个更丰富的结构，那么这个群就不会再像在以对称张量作为结构的情况下那样强有力地决定着方程了。因此，如果能够做到类似于从狭义相对论到广义相对论所采取的步骤，把群再一次扩充，那该是最美的了。我曾特别尝试过引用复数坐标变换群。所有这样的努力都没有成功。我也放弃了公开地或隐蔽地去增加空间维数，这种努力最初是由卡鲁查（T. Kaluza）开始的，而且这种努力以及由此变化而来的投影形式，至今还有其拥护者。我们只限于四维空间和连续的实数坐标变换群。在多年徒劳的探索之后，我认为，下面概述的解在逻辑上是最令人满意的。

代替对称的 g_{ik}（$g_{ik}=g_{ki}$），引进非对称的张量 g_{ik}. 这个量是由一个对称的部分 s_{ik} 和一个实数的或纯虚数的反对称部分 a_{ik} 相加而成的，因此：

$$g_{ik}=s_{ik}+a_{ik}$$

从群的观点看来，s 和 a 的这种组合是任意的，因为张量 s 和 a 各自具有张量的特征。但是，结果表明，这些 g_{ik}（作为整体来看）在建立新理论中所起的作用，很像对称的 g_{ik} 在纯引力场理论中所起的作用。

空间结构的这种推广，从我们的物理知识的观点看来，似乎也是很自然的，因为我们知道，电磁场同反对称张量有关。

此外，对于引力理论重要的是：由对称的 g_{ik} 有可能形成标量密度 $\sqrt{|g_{ik}|}$，以及按照定义

$$g_{ik}g^{il}=\delta_k^l\ (\delta_k^l=\text{克罗内开尔张量})$$

有可能形成抗变张量 g^{ik}。对于非对称的 g_{ik}，这些构成可以用完全对应的方式来定义，对于张量密度也是如此。

在引力理论中更重要的是，对于一个既定的对称的 g_{ik} 场，可以定义一个场 Γ_{ik}^l，它的下标是对称的，从几何学上来看，它支配着矢量的平移。与此相似，对于非对称的 g_{ik}，可以按照公式

$$g_{ik,l} - g_{sk}\Gamma^s_{il} - g_{is}\Gamma^s_{lk} = 0, \cdots \quad (A)$$

来定义一个非对称的 Γ^l_{ik}。这公式同对称的 g 的相应关系是符合的，自然只是在这里才有必要注意 g 和 Γ 的下标的位置。

正如在 g_{ik} 是对称的理论中一样，可以由 Γ 形成曲率 $R^i_{k\,lm}$，并由此形成降秩的曲率 R_{kl}。最后，运用变分原理以及（A），可以找到相容的场方程[①]：

$$g^{\underset{\vee}{ik}}{}_{,s} = 0\left(g^{\underset{\vee}{ik}} = \frac{1}{2}(g^{ik} - g^{ki})\sqrt{|g_{ik}|}\right) \quad (B_1)$$

$$\Gamma_{\underset{\vee}{is}}{}^{s} = 0\left(\Gamma_{\underset{\vee}{is}}{}^{s} = \frac{1}{2}(\Gamma^s_{is} - \Gamma^s_{si})\right) \quad (B_2)$$

$$R_{\underline{kl}} = 0 \quad (C_1)$$

$$R_{\underset{\vee}{kl},m} + R_{\underset{\vee}{lm},k} + R_{\underset{\vee}{mk},l} = 0 \quad (C_2)$$

因此，如果（A）得到满足，两个方程（B_1），（B_2）中的每一个就是另一个的结果。$R_{\underline{kl}}$ 表示 R_{ik} 的对称部分，而 $R_{\underset{\vee}{kl}}$ 则是它的反对称部分。

在 g_{ik} 的反对称部分等于零的情况下，这些公式就简化成（A）和（C_1）——纯引力场的情况。

我相信，这些方程是引力方程的最自然的推广[②]。要考验它们在物理上是否有用，则是一项极其艰巨的任务，因为只靠近似法是办不到的。问题是：这些方程对于全部空间都没有奇点的解是什么？

如果这些叙述向读者说明了我毕生的努力是怎样相互联系的，以及这些努力为什么已导致一种确定形式的期望，那就已经达到目的了。

① 下面几个方程中，原书德文原文和英译中的符号都有错误，这里已作了更正。——编译者注。

② 照我的看法，如果在连续区的基础上对物理实在作穷尽的描述这样一条道路证明毕竟是行得通的话，那么，这里所提出的理论就有相当大的可能性会被证实是有效的。——原注。

2. 自述片段[①]

1895年，我在既未入学也无教师的情况下，跟我父母在米兰度过一年之后，我这个十六岁的青年人从意大利来到苏黎世。我的目的是要上联邦工业大学（Eidgenossische Technische Hochschule），可是一点也不知道怎样才能达到这个目的。我是一个执意的而又有自知之明的年轻人，我的那一点零散的有关知识主要是靠自学得来的。热衷于深入理解，但很少去背诵，加以记忆力又不强，所以我觉得上大学学习绝不是一件轻松的事。怀着一种根本没有把握的心情，我报名参加工程系的入学考试。这次考试可悲地显示了我过去所受的教育的残缺不全，尽管主持考试的人既有耐心又富有同情心。我认为我的失败是完全应该的。然而可以自慰的是，物理学家H. F. 韦伯（Weber）让人告诉我，如果我留在苏黎世，可以去听他的课。但是校长阿耳宾·赫尔措格（Albin Herzog）教授却推荐我到阿劳（Aarau）州立中学上学，我可以在那里学习一年来补齐功课。这个学校以它的自由精神和那些毫不仰赖外界权威的教师们的淳朴热情给我留下了难忘的印象；同我在一个处处使人感到受权威指导的德国中学的六年学习相对比，使我深切地感到，自由行动和自我负责的教育，比起那种依赖训练、外界权威和追求名利的教育来，是多么的优越呀。真正的民主绝不是虚幻的空想。

在阿劳这一年中，我想到这样一个问题：倘使一个人以光速跟着光波跑，那么他就处在一个不随时间而改变的波场之中。但看来不会有这种事情！这是同狭义相对论有关的第一个朴素的理想实验。狭义相对论这一发现绝不是逻辑思维的成就，尽管最终的结果同逻辑形式有关。

1896—1900年在〔苏黎世〕工业大学的师范系学习。我很快发现，我能成为一个有中等成绩的学生也就该心满意足了。要做一个好学生，必须有能力去很轻快地理解所学习的东西；要心甘情愿地把精力完全集中于人们所教给你的那些东西上；要遵守秩序，把课堂上讲解的东西笔记下来，然后自觉地做好作业。遗憾的

① 这是爱因斯坦于1955年3月（即在他逝世前一个月）为纪念他的母校苏黎世工业大学成立一百周年而写的回忆录，最初发表在1955年秋出版的《瑞士大学报》（*Schweizerische Hochschulzeitung*）上。这里译自卡尔·塞利希（Carl Seelig）编的文集《光明的时代——黑暗的时代，悼念阿尔伯特·爱因斯坦》（*Helle Zeit—Dunkle Zeit*，*in Memoriam Albert Einstein*），苏黎世，欧洲出版社1956年版，9—17页。本文由何成钧同志译。——编译者注。

是，我发现这一切特性正是我最为欠缺的。于是我逐渐学会抱着某种负疚的心情自由自在地生活，安排自己去学习那些适合于我的求知欲和兴趣的东西。我以极大的兴趣去听某些课。但是我“刷掉了”很多课程，而以极大的热忱在家里向理论物理学的大师们学习。这样做是好的，并且显著地减轻了我的负疚心情，从而使我心境的平衡终于没有受到剧烈的扰乱。这种广泛的自学不过是原有习惯的继续；有一位塞尔维亚的女同学参加了这件事，她就是米列娃·玛里奇（Mileva Maric），后来我同她结了婚。可是我热情而又努力地在 H. F. 韦伯教授的物理实验室里工作。盖塞（Geiser）教授关于微分几何的讲授也吸引了我，这是数学艺术的真正杰作，在我后来为建立广义相对论的努力中帮了我很大的忙。不过在这些学习的年代，高等数学并未引起我很大的兴趣。我错误地认为，这是一个有那么多分支的领域，一个人在它的任何一个部门中都很容易消耗掉他的全部精力。而且由于我的无知，我还以为对于一个物理学家来说，只要明晰地掌握了数学基本概念以备应用，也就很够了；而其余的东西，对于物理学家来说，不过是不会有什么结果的枝节问题。这是一个我后来才很难过地发现到的错误。我的数学才能显然还不足以使我能够把中心的和基本的内容同那些没有原则重要性的表面部分区分开来。

在这些学习年代里，我同一个同学马尔塞耳·格罗斯曼（Marcel Grossmann）建立了真正的友谊。每个星期我总同他去一次里马特河口的“都会”咖啡店，在那里，我同他不仅谈论学习，也谈论着睁着大眼的年轻人所感兴趣的一切。他不是像我这样一种流浪汉和离经叛道的怪人，而是一个浸透了瑞士风格同时又一点也没有丧失掉内心自主性的人。此外，他正好具有许多我所欠缺的才能：敏捷的理解能力，处理任何事情都井井有条。他不仅学习同我们有关的课程，而且学习得如此出色，以致人们看到他的笔记本都自叹不及。在准备考试时他把这些笔记本借给我，这对我来说，就像救命的锚；我怎么也不能设想，要是没有这些笔记本，我将会怎样。

虽然有了这种不可估量的帮助，尽管摆在我们面前的课程本身都是有意义的，可是我仍要花费很大的力气才能基本上学会这些东西。对于像我这样爱好沉思的人来说，大学教育并不总是有益的。无论多好的食物强迫吃下去，总有一天会把胃口和肚子搞坏的。纯真的好奇心的火花会渐渐地熄灭。幸运的是，对我来说，这种智力的低落在我学习年代的幸福结束之后只持续了一年。

马尔塞耳·格罗斯曼作为我的朋友给我最大的帮助是这样一件事：在我毕业后大约一年左右，他通过他的父亲把我介绍给瑞士专利局（当时还叫作“精神财产局”）局长弗里德里希·哈勒（Friedrich Haller）。经过一次详尽的口试之后，哈勒先生把我安置在那儿了。这样，在我的最富于创造性活动的 1902—1909 年这几年当中，我就不用为生活而操心了。即使完全不提这一点，明确鉴定技术专利权的工作，对我来说也是一种真正的幸福。它迫使你从事多方面的思考，它对物理的思索也有重大的激励作用。总之，对于我这样的人，一种实际工作的职业就是一种绝大的幸福。因为学院生活会把一个年轻人置于这样一种被动的地位：不得不去写大量科学论文——结果是趋于浅薄，这只有那些具有坚强意志的人才能顶得住。然而大多数实际工作却完全不是这样，一个具有普通才能的人就能够完成人们所期待于他的工作。作为一个平民，他的日常的生活并不靠特殊的智慧。如果他对科学深感兴趣，他就可以在他的本职工作之外埋头研究他所爱好的问题。他不必担心他的努力会毫无成果。我感谢马尔塞耳·格罗斯曼给我找到这么幸运的职位。

爱因斯坦接待黑人小朋友。他一直反对美国的种族歧视政策，支持黑人的解放运动。

关于在伯尔尼的那些愉快的年代里的科学生涯，在这里我只谈一件事，它显示出我这一生中最富有成果的思想。狭义相对论问世已有好几年。相对性原理是不是只局限于惯性系（即彼此相对做匀速运动的坐标系）呢？形式的直觉回答说："大概不！"然而，直到那时为止的全部力学的基础——惯性原理——看来却不允许把相对性原理作任何推广。如果一个人实际上处于一个（相对于惯性系）加速运动的坐标系中，那么一个"孤立"质点的运动相对于这个人就不是沿着直线而匀速的。从窒息人的思维习惯中解放出来的人立即会问：这种行为能不能给我提供一个办法去分辨一个惯性系和一个非惯性系呢？他一定（至少是在直线等加速运动的情况下）会断定说：事情并非如此。因为人们也可以把相对于一个这样加速运动的坐标系的那种物体的力学行为解释为引力场作用的结果；这件事之所以可能，是由于这样的经验事实：在引力场中，各个物体的加速度同这些物体的性质无关，总都是相同的。这种知识（等效原理）不仅有可能使得自然规律对于一个普遍的变换群，正如对于洛伦兹变换群那样，必须是不变的（相对性原理的推广），而且也有可能使得这种推广导致一个深入的引力理论。这种思想在原则上是正确的，对此我没有丝毫怀疑。但是，要把它贯彻到底，看来有几乎无法克服的困难。首先，产生了一个初步考虑：向一个更广义的变换群过渡，同那个开辟了狭义相对论道路的时空坐标系的直接物理解释不相容。其次，暂时还不能预见到怎样去选择推广的变换群。实际上，我在等效原理这个问题上走过弯路，这里就不必提它了。

1909—1912年，当我在苏黎世以及布拉格大学讲授理论物理学的时候，我不断地思考这个问题。1912年，当我被聘请到苏黎世工业大学任教时，我已很接近于解决这个问题了。在这里，赫尔曼·闵可夫斯基（Hermann Minkowski）关于狭义相对论形式基础的分析显得很重要。这种分析归结为这样一条定理：四维空间有一个（不变的）准欧几里得度规；它决定着实验上可证实的空间度规特性和惯性原理，从而又决定着洛伦兹不变的方程组的形式。在这个空间中有一种特选的坐标系，即准笛卡儿坐标系，它在这里是唯一"自然的"坐标系（惯性系）。

等效原理使我们在这样的空间中引进非线性坐标变换，也就是非笛卡儿（"曲线"）坐标。这种准欧几里得度规因而具有普遍的形式：

$$ds^2 = \sum g_{ik}dx_i dx_k$$

关于下标 i 和 k 从1到4累加起来。这些 g_{ik} 是四个坐标的函数，根据等效原理，它们除了度规之外也描述引力场。后者在这里是同任何特性无关的。因为它可以通过变换取

$$-dx_1^2 - dx_2^2 - dx_3^2 + dx_4^2$$

这样的特殊形式，这是要求一种 g_{ik} 同坐标无关的形式。在这种情况下，用 g_{ik} 来描述的引力场就可以被"变换掉"。一个孤立物体的惯性行为在上述特殊形式中就表现为一条（类时）直线。在普遍的形式中，同这种行为相对应的则是"短程线"。

这种陈述方式固然还是只涉及准欧几里得

空间的情况，但它也指明了如何达到一般的引力场的道路。在这里，引力场还是用一种度规，即用一个对称张量场 g_{ik} 来描述的。因此，进一步的推广就仅仅在于如何满足这样的要求：这个场通过一种单纯的坐标变换而能成为准欧几里得的。

这样，引力问题就归结为一个纯数学的问题了。对于 g_{ik} 来说是否存在着一个对非线性坐标变换能保持不变的微分方程呢？这样的微分方程而且**只有**这样的微分方程才能是引力的场方程。后来，质点的运动定律就是由短程线的方程来规定的。

我头脑中带着这个问题，于1912年去找我的老同学马尔塞耳·格罗斯曼，那时他是（苏黎世）工业大学的数学教授。这立即引起他的兴趣，虽然作为一个纯数学家他对于物理学抱有一些怀疑的态度。当我们都还是大学生时，当我们在咖啡店里以习惯的方式相互交流思想时，他有一次曾经说过这样一句非常俏皮而又具有特色的话（我不能不在这里引用这句话）：“我承认，我从学习物理当中也得到了某些实际的好处。当我从前坐在椅子上感觉到在我以前坐过这椅子的人所发出的热时，我总有点不舒服。但现在已经没有这种事了，因为物理学告诉我，热是某种非个人的东西。”

就这样，他很乐意共同从事解决这个问题，但是附有一个条件：他对于任何物理学的论断和解释都不承担责任。他查阅了文献并且很快发现，上面所提的数学问题早已专门由黎曼（Riemann）、里奇（Ricci）和勒维-契维塔（Levi-Civita）解决了。全部发展是同高斯（Gauss）的曲面理论有关的，在这理论中第一次系统地使用了广义坐标系。黎曼的贡献最大。他指出如何从张量 g_{ik} 的场推导出二阶微分。由此可以看出，引力的场方程应该是怎么回事——假如要求对于一切广义的连续坐标变换群都是不变的。但是，要看出这个要求是正确的，可并不那么容易，尽管我相信已经找到了根据。这个思想虽然是错误的，却产生了结果，即这个理论在1916年终于以它的最后的形式出现了。

当我和我的老朋友热情地共同工作的时候，我们谁也没有想到，一场小小的疾病竟会那么快地夺去这个优秀的人物。[①]我需要在自己在世时至少再有一次机会来表达我对马尔塞耳·格罗斯曼的感激之情，这种必要性给了我写出这篇杂乱无章的自述的勇气。

自从引力理论这项工作结束以来，到现在四十年过去了。这些岁月我几乎全部用来为了从引力场理论推广到一个可以构成整个物理学基础的场论而绞尽脑汁。有许多人向着同一个目标而工作着。许多充满希望的推广我后来一个个放弃了。但是最近十年终于找到一个在我看来是自然而又富有希望的理论。不过，我还

① M. 格罗斯曼1878年4月9日生于布达佩斯，1936年9月7日病逝于苏黎世。——编译者注。

是不能确信，我自己是否应当认为这个理论在物理学上是极有价值的，这是由于这个理论是以目前还不能克服的数学困难为基础的，而这种困难凡是应用任何非线性场论都会出现。此外，看来完全值得怀疑的是，一种场论是否能够解释物质的原子结构和辐射以及量子现象。大多数物理学家都是不假思索地用一个有把握的“否”字来回答，因为他们相信，量子问题在原则上要用另一类方法来解决。问题究竟怎样，我们想起莱辛（Lessing）[①]的鼓舞人心的言辞：为寻求真理的努力所付出的代价，总是比不担风险地占有它要高昂得多。

① 莱辛（G. E. Lessing，1729—1781），德国的启蒙运动者、诗人和思想家。——编译者注。

3. 以太和相对论①

物理学家在那个从日常生活抽象出来的有重物质的观念之外，为什么还要建立起存在另一种物质——以太的观念呢？其理由无疑在于引起超距作用力理论的那些现象，以及导致波动论的光的那些性质。我们想要对这两件事作一番简略的考查。

非物理学的思想并不知道什么超距作用力。当我们试图以因果性的方式来深入理解我们在物体上所形成的经验时，初看起来，似乎除了由直接的接触所产生的那些相互作用，比如由碰、压和拉来传递运动，用火焰加热或引起燃烧，等等，此外就没有别种相互作用了。固然，重力这样一种超距作用力，在日常经验中已经起着重大的作用。但是由于物体的重力在日常生活中是作为某种不变的量呈现在我们的面前，它同任何时间上或空间上**可以变化的**原因都无联系，所以我们在日常生活中通常就想不到重力还有什么原因，因而也意识不到它有像超距作用力那样的特征。直到牛顿的引力理论把引力解释为由物质所产生的一种超距作用力，才给它提出了一种原因。虽然牛顿的理论标志着把自然现象因果地联系起来而进行的努力中所取得的最大的进步，然而这个理论在他的同时代人那里却产生了强烈的不满，因为它似乎同从其他经验推导出来的原理相矛盾，这就是相互作用只能通过接触而不能通过无媒介的超距作用来产生。

人类的求知欲只好勉强忍受这样一种二元论。怎样才能拯救自然力概念的一致性呢？要么人们可以把那些作为接触力呈现在我们面前的力，也当作只在很微小的距离中确实可以察觉到的超距作用力来理解；这是牛顿的后继者们大多所偏爱的道路，因为他们完全迷醉于牛顿的学说。要么人们可以假定，牛顿的超距作用力只是**虚构的**无媒介的超距作用力，其实它们却是靠一种充满空间的媒质来传递的，不论是靠这种媒质的运动，还是靠它的弹性形变。这样，为了使我们对于这些力的本性有一个统一的看法，便导致了以太假说。首先，以太假说对引力理论和物理学的确完全没有带来任何一点进步，以致人们养成了一种习惯，把牛顿的〔引〕力定律当作不可再简约的公理来对待。

① 这是爱因斯坦于 1920 年 5 月 5 日在荷兰国立莱顿（Leiden）大学所做的报告。讲稿当年由柏林 J. Springer 出版社以单行本小册子的形式出版，题名为 *Äther und Relativitätstheorie*。1934 年英文版《我的世界观》中有它的译文，但标题改为《相对论和以太》，未注明出处，而且译错的地方很多。这里译自这本小册子的 1920 年德文版。——编译者注。

爱因斯坦和尼尔斯·玻尔。

但是以太假说势必要在物理学家的思想中继续不断地起作用，即使最初至多只是起一种潜在的作用。

19 世纪上半叶，当光的性质同有重物体的弹性波的性质之间存在着广泛的相似性已经变得明显的时候，以太假说就获得了新的支持。光必须解释为充满宇宙空间的一种具有弹性的惰性媒质的振动过程，这看起来似乎是无可怀疑的了。从光的偏振性也好像必然要得出这样的结论：以太这种媒质必须具有一种固体特性。因为横波只可能在固体中，而不可能在流体中存在。这就势必导致“准刚性”的光以太理论，这种光以太的各部分，除了同光波相应的微小形变运动以外，相互之间就不可能有任何别种运动。

这种理论也叫作静态光以太理论，它从那个也作为狭义相对论基础的斐索（Fizeau）实验，进一步得到了有力的支持，人们从这个实验必定推断出，光以太不参与物体的运动。光行差现象也支持准刚性的以太理论。

电学理论循着麦克斯韦和洛伦兹所指示的道路向前发展，在我们关于以太观念的发展中引起了一次最独特的、最意外的转变。在麦克斯韦本人看来，以太固然还是一种具有纯粹机械性质的实体（Gebilde），尽管它的机械性质比起可捉摸的固体的性质要复杂得多。但是麦克斯韦和他的后继者都没有做到给以太想出一种机械模型，为麦克斯韦电磁场定律提供一种令人满意的力学解释。这些定律既清楚又简单，而那些力学解释却既笨拙，而又充满矛盾。这种情况从理论物理学家的力学纲领的观点来看是最令人沮丧的，但是他们差不多都不知不觉地适应了这种情况，这特别是由于受到海因里希·赫兹（Heinrich Hertz）关于电动力学的研究的影响。以前他们曾经要求一种终极理论，要求它必须以那些纯粹属于力学的基本概念（比如物质密度、速度、形变、压力）为基础，以后他们就逐渐习惯于承认电场强度和磁场强度都是同力学基本概念并列的基本概念，而不要求对它们作力学的解释了。这样，纯粹机械的自然观就逐渐被抛弃了。但是这一变化却导致一种无法长期容忍的理论基础上的二元论。为了摆脱它，人们采取相反的路线，试图把力学基本概念归结为电学的基本概念，当时，在 β 射线和高速阴极射线方面的实验，动摇了对牛顿力学方程的严格有效性的信赖。

爱因斯坦一生都尊敬和爱戴比他大 26 岁的忘年交荷兰物理学家洛伦兹（1902 年获得诺贝尔物理学奖）。洛伦兹变换首先是由洛伦兹提出来的，但遗憾的是，洛伦兹并没有真正理解他自己提出的变换式。

在 H. 赫兹那里，这种二元论仍未得到缓和。他把物质不仅看成是速度、动能和机械压力的载体，而且也看成是电磁场的载体。既然在真实——即自由的以太——中也出现这种场，那么以太也就好像是电磁场的载体。它好像同有重物质完全是同类的和并列的。在物质中，它参与物质的运动；在空虚空间中它到处都有速度，这种以太速度在整个空间中都是连续分布的。赫兹的以太原则上同（部分地由以太组成的）有重物质没有任何区别。

赫兹的理论不仅有这样的缺点，即它赋予物质和以太一方面以力学状态，另一方面以电学状态，而两者之间却没有任何想象的联系；而且这个理论也不符合斐索关于光在运动流体中传播速度的重要实验的结果，以及其他可靠的经验事实。

当 H.A. 洛伦兹上场时，情况就是如此。他使理论同经验协调起来，那是用一种对理论基础加以奇妙的简化的办法来做到这一点的。他取消了以太的力学性质，取消了物质的电磁性质，从而取得了麦克斯韦以来电学的最重要的进步。物体内部也同空虚空间一样，只有以太，而不是原子论者所设想的物质，才是电磁场的基体。依照洛伦兹的意见，物质的基本粒子只能运动；它们所以有电磁效能，完全在于它们带有电荷。洛伦兹由此成功地把一切电磁现象都归结为麦克斯韦的真空-场方程。

至于洛伦兹以太的力学性质，人们可以带点诙谐地说，洛伦兹给它留下的唯一的力学性质就是不动性。不妨补充一句，狭义相对论带给以太概念的全部变革，就在于它取消了以太的这个最后的力学性质，即不动性。至于该怎样来理解这句话，应当立即加以说明。

麦克斯韦-洛伦兹的电磁场理论已经为狭义相对论的空间-时间理论和运动学提供了一个雏形。所以这个理论满足狭义相对论的各项条件；但是从狭义相对论的观点来考虑，它就得到了一种新的面貌。假定$\mathfrak{K}$是这样一个坐标系，洛伦兹以太对于它是静止的，那么麦克斯韦-洛伦兹方程首先对于$\mathfrak{K}$是有效的。然而根据狭义相对论，这些方程对于任何一个对$\mathfrak{K}$作匀速平移运动的新坐标系$\mathfrak{K}^1$也同样有效。现在就发生这样一个令人不安的问题：坐标系$\mathfrak{K}^1$同坐标系$\mathfrak{K}$既然在物理上是完全等效的，我为什么在狭义相对论中要用以太对$\mathfrak{K}$是静止的这个假定来把$\mathfrak{K}$突出在$\mathfrak{K}^1$之上呢？对于没有任何经验体系的不对称性与之对应的这样一种理论结构的不对称性，理论家是无法容忍的。依我看来，在以太对于$\mathfrak{K}$是静止而对于$\mathfrak{K}^1$则是运动的这种假定下，$\mathfrak{K}$和$\mathfrak{K}^1$在物理上的等效性，就逻辑观点来说虽然不是绝对错误的，但无论如何也是无法接受的。

面对着这种情况，人们可以采取的最近便的观点似乎是认为以太根本不存在。认为电磁场不是一种媒质的状态，而是一种独立的实在，正像有重物质的原子那样，不能归结为任何别的东西，也不依附在任何载体之上。这种见解所以显得更为自然，是因为根据洛伦兹理论，电磁辐射像有重物质一样具有冲量和能量，而且还因为，根据狭义相对论，在有重物质失去它的特殊地位而仅仅表现为能量的特殊形式时，物质和辐射两者都不过是所分配的能量的特殊形式。

然而，更加精确的考查表明，狭义相对论并不一定要求否定以太。可以假定有以太存在；只是必须不再认为它有确定的运动状态，也就是说，必须抽掉洛伦兹给它留下的那个最后的力学特征。我们以后会看到，这种想法已为广义相对论的结果所证实，我打算立即通过一种不很恰当的对比，使这种想法在想象上的可能性显得更加清楚。

设想一个水面上的波。关于这种过程，可以叙述两种完全不同的事情。人们首先可以追踪水和空气的波形界面如何随时间而变化。但是人们也可以——比如借助于一些小的浮体——追踪各个水粒子的位置如何随时间而变化。要是原则上没有这种小浮体可用来追踪液体粒子的运动，要是在整个过程中果真除了随时间变化的那些被水所占的空间位置以外，根本没有什么别的东西可以察觉到，那么我们就没有理由可以假定水是由运动的粒子所组成的。但是我们仍然可以称它为媒质。

电磁场存在着某种类似的情况。可以设想这种场是由力线所组成的。如果要把这种力线解释为通常意义下的某种物质的东西，那就是试图把动力学过程解释为这种力线的这样一种运动过程，即每条力线始终可以随着时间追踪下去。可是大家都很了解，这样一种想法会导致矛盾。

我们必须概括地说：可以设想某些有广延的物理客体，对于它们，任何运动概念都是不能应用的。不允许把它们设想成是由各个可以随时间始终追踪下去的粒子所组成。这用闵可夫斯基的话来说就是：并不是每一个在四维世界中有广延的实体都可以理解为是由世界线

爱因斯坦和德西特（de Sitter）在讨论宇宙问题。

（Weltfäden）所构成的。狭义相对论不允许我们假定以太是由那些可以随时间追踪下去的粒子所组成的，但是以太假说本身同狭义相对论并不抵触，只要我们当心不要把运动状态强加给以太就行了。

当然，从狭义相对论的观点来看，以太假说首先是一种无用的假说。在电磁场方程中，除了电荷密度外，**只**出现场的强度。真空中电磁过程的进程看起来好像完全取决于那条内在的定律，丝毫不受其他物理量的影响。电磁场是以最终的、不能再归结为别的东西的实在的身份而出现的，再假定一种均匀的、各向同性的以太媒质，而那些电磁场必须理解为是它的状态，这就尤其显得是画蛇添足了。

但是，另一方面却可以提出一个有利于以太假设的重要论据。否认以太的存在，最后总是意味着承认空虚空间绝对没有任何物理性质。这种见解不符合力学的基本事实。一个在空虚空间中自由漂浮的物质体系的力学行为，不仅取决于相对位置（距离）和相对速度，而且也取决于它的转动状态，这种转动状态在物理上不能了解为属于这种体系本身的一种特征。为了至少能够在形式上把体系的转动看成某种实在的东西，牛顿就把空间客观化了。既然他认为他的绝对空间是实在的东西，那么在他看来，相对于一个绝对空间的转动也就该是某种实在的东西了。牛顿同样也可以恰当地把他的绝对空间叫做“以太”；问题的实质就在于，为了能够把加速度和转动都看作是某种实在的东西，除了可观察到的客体之外，还必须把另一种不可察觉的东西也看作是实在的。

马赫固然曾经尝试过，在力学中用一种对世界上所有物体的平均加速度来代替相对于绝对空间的加速度，以避免去假设有某种观察不到的实在东西的必要性。但是一种对于遥远物体相对加速度的惯性阻力，却得预先假定有一种直接的超距作用。既然现代物理学家认为不应当作这样的假定，那么在这种见解下，他也就重新回到了能作为惯性作用的媒质的以太上来。但是马赫的思考方法所引进的这种以太概念，同牛顿、菲涅耳（Fresnel）以及洛伦兹的以太概念在本质上是有区别的。这种马赫的以太不仅**决定**着惯性物体的行为，而且就其状态来说，**也取决**于这些惯性物体。

马赫的思想在广义相对论的以太中得到了充分的发展。根据这种理论，在各个分开的时空点的附近，时空连续区的度规性质是各不相同的，并且共同取决于该区域之外存在的全部物质。量杆和时钟在相互关系上的这种空间-时间上的变异，也就是认为“空虚空间”在物理关系上既不是均匀的也不是各向同性的这种知识，迫使我们不得不用十个函数，即引力势 $g_{\mu\nu}$，来描述空虚空间的状态，这无疑最终取消了空间在物理上是空虚的这个见解。但是以太由此也就又有了一种确定的内容，这种内容当然同光的机械波动说的以太的内容大不相同。广义相对论的以太是这样的一种媒质，它本身完全没有**一切**力学的和运动学的性质，但它却参与对力学（和电磁学）事件的决定。

这种在原则上新的广义相对论以太同洛伦兹以太的对立就在于：广义相对论以太在每一点的状态，都是由它同物质以及它同邻近各点的以太状态之间的关系所决定的，这种关系表现为一些用微分方程的形式来表示的定律；可是在没有电磁场的情况下，洛伦兹以太的状态却不取决于任何在它之外的东西，而且到处都是相同的。如果用常数来代替那些描述广义相对论以太的函数，同时不考虑任何决定以太状态的原因，那么广义相对论以太就可以在想象中转变为洛伦兹以太。因此人们也的确可以说，广义相对论以太是把洛伦兹以太加以相对论化而得出的。

至于这种新的以太在未来物理学的世界图像中注定要起的作用，我们现在还不清楚。我们知道，它确定空间-时间连续区中的度规关系，比如确定固体各种可能的排列以及引力场；但是我们不知道，它在构成物质的带电基本粒子的结构中究竟是不是一个重要的部分。我们也不知道，究竟是不是只有在有重物质的附近，它的结构才同洛伦兹以太的结构大不相同，以及宇宙范围的空间几何究竟是不是近乎欧几里得的。但是我们根据相对论的引力方程却可以断言，只要宇宙中存在一个哪怕很小的正的物质平均密度，宇宙数量级的空间的性状就必定存在着对欧几里得几何的偏离。在这种情况下，宇宙在空间上必定是封闭的和大小有限的，其大小则取决于那个〔物质的〕平均密度的数值。

如果我们从以太假说的观点来考查引力场和电磁场，那么两者之间就存在着一个值得注意的原则性的差别。没有任何一种空间，而且也没有空间的任何一部分，是没有引力势的；因为这些引力势赋予它以空间的度规性质，要是没有这些度规性质，空间就根本无法想象。引力场的存在是同空间的存在直接联系在一起的。反之，空间一个部分没有电磁场却是完全可以想象的；因此，电磁场看来同引力场相反，似乎同以太只有间接的关系，这是由于电磁场的形式性质完全不是由引力以太来确定的。从理论的现状看来，电磁场同引力场相比，它好像是以一种完全新的形式因（formales Motiv）为基础的，好像自然界能够不赋予以太以电磁类型的场，而赋予它另一种完全不同类型的场，比如一种标势的场，也会是同样适合的。

既然依照我们今天的见解，物质的基本粒子按其本质来说，不过是电磁场的凝聚，而绝非别的什么，那么我们今天的世界图像就得承认有两种在概念上彼此完全独立的（尽管在因果关系上是相互联系的）实在，即引力场和电磁场，或者——人们还可以把它们叫作——空间和物质。

如果引力场和电磁场合并成为一个统一的实体，那当然是一巨大的进步。那时，由法拉第和麦克斯韦所开创的理论物理学的新纪元才获得令人满意的结束。那时，以太—物质这种对立就会逐渐消失，整个物理学通过广义相对论而成为类似几何学，运动学和引力理论那

爱因斯坦和建筑大师勒·柯布西耶（Le corbusier，1887—1965）。

样的一种完备的思想体系。数学家H. 外耳（Weyl）在这个方向上作了非常富有才气的研究，但我并不认为他的理论在现实面前会站得住脚。而且，我们在想到理论物理学的最近的将来时，不应当无条件地忘掉量子论所概括的事实有可能会给场论设下无法逾越的界限。

我们可以总结如下：依照广义相对论，空间已经被赋予物理性质；因此，在这种意义上说，存在着一种以太。依照广义相对论，一个没有以太的空间是不可思议的；因为在这样一种空间里，不但光不能传播，而且量杆和时钟也不可能存在，因此也就没有物理意义上的空间-时间间隔。但是又不可认为这种以太会具有那些为有重媒质所特有的性质，也不可认为它是由那些能够随时间追踪下去的粒子所组成的；而且也不可把运动概念用于以太。

4. 物理学中的空间、以太和场的问题①

科学思想是科学以前的思想的一种发展。由于空间概念在后者已经是基本的概念，我们就应当从科学以前思想中的空间概念入手。考查概念的方法有两种，而这两者对于理解这些概念都是不可缺少的。第一种是逻辑分析方法。它回答这样的问题：概念同判断是怎样相互依存的？我们是在比较可靠的基础上来回答这一问题的。数学之所以能这样令人信服，就在于这种可靠性。但这种可靠性是以空无内容作为代价而取得的。概念只有在它们同感觉经验联系起来时才能得到内容，哪怕这联系是多么间接的。但是这种联系不能由逻辑的研究揭示出来；它只能由经验得出来。可是，决定概念体系的认识价值的，也正是这种联系。

举一个例子来说。假设有一位属于未来文化的考古学家，他找到了一本没有图形的欧几里得几何教本。他会发现“点”“直线”“平面”这些词是怎样用在命题中的。他也会看出这些命题是怎样相互推演出来的。他甚至还能按照已认到的规则构造出新的命题。但是只要“点”“直线”“平面”等等没有向他传达了什么，那么对他来说，构造出这些命题，依然不过是一种空洞的文字游戏。只有当这些词是传达了某些东西，几何学对他才会具有一些实在的内容。对于分析力学也是这样，实际上对于逻辑演绎科学的任何一种说明也都是这样。

说“直线”“点”“相交”等等传达了某些东西，究竟指的是什么意思呢？这话的意思是，人们能指出这些词所涉及的是哪些感觉经验。这个逻辑以外的问题是几何学的本性问题，这位考古学家只能凭直觉来解决它，即只能通过对他的经验的考查，看他是不是能够发现有什么东西是对应于理论中的那些原始名词，以及对应于这些名词所规定的公理的。只有在这种意义上，由概念所表示的实体的本性问题，才能合理地提出来。

对于我们的科学以前的概念来说，我们关于本体论问题所处的地位非常像这位考古学家。可以说，我们已经忘却了究竟是经验世界里的哪些特征使得我们能够造出这些概念，而

① 译自《我的世界观》1934 年英文版 82—100 页和《思想和见解》276—285 页。此文写作时间大概是 1930 年。按 1930 年爱因斯坦曾为在柏林举行的第二届世界动力学术会议作过题为《物理学中的空间、场和以太问题》的报告，同年又在《哲学论坛》（*Forun Philosophicum*）第 1 卷上发表题为《物理学中的空间、以太和场》的论文，所有这三篇文章实质相似，但文字各不相同。——编译者注。

且要是不戴上概念的传统解释的眼镜，我们就非常难以想象经验世界。另外还有一种困难：我们的语言不得不用到同这种原始概念不可分割地联系着的词。当我们试图说明科学以前的空间概念的根本性质时，这些都是我们所面临的障碍。

在我们转到空间问题以前，先一般地讲一下对于概念的看法：概念同感觉经验有关，但在逻辑意义上，它们绝不能由感觉经验推导出来。由于这个缘故，我始终未能理解为什么要去寻求康德所说的那种先验的东西。在任何本体论问题中，我们唯一可能做的是，在感觉经验的复合中找出这些概念所指的那些特征。

现在来看空间概念：它似乎要以固体概念为前提。那些大概能引起空间概念的感觉经验复合和感觉印象的本性，常为人们所描述。某些视觉印象同触觉印象之间有对应关系，这些印象（触觉、视觉）在时间上可以继续追踪下去，以及它们随时都可以重复，这些就是上述感觉印象的特征。固体概念一旦从刚才所说的经验关系中形成——这概念绝不是以空间概念或空间关系概念为前提的——以后，就要从理智上去掌握这样一些固体之间的关系，这种愿望必然引起了一些同它们的空间关系相对应的概念。两个固体可以互相接触，也可以互相分开。在后一种情况下，两者之间可以插进第三个物体，而丝毫不牵动它们；在前一种情况下，就不可能如此。这些空间关系正像物体本身一样，显然都是实在的。如果有两个物体，它们对于填满一个这样的间隔是等效的，那么它们对于填满别的间隔也会是等效的。由此可见，间隔同选择哪种特殊物体来填满它无关；这对于空间关系同样是普遍正确的。显而易见，这种无关性是构成纯粹几何概念之所以有用的一个主要条件，它不一定是先验的东西。依我看来，这个间隔的概念是全部空间概念的出发点，它同选择哪种特殊物体来占据它无关。

因此，从感觉经验的观点来考查，空间概念的发展，依照上述的简要说明，似乎是遵循如下的图式——固体；固体的空间关系；间隔；空间。照这样的方式看来，空间好像同固体一样，在同样意义上也是一种实在的东西。

显然，作为一种实在事物的空间概念早已存在于科学以外的概念世界里。但是欧几里得的数学对这概念本身却一无所知；它只限于客体以及客体之间的空间关系这些概念。点、平面、直线、截段都是理想化的固体。一切空间关系都归结为接触关系（直线和平面的相交、在直线上的点，等等）。在这个概念体系里根本没有出现空间是连续区的概念。这概念是笛卡儿用空间坐标来描述空间中的点时才第一次被引进来。在这里，几何图形第一次有几分显现为那个被设想为三维连续区的无限空间的一部分。

笛卡儿处理空间方法的巨大优越性绝不限于把分析用于几何学。最主要之点倒似乎是：希腊人在几何描述中偏爱于某些特殊的对象（直线、平面）；而对于别的对象（比如椭圆）要作这种描述，那只得借助于点、直线和平面来作图或者下定义的。相反，在笛卡儿的处理方法中，比如所有各种面，在原则上都是有同等地位的，在建立几何学时，一点也不随意偏爱于平直的构造。

就几何学被看作是关于支配实际刚体相互空间关系的定律的科学而论，应当认为它是物理学的一个最古老的分支。正如我已经讲过的，即使没有空间概念本身，这门科学也还是能够过得去的，对于它来说，理想的物质形式——点、直线、平面、截段——就已足够了。相反，像笛卡儿所想象的整个空间，却是牛顿物理学所绝对必需的。因为动力学不是单靠质点和质点之间的距离（可随时间变化）这些概念所能对付得了的。在牛顿的运动方程中，加速度概念是主要的角色，它不能单独由质点之间随时间变化的间距来规定。只有参照整个空间，牛顿的加速度才能设想或者规定下来。这样，就在空间概念的几何实在性之外，又给空间加上一个能确定惯性的新职能。当牛顿说空间是绝对的时候，他无疑是指空间的这种实在的意义，这使他必须把一种完全确定的运动状态加以空间，而这种运动状态看来是不能由力学现象完全确定下来的。这种空间在另一种意义上也被认为是绝对的；空间确定惯性的这种作用被认为是自主的，也就是说，它不受任何物理环境所影响；它影响物体，但没有什么东西能够影响它。

爱因斯坦和库尔特·哥德尔（Kurt Gödel，1906—1978）。

但是直到最近，物理学家心目中的空间仍然不过是一切事件的被动的容器，它并不参与物理事件。由于光的波动论和法拉第与麦克斯韦的电磁场理论，思想才开始发生新的转变。由此弄明白了，在自由空间里，存在着以波动形式传播的状态，也存在着定域的场，这种场能够对移到那里的带电体或者磁极给以力的作用。既然在 19 世纪的物理学家看来，要把物理作用或者物理状态加给空间本身完全是荒谬的，他们就以有重物质为模型，想出一种充满整个空间的媒质——以太，它的作用应该像电磁现象的媒介物，因而也是光的媒介物。被想象为构成电磁场的这种媒质的状态，起初是以固体的弹性变形为模型，从力学上去想象的。可是以太的这种力学理论从未取得真正成功，因此人们就逐渐放弃了要对以太场的本性作更精细解释的打算。于是以太就成为这样一种物质，它的唯一职能是作为电场的基体，而电场由于其本性，是不能作进一步分析的。由此得到如下的图像：空间充满着以太，而有重物质的粒子或原子则浸游在其中；至于物质的原子结构已经在世纪交替的时候巩固地建立起来了。

既然物体之间的相互作用假定是通过场来实现的，那么在以太中也一定有引力场，但它的场定律在那时还找不到明确的形式。以太只被假定为一切越过空间起作用的力的场所。既然知道了带电物体运动时产生磁场，磁场的能量为惯性提供了一种模型，惯性也就好像是一种定域在以太中的场作用。

以太的力学性质最初是神秘的。后来出现了 H. A. 洛伦兹的伟大发现。那时已知道的一切电磁现象都可以根据下面两条假定来解释：以太是牢固地固定在空间里的——也就是说，它完全不能运动；而电则是牢固地依附在可动的基本粒子上的。洛伦兹的发现在今天可以表述如下：物理空间和以太不过是同一事物的两种名称；场是空间的物理状态。因为要是不能把特殊的运动状态加给以太，似乎就没有任何理由要把它作为一种同空间并列的特殊实体引进来。但（当时的）物理学家们还是同这样的思想方法相去甚远；在他们看来，空间仍然是一种刚性的、均匀的东西，它不能变化，也就是不能具有各种不同的状态。只有黎曼这个孤独而不为人所理解的天才，在 19 世纪中叶，刻苦地获得了空间的一种新概念，在那里，空间被剥夺了它的刚性，并且认识到空间有可能参与物理事件。由于这个理智上的成就是出现在法拉第和麦克斯韦的电场理论之前，这就更加值得我们钦佩了。随后出现了狭义相对论，它认识到一切惯性系在物理上的等效性。在联系到电动力学或者光的传播定律时，揭示了时间和空间的不可分割性。在此以前，人们暗中假定：事件的四维连续区能以客观的方式分解为时间和空间——也就是说，在事件的世界里，给“现在”以绝对的意义。随着同时性的相对性的发现，空间和时间就融合为一个单一的连续区，正像以前的空间三维连续区一样。物理空间因此扩大为四维空间，它也包括了时间的一维。狭义相对论的四维空间像牛顿的空间一样地刚硬和绝对。

相对论是说明理论科学在现代发展的基本特征的一个良好的例子。初始的假说变得愈来愈抽象，离经验愈来愈远。另一方面，它更接近一切科学的伟大目标，即要从尽可能少的假说或者公理出发，通过逻辑的演绎，概括尽可能多的经验事实。同时，从公理引向经验事实或者可证实的结论的思路也就愈来愈长，愈来愈微妙。理论科学家在他探索理论时，就不得不愈来愈听从纯粹数学的、形式的考虑，因为实验家的物理经验不能把他提高到最抽象的领域中去。适用于科学幼年时代的以归纳为主的方法，正在让位给探索性的演绎法。这样一种理论结构，在它能导出那些可以同经验作比较的结论之前，需要加以非常彻底的精心推敲。在这里，所观察到的事实无疑地也还是最高的裁决者；但是，公理同它们的可证实的结论被一条很宽的鸿沟分隔开来，在没有通过极其辛勤而艰巨的思考把这两者连接起来以前，它不能做出裁决。理论家在着手这项十分艰巨的工作时，应当清醒地意识到，他的努力也许只会使他的理论注定要受到致命的打击。对于承担这种劳动的理论家，不应当吹毛求疵地说他是"异想天开"；相反，应当允许他有权去自由发挥他的幻想，因为除此以外就没有别的道路可以达到目的。他的幻想并不是无聊的白日做梦，而是为求得逻辑上最简单的可能性及其结论的探索。为了使听众或读者更愿来注意地听取下面一连串的想法，就需要作这样的恳求；就是这条思路，它把我们从狭义相对论引导到广义相对论，从而再引导到它最近的一个分支，即统一场论。在作这样的说明时，免不了要用到数学符号。

我们从狭义相对论讲起。这理论也还是直接以一条经验定律为根据的，这条定律就是光速不变定律。设 P 是空虚空间中的一个点，P' 是同它相隔距离 $\mathrm{d}\sigma$ 而无限接近的另一个点。设有一道闪光在时间 t 从 P 处射出，而在 $t+\mathrm{d}t$ 到达 P'. 那么

$$\mathrm{d}\sigma^2 = c^2\mathrm{d}t^2.$$

如果 $\mathrm{d}x_1$，$\mathrm{d}x_2$，$\mathrm{d}x_3$ 是 $\mathrm{d}\sigma$ 的正交投影，并且引进虚时间坐标 $\sqrt{-1}\ ct = x_4$，那么上述光速不变定律就取如下形式

$$\mathrm{d}s^2 = \mathrm{d}x_1^2 + \mathrm{d}x_2^2 + \mathrm{d}x_3^2 + \mathrm{d}x_4^2 = 0.$$

既然这个公式是表示一种实在的情况，我们就可以给 $\mathrm{d}s$ 这个量以一种实在的意义，即使假设四维连续区中所选取的两个邻近点的 $\mathrm{d}s$ 并不等于零，情况也是如此。这件事可以这样来表示：狭义相对论的四维空间（带有虚的时间坐标）具有欧几里得的度规。

这种度规所以称为欧几里得度规，那是同下面这件事有关。在三维连续区里假定这样的一种度规，就完全相当于假定欧几里得几何的公理。因此，定义度规的方程就不过是把毕达哥拉斯定理用于坐标的微分罢了。

在狭义相对论中，许可的坐标改变（通过变换）是这样的：在新坐标系中，$\mathrm{d}s^2$ 这个量（基本不变量）也等于坐标微分的平方之和。这种变换叫作洛伦兹变换。

狭义相对论的启发性方法可由下述原理来表征：只有这样的一些方程才有资格表示自然规律，那就是，在坐标用洛伦兹变换作了改变以后，这些方程的形式仍不改变（方程对于洛伦兹变换的协变性）。

这个方法使我们发现了动量同能量之间，电场强度同磁场强度之间，静电力同动电力之间，以及惯性质量同能量之间的必然联系；物理学中

独立概念和基本方程的数目就因此减少了。

这个方法指向它本身范围之外。难道表示自然规律的方程只对洛伦兹变换是协变的，而对别的变换就不协变吗？那样提出问题实在没有什么意思，因为所有方程组都可用广义坐标来表示。我们应当问的是：自然规律是不是这样构成的，通过任何一组特殊的坐标选择，这些规律不作**实质**性的简化？

我们只要顺便提一下，我们的关于惯性质量同重力质量相等这条经验定律提示我们，要给这个问题以肯定的回答。如果我们把一切坐标系对于表述自然规律的等效性提升为原理，那么我们就得到了广义相对论，只要我们至少在四维空间的无限小部分仍然还保留光速不变定律，或者换句话说，保留欧几里得度规的客观意义这条假说就行了。

这就是说：对于空间的非无限小区域，假设有广义黎曼度规存在（这在物理学上是有深远意义的），它的形式如下：

$$ds^2 = \sum_{\mu\nu} g_{\mu\nu} dx_\mu dx_\nu$$

此处的总和是关于指标从1，1到4，4全部组合的累加。

这种空间的结构同欧几里得空间的结构有**一个**方面是根本不同的。系数 $g_{\mu\nu}$ 暂时是坐标 x_1 和 x_4 的任何一个函数，空间的结构却要等到 $g_{\mu\nu}$ 这些函数都确实知道了以后才能真正确定下来。人们也可以说：这样一种空间的结构本身完全是未定的。只有规定了那些为 $g_{\mu\nu}$ 的度规场所满足的定律，空间的结构才能比较严格地确定下来。根据物理上的理由，这就是假定：度规场同时也就是引力场。

既然引力场是由物体的组态来确定，并且随它而变化的，那么这种空间的几何结构也该取决于物理的因素。因此，依照这种理论，空间——正如黎曼所猜测的那样——不再是绝对的了；它的结构取决于物理的影响。（物理的）几何学已不再像欧几里得几何那样是一门孤立的科学了。

因此，引力问题就归结为这样一个数学问题：要找出最简单的基本方程，这些方程对于任何坐标变换都是协变的。这是一个十分明确的问题，它至少是可以解决的。

我不想在这里讲这个理论的实验证实，而只想立刻说明一下，为什么这理论不能永远满足于这一点成就。引力固然已经从空间结构推演出来了，但是除了引力场，还有电磁场。首先，这个电磁场就必须作为一种同引力无关的实体而引到这理论中来。考虑到电磁场的存在，基本场方程必须加进一些项。但是，认为有两种彼此独立的空间结构，即度规-引力结构和电磁结构，这种想法对于理论家来说是无法容忍的。这就使我们相信：这两种场必定对应于一个统一的空间结构。①

表现为广义相对论的一种数学上独立的扩

①《思想和见解》中此文到此为止，下面系根据《我的世界观》英译本译出。——编译者注。

爱因斯坦和同事西拉德（Leo Szilard，1898—1964）正在起草给罗斯福总统的信件，提醒德国制造原子弹的危险性。

充的“统一场论”，就企图使场论满足上述这个最后假设。其形式问题应当这样提出：有没有这样一种连续区理论，在那里除度规以外还有一种新的结构元素，它同度规结合成为一个整体？如果有这样的理论，那么能支配这种连续区的最简单场定律是什么？最后，这些场定律是否完全适合于表示引力场和电磁场的性质？此外，还有一个问题：微粒（电子和质子）是否能看成是场的特别密集的地方，而其运动则是由场方程所决定？在目前，要回答前面三个问题，只有一个办法。它所依据的空间结构可描述如下，而这种描述同样也可适用于任何维空间。

空间具有黎曼度规。这就是说，在每一点 P 的无限小的邻近处，欧几里得几何是成立的。因此，在每一点 P 的邻近，都有一个局部的笛卡儿坐标系，对于这个坐标系来说，度规可以根据毕达哥拉斯定理计算出来。如果我们现在设想从这些局部坐标系的各根正轴截取长度 1，我们就得到正交的“n 维局部标架”。这种 n 维局部标架在空间里别的任何点 P' 上也都可以找到。因此，如果有一条从 P 点或者 P' 点出发的线元（PG 或 $P'G'$）是已定的，那么这条线元的量值，就可借助于有关的 n 维局部标架，由它的局部坐标用毕达哥拉斯定理计算出来。所

以在讲到两条线元 PG 同 $P'G'$ 的数值相等时，是有其确定意义的。

现在必须注意，局部的正交 n 维标架不是用度规就可完全确定的。因为我们还可以完全自由地选择 n 维标架的取向，而在按照毕达哥拉斯定理计算线元的长短时，其结果不会引起任何变化。由此可知，在一个其结构仅仅由黎曼度规组成的空间里，两条线元 PG 和 $P'G'$ 可以在它们的量值上做比较，但在方向上却不行，特别是说两条线元相互平行，那就毫无意义。所以就这方面来说，纯粹的度规（黎曼的）空间在结构上要比欧几里得空间贫乏。

我们既然要寻求一种在结构上比黎曼空间更加丰富的空间，最容易想到的是在黎曼空间里加进方向关系，也就是加进平行性。因此，对于通过 P 点的每一个方向，假定都有一个通过 P' 的确定的方向，并且假定这种相互关系是一种确定的关系。这样相互发生关系的两个方向，我们称之为“平行”。假定这种平行关系还进一步满足角一致性的条件：如果 PG 和 PK 是在 P 点的两个方向，$P'G'$ 和 $P'K'$ 是通过 P' 点的两个对应的平行方向，那么 KPG 同 $K'P'G'$ 这两只角（可用欧几里得的方法在局部坐标系中量得）应当相等。

这样，空间的基本结构就完全确定下来了。数学上对它最便当的描述如下：在定点 P 处，

爱因斯坦和英国工党领袖拉姆齐（James McDonald Ramsay，1866—1937）。

我们假定有一正交的 n 维标架，它的取向是经过自由选取而确定的。在空间其他任何点 P' 处，我们把它的局部 n 维标架照这样来取方向：使它的各根轴都同 P 点的对应轴相平行。规定了上述的空间结构，并且自由选定了在一个点 P 上的 n 维标架的取向，那么所有的 n 维标架就都完全确定下来了。现在让我们设想空间 P 中任何一个高斯坐标系，并且在每一点上 n 维标架的轴都投影到这个高斯坐标系上。这个有 n^2 个分量的系集就完备地描述了这种空间的结构。

在某种意义上说，这种空间结构是介乎黎曼结构和欧几里得结构之间的。它不同于黎曼结构的，是给直线的存在留有余地，所谓直线就是指这样的一种线，它的一切线元都是两两相互平行的。这里所讲到的几何也不同于欧几里得几何，那在于它不存在平行四边形。如果在线段 PG 的两端 P 和 G 引出两条相等而平行的线段 PP' 和 GG'，那么，一般说来，$P'G'$ 同 PG 既不相等，也不平行。

到目前为止，已经解决了的数学问题是：可能支配上述这种空间结构的最简单的条件是什么？还要加以研究的主要问题是：用回答前一问题的方程的不带奇点的解，对于物理上的场和基元实体究竟能够表示到什么程度？

5. 相对性：相对论的本质①

数学只研究概念之间的相互关系，而不考虑它们对于经验的关系。物理学也研究数学概念；但这些概念只是由于明白地确定了它们对于经验对象的关系，才得到物理的内容。运动、空间、时间这些概念的情况尤其是这样。

相对论是这样一种物理理论，它是以关于这三个概念的贯彻一致的物理解释为基础的。“相对论”这名称同下述事实有关：从可能的经验观点来看，运动总是显示为一个物体对另一个物体的**相对**运动（比如汽车对于地面，或者地球对于太阳和恒星）。运动绝不可能作为“对于空间的运动”，或者所谓“绝对运动”而被观察到的。“相对性原理”在其最广泛的意义上是包含在如下的陈述里：全部物理现象都具有这样的特征，即它们不为“绝对运动”概念的引进提供任何根据；或者用比较简短但不那么精确的话来说：没有绝对运动。

从这样一种否定的陈述中，我们似乎看不出什么东西。但实际上，它是对于（可以想象的）自然规律的一个严格的限制。在这个意义上，相对论同热力学之间存在着一种类似性。后者所根据的也是一条否定的陈述：“永动机是不存在的。”

相对论的发展分为两个步骤，即“狭义相对论”和“广义相对论”。后者把前者的有效性看作是一种极限情况，并且是它的贯彻一致的延续。

A. 狭义相对论

古典力学中空间和时间的物理解释

从物理学的观点来看，几何学就是相互静止的刚体彼此能够据以相互配置（比如，三角形由三根其端点永远连接在一起的棒所构成）的那些定律的全体。人们假定，按照这种解释的欧几里得定律是有效的。在这种解释中，“空间”原则上是一个无限的刚体（或者骨架），其他一切物体的位置都同它发生关系（参照体）。解析几何（笛卡儿）用三根相互垂直的刚性杆作为表示空间的参照体，而空间中各个点的“坐标”（x，y，z）则是以垂直投影（并且借助于刚性的单位尺度）这个人所共知的办法来量度的。

物理学研究空间和时间里的“事件”。对于每一事件，除了它的空间坐标 x，y，z 以外，还有一个时间值 t. 后者被认为是用一只空间大小

① 这是爱因斯坦于1948年为《美国人民百科全书》（*The American People's Encyclopedia*，1949年，芝加哥Spencer出版）所写的一个条目。这里译自《晚年集》,41—48页。《晚年集》中此文的标题是“相对论”。——编译者注。

可以忽略的时钟（理想的周期过程）来量的。这只时钟 C 被看作静止在坐标系的一个点上，比如在原点（$x=y=z=0$）上。在点 P（x,y,z）上发生的事件的时间则是这样来定义的：时钟 C 上所指示的时间同这事件是同时的。这里“同时”这一概念假定不需要特别定义就有其物理意义。这是不够严格的，只是因为借助于光（从日常经验的观点来看，它的速度实际上是无限的），空间上分隔开的事件的同时性看起来好像是可以立刻确定下来，这种不严格性才似乎是无害的。

狭义相对论消除了这种不严格性，它用光信号从物理上来定义同时性。在 P 处发生的事件的时间 t，是从这个事件发出的光信号到达时钟 C 时 C 上的读数，减去光信号走这段距离所需的时间。作这种改正时，要预先假定（假设）光的速度是不变的。

这个定义把空间上分隔开的两个事件的同时性概念归结为同一地点上出现的两个事件——即光信号到达 C 和 C 的读数——的同时性（重合）的概念。

古典力学所根据的是伽利略原理：一个物体只要不受别的物体的作用，它总是沿着直线做匀速运动。这条陈述不能对任意运动着的坐标系都有效。它只能对所谓“惯性系”才有效。惯性系是一些相互做直线匀速运动的坐标系。在古典物理学中，所有定律只是对一切惯性系才有效（狭义相对性原理）。

现在容易理解那个导致狭义相对论的困境。经验和理论都已逐渐导致这样的信念：认为光在空虚空间里总是以同一速度 c 行进，这速度同光的颜色和光源的运动状态都无关（光速不变原理——下面叫它“L 原理”）。现在，粗浅的直觉考查似乎表明，同一支光线对于一切惯性系**不能**都以同一速度 c 运动的。L 原理似乎同狭义相对性原理相矛盾。

可是，结果弄清楚了，这矛盾只是表面上的，它本质上是由于对时间的绝对性的成见，或者说得确切些，是由于对分隔开的事件的同时性的绝对性有成见。我们刚才看到，一个事件的 x，y，z 和 t，目前只能参照于某一选定的坐标系（惯性系）来确定。事件的 x，y，z，t 从一个惯性系转移到另一惯性系的变换（坐标变换）问题，如果没有特别的物理假定，那是不能解决的。可是下面这个假设对问题的解决正好足够：**L 原理对于一切惯性系都成立**（把狭义相对性原理用于 L 原理）。凡是这样规定的变换，对于 x，y，z，t 都是线性的，它们叫做洛伦兹变换。洛伦兹变换在形式上可以由下面这样的要求来表征：由两个无限靠近的事件的坐标差 $\mathrm{d}x$，$\mathrm{d}y$，$\mathrm{d}z$，$\mathrm{d}t$ 所构成的表示式

$$\mathrm{d}x^2+\mathrm{d}y^2+\mathrm{d}z^2-c^2\mathrm{d}t^2$$

是不变的。（就是说，通过这种变换，它转换成一个由新坐标系的坐标差所构成的**同样**的表示式。）

借助于洛伦兹变换，狭义相对性原理可以这样来表述：自然规律对于洛伦兹变换是不变的。（就是说，如果人们借助于关于 x，y，z，t

的洛伦兹变换而引用了新的惯性系，那么，自然规律并不改变它的形式。）

狭义相对论导致了对空间和时间的物理概念的清楚理解，并且由此认识到运动着的量杆和时钟的行为。它在原则上取消了绝对同时性概念，从而也取消了牛顿所理解的那个即时超距作用概念。它指出，在处理同光速相比不是小到可忽略的运动时，运动定律必须加以怎样的修改。它导致了麦克斯韦电磁场方程的形式上的澄清；特别是导致了对电场和磁场本质上的同一性的理解。它把动量守恒和能量守恒这两条定律统一成一条定律，并且指出了质量同能量的等效性。从形式的观点来看，狭义相对论的成就可以表征如下：它一般地指出了普适常数 c（光速）在自然规律中所起的作用，并且表明以时间作为一方，空间坐标作为另一方，两者进入自然规律的形式之间存在着密切的联系。

B. 广义相对论

狭义相对论在一个基本点上保留了古典力学的基础，那就是这样的陈述：自然规律只对惯性系才有效。对于坐标所“许可的”变换（即那些使定律的形式保持不变的变换）**只能**是（线性）洛伦兹变换。这种限制果真有物理事实为根据吗？下面的论证令人信服地否定了它。

等效原理。物体有惯性质量（对加速度的抵抗），又有引力质量（它决定物体在一既定的引力场中的重量，比如在地面上的重量）。这两个量，按照它们的定义是那么不同，但按照经验，它们却是用同一个数值来量度的。这里面必定有更深一层的理由。这个事实也可以这样来描述：在引力场中，不同的质量得到同一加速度。最后，它也可以表述成这样：物体在引力场中的行为好像在没有引力场中一样，只要在没有引力场的情况下是用一个均匀加速的坐标系（代替惯性系）作为参照系。

因此，似乎没有理由可以禁止对后一情况作如下的解释。人们认为这个坐标系是“静止的”，并且认为那个对它说来是存在的“表观的”引力场，是一个“真正的”引力场。这种由坐标系的加速度所“产生”的引力场当然会是无限扩延的，而这是不可能由有限范围里的有引力的物体产生出来的；可是，如果我们要寻求一种类似场的理论，这件事难不倒我们。按照这种解释，惯性系就失去了它的意义，并且也“说明”了引力质量同惯性质量之所以相等。（根据描述方式的不同，物质的这个同一性质可以表现为重量，也可以表现为惯性。）

从形式上看，承认那种对原来的“惯性”坐标加速运动着的坐标系，就意味着承认非线性的坐标变换，因而大大扩充了不变性这个观念，即大大扩充了相对性原理。

首先，用狭义相对论的结果所作的透彻的讨论表明，坐标经过这样的推广后，不能再被直接解释为量度的结果了。只有坐标差同那些描述引力场的场量合起来才能确定事件之间的可量度的距离。在人们不得不承认非线性坐标变换也是等效坐标系之间的变换之后，最简单的要求看来是承认一切连续的坐标变换（它们形成一个群），也就是说，要承认任何以正则函数来描述场的曲线坐标系（广义相性原理）。

现在不难了解为什么广义相对性原理（**以等效原理为基础**）会导致引力理论。有一种特殊的空间，我们可以认为它的物理结构（场）根据狭义相对论是完全知道了的。这就是没有电磁场也没有物质的空虚空间。这种空间完全由它的“度规”性质来确定：设 dx_0，dy_0，dz_0，dt_0 是两个无限接近的点（事件）的坐标差；那么

（1） $$ds^2 = dx_0^2 + dy_0^2 + dz_0^2 - c^2dt_0^2$$

是一个可量度的量，它同惯性系的特殊选取无关。如果通过一般的坐标变换，在这空间里引进新的坐标 x_1，x_2，x_3，x_4，那么对于同一对点，ds^2 这个量表现为这样的形式

（2） $$ds^2 = \sum g_{ik}dx^idx^k$$ （i 和 k 都从 1 到 4 累加起来），

此处 $g_{ik} = g_{ki}$. 这些 g_{ik} 形成一个“对称张量”，并且都是 x_1，$\cdots x_4$ 的连续函数，按照“等效原理”，它们描述一种特殊的引力场（即可以再变换成形式（1）的引力场）。根据黎曼关于度规空间的研究，这种 g_{ik} 场的数学性质能被确凿地规定下来（“黎曼条件”）。然而我们所要寻求的是“一般”引力场所满足的方程。我们自然要假定它们也能被描述成 g_{ik} 类型的张量场，但一般不允许变换成形式（1），这就是说，它们不满足“黎曼条件”，而只满足一些较宽的条件，这些条件也像黎曼条件一样是同坐标的选取无关的（也就是广义不变的）。作简单的形式考查，就可得到同黎曼条件有密切联系的较宽的条件。这些条件就是纯引力场（存在于物质的外面并且没有电磁场）的方程。

这些方程以近似定律的形式得出了牛顿引力力学方程，还得出一些已为观察所证实的微小的效应（光线受到星体引力场的偏转，引力势对于发射光频率的影响，行星椭圆轨道的缓慢转动——水星近日点的运动）。它们还进一步解释了各个银河系的膨胀运动，这运动是由那些银河系所发出的光的红移表现出来的。

可是广义相对论还不完备，因为广义相对性原理只能满意地用于引力场，而不能用于总场。我们还没有确实地知道究竟该用怎么样的数学结构形式来描述空间里的总场，以及这种总场所遵循的究竟是怎么样的广义不变定律。但有一件事似乎可以肯定，那就是，广义相对性原理对于总场问题的解决，会证明是一个必要而有效的工具。

爱因斯坦与奥本海默在探讨学术问题。

爱因斯坦在英国首相丘吉尔乡下的家中。

6. 论动体的电动力学[①]

大家知道，麦克斯韦电动力学——像现在通常为人们所理解的那样——应用到运动的物体上时，就要引起不对称，而这种不对称似乎不是现象所固有的。比如设想一个磁体同一个导体之间的电动力的相互作用。在这里，可观察到的现象只同导体和磁体的相对运动有关，可是按照通常的看法，这两个物体之中，究竟是这个在运动，还是那个在运动，却是截然不同的两回事。如果是磁体在运动，导体静止着，那么在磁体附近就会出现一个具有一定能量的电场，它在导体各部分所在的地方产生一股电流。但是如果磁体是静止的，而导体在运动，那么磁体附近就没有电场，可是在导体中却有一电动势，这种电动势本身虽然并不相当于能量，但是它——假定这里所考虑的两种情况中的相对运动是相等的——却会引起电流，这种电流的大小和路线都同前一情况中由电力所产生的一样。

诸如此类的例子，以及企图证实地球相对于“光媒质”运动的实验的失败，引起了这样一种猜想：绝对静止这概念，不仅在力学中，而且在电动力学中也不符合现象的特性，倒是应当认为，凡是对力学方程适用的一切坐标系，对于上述电动力学和光学的定律也一样适用，对于第一级微量来说，这是已经证明了的。我们要把这个猜想（它的内容以后就称之为“相对性原理”[②]）提升为公理，并且还要引进另一条在表面上看来同它不相容的公理：光在空虚空间里总是以一确定的速度 V 传播着，这速度同发射体的运动状态无关。由这两条公理，根据静体的麦克斯韦理论，就足以得到一个简单而又不自相矛盾的动体电动力学。“光以太”的引用将被证明是多余的，因为按照这里所要阐明的见解，既不需要引进一个具有特殊性质的“绝对静止的空间”，也不需要给发生电磁过程的空虚空间中的每个点规定一个速度矢量。

---

① 这是相对论的第一篇论文，是物理科学中有划时代意义的历史文献，写于 1905 年 6 月，发表在 1905 年 9 月的德国《物理学杂志》（*Annalen der Physik*），第 4 编，17 卷，891—921 页。这里译自洛伦兹、爱因斯坦、闵可夫斯基关于相对论的原始论文集：《相对性原理》（H.A.Lorentz，A.Einstein，H.Minkowski：*Das Relativiätsprinzip*，*Eine Sammlung von Abhandlungen*），莱比锡 Teubner，1922 年第 4 版，26—50 页。译时参考了 W. 帕勒特（Perrett）和 G.B. 杰费利（Jeffery）的英译本 *The Principle of Relativity*，伦敦 Methuer，1923 年版，35—65 页。——编译者注。

② 当时作者并不知道洛伦兹和彭加勒在 1904—1905 年间发表的有关论文，而只读到过洛伦兹 1895 年的涉及迈克尔逊实验的论文（那里提出了洛伦兹—斐兹杰拉德收缩）。——编译者注。

这里所要阐明的理论——像其他各种电动力学一样——是以刚体的运动学为根据的，因为任何这种理论所讲的，都是关于刚体（坐标系）、时钟和电磁过程之间的关系。对这种情况考虑不足，就是动体电动力学目前所必须克服的那些困难的根源。

一、运动学部分

§1　同时的定义

设有一个牛顿力学方程在其中有效的坐标系。为了使我们的陈述比较严谨，并且便于将这坐标系同以后要引进来的别的坐标系在字面上加以区别，我们叫它“静系”。

如果一个质点相对于这个坐标系是静止的，那么它相对于后者的位置就能够用刚性的量杆按照欧几里得几何的方法来定出，并且能用笛卡儿坐标来表示。

如果我们要描述一个质点的**运动**，我们就以时间的函数来给出它的坐标值。现在我们必须记住，这样的数学描述，只有在我们十分清楚地懂得“时间”在这里指的是什么之后才有物理意义。我们应当考虑到：凡是时间在里面起作用的我们的一切判断，总是关于**同时的事件**的判断。比如我说，“那列火车7点钟到达这里”，这大概是说：“我的表的短针指到7同火车的到达是同时的事件。”[①]

可能有人认为，用“我的表的短针的位置”来代替“时间”，也许就有可能克服由于定义“时间”而带来的一切困难。事实上，如果问题只是在于为这只表所在的地点来定义一种时间，那么这样一种定义就已经足够了；但是，如果问题是要把发生在不同地点的一系列事件在时间上联系起来，或者说——其结果依然一样——要定出那些在远离这只表的地点所发生的事件的时间，那么这样的定义就不够了。

当然，我们对于用如下的办法来测定事件的时间也许会感到满意，那就是让观察者同表一起处于坐标的原点上，而当每一个表明事件发生的光信号通过空虚空间到达观察者时，他就把当时的时针位置同光到达的时间对应起来。但是这种对应关系有一个缺点，正如我们从经验中所已知道的那样，它同这个带有表的观察者所在的位置有关。通过下面的考虑，我们得到一种比较切合实际得多的测定法。

如果在空间的A点放一只钟，那么对于贴近A处的事件的时间，A处的一个观察者能够由找出同这些事件同时出现的时针位置来加以测定。如果又在空间的B点放一只钟——我们还要加一句，“这是一只同放在A处的那只完全一样的钟”——那么，通过在B处的观察者，也

① 这里，我们不去讨论那种隐伏在（近乎）同一地点发生的两个事件的同时性这一概念里的不精确性，这种不精确性同样必须用一种抽象法把它消除。——原注。

能够求出贴近 B 处的事件的时间。但要是没有进一步的规定，就不可能把 A 处的事件同 B 处的事件在时间上进行比较。到此为止，我们只定义了“A 时间”和“B 时间”，但是并没有定义对于 A 和 B 是公共的“时间”。只有当我们**通过定义**，把光从 A 到 B 所需要的“时间”规定为等于它从 B 到 A 所需要的“时间”，我们才能够定义 A 和 B 的公共“时间”。设在“A 时间”t_A 从 A 发出一道光线射向 B，它在“B 时间”t_B 又从 B 被反射向 A，而在“A 时间”t'_A 回到 A 处。如果

$$t_B - t_A = t'_A - t_B,$$

那么这两只钟按照定义是同步的。

我们假定，这个同步的定义是可以没有矛盾的，并且对于无论多少个点也都适用，于是下面两个关系是普遍有效的：

1. 如果在 B 处的钟同在 A 处的钟同步，那么在 A 处的钟也就同 B 处的钟同步。

2. 如果在 A 处的钟既同 B 处的钟，又同 C 处的钟同步，那么，B 处同 C 处的两只钟也是同步的。

这样，我们借助于某些（假想的）物理经验，对于静止在不同地方的各只钟，规定了什么叫做它们是同步的，从而显然也就获得了“同时”和“时间”的定义。一个事件的“时间”，就是在这事件发生地点静止的一只钟同该事件同时的一种指示，而这只钟是同某一只特定的静止的钟

顺时针分别是：爱因斯坦、艾伦菲斯特、德西特、洛伦兹、爱丁顿。

同步的，而且对于一切的时间测定，也都是同这只特定的钟同步的。

根据经验，我们还把下列量值

$$\frac{2\overline{AB}}{t'_A - t_A} = V$$

当作一个普适常数（光在空虚空间中的速度）。

要点是，我们用静止在静止坐标系中的钟来定义时间；由于它从属于静止的坐标系，我们把这样定义的时间叫做“静系时间”。

§2　关于长度和时间的相对性

下面的考虑是以相对性原理和光速不变原理为依据的，这两条原理我们定义如下。

左起：玻尔（Niels Bohr），弗兰克（James Franck），爱因斯坦（Albert Einstein），拉比（Israel Isaac Rabi）。他们都是诺贝尔物理学奖得主。

1. 物理体系的状态据以变化的定律，同描述这些状态变化时所参照的坐标系究竟是用两个在互相匀速移动着的坐标系中的哪一个并无关系。

2. 任何光线在“静止的”坐标系中都是以确定的速度 V 运动着，不管这道光线是由静止的还是运动的物体发射出来的。由此，得

$$速度=\frac{光的路程}{时间间隔},$$

这里的“时间间隔”是依照 §1 中所定义的意义来理解的。

设有一静止的刚性杆；用一根也是静止的量杆量得它的长度是 l。我们现在设想这杆的轴是放在静止坐标系的 X 轴上，然后使这根杆沿着 X 轴向 x 增加的方向作匀速的平行移动（速度是 v）。我们现在来考查这根**运动着**的杆的长度，并且设想它的长度是由下面两种操作来确定的：

a）观察者同前面所给的量杆以及那根要量度的杆一道运动，并且直接用量杆同杆相叠合来量出杆的长度，正像要量的杆、观察者和量杆都处于静止时一样。

b）观察者借助于一些安置在静系中的，并且根据 §1 作同步运行的静止的钟，在某一特定时刻 t，求出那根要量的杆的始末两端处于静系中的哪两个点上。用那根已经使用过的在这情况下是静止的量杆所量得的这两点之间的距离，也是一种长度，我们可以称它为“杆的长度”。

由操作 a）求得的长度，我们可称之为“动系中杆的长度”。根据相对性原理，它必定等于静止杆的长度 l.

由操作 b）求得的长度，我们可称之为“静系中（运动着的）杆的长度”。这种长度我们要根据我们的两条原理来加以确定，并且将会发现，它是不同于 l 的。

通常所用的运动学心照不宣地假定了：用上述这两种操作所测得的长度彼此是完全相等的，或者换句话说，一个运动着的刚体，于时期 t，在几何学关系上完全可以用**静止**在一定位置上的**同一**物体来代替。

此外，我们设想，在杆的两端（A 和 B），都放着一只同静系的钟同步了的钟，也就是说，这些钟在任何瞬间所报的时刻，都同它们所在地方的“静系时间”相一致；因此，这些钟也是“在静系中同步的”。

我们进一步设想，在每一只钟那里都有一位运动着的观察者同它在一起，而且他们把 §1 中确立起来的关于两只钟同步运行的判据应用到这两只钟上。设有一道光线在时间[①] t_A 从 A 处发出，在时间 t_B 于 B 处被反射回，并在时间 t'_A 返回到 A 处。考虑到光速不变原理，我们得到：

$$t_B-t_A=\frac{r_{AB}}{V-v} 和 t'_A-t_B=\frac{r_{AB}}{V+v},$$

此处 r_{AB} 表示运动着的杆的长度——在静系中量得的。

① 这里的“时间”表示“静系的时间”，同时也表示“运动着的钟经过所讨论的地点时的指针位置”。——原注。

因此，同动杆一起运动着的观察者会发现这两只钟不是同步运行的，可是处在静系中的观察者却会宣称这两只钟是同步的。

由此可见，我们不能给予同时这概念以任何**绝对的**意义；两个事件，从一个坐标系看来是同时的，而从另一个相对于这个坐标系运动着的坐标系看来，它们就不能再被认为是同时的事件了。

§3 从静系到另一个相对于它作匀速移动的坐标系的坐标和时间的变换理论

设在“静止的”空间中有两个坐标系，每一个都是由三条从一点发出并且互相垂直的刚性物质直线所组成。设想这两个坐标系的 X 轴是叠合在一起的，而它们的 Y 轴和 Z 轴则各自互相平行着。①设每一系都备有一根刚性量杆和若干只钟，而且这两根量杆和两坐标系的所有的钟彼此都是完全相同的。

现在对其中一个坐标系（k）的原点，在朝着另一个静止的坐标系（K）的 x 增加方向上给以一个（恒定）速度 v，设想这个速度也传给了坐标轴、有关的量杆，以及那些钟。因此，对于静系 K 的每一时间 t，都有动系轴的一定位置同它相对应，由于对称的缘故，我们有权假定 k 的运动可以是这样的：在时间 t（这个“t”始终是表示静系的时间），动系的轴是同静系的轴相平行的。

我们现在设想空间不仅是从静系 K 用静止的量杆来量度，而且也可从动系 k 用一根同它一道运动的量杆来量，由此分别得到坐标 x，y，z 和 ξ，η，ζ. 再借助于放在静系中的静止的钟，用 §1 中所讲的光信号方法，来测定一切安置有钟的各个点的静系时间 t；同样，对于一切安置有同动系相对静止的钟的点，它们的动系时间 τ 也是用 §1 中所讲的两点间的光信号方法来测定，而在这些点上都放着后一种〔对动系静止的〕钟。

对于完全地确定静系中一个事件的位置和时间的每一组值 x，y，z，t，对应有一组值 ξ，η，ζ，τ，它们确定了那一事件对于坐标系 k 的关系。现在要解决的问题是求出联系这些量的方程组。

首先，这些方程显然应当都是**线性**的，因为我们认为空间和时间是具有均匀性的。

如果我们置 $x'=x-vt$，那么显然，对于一个在 k 系中静止的点，就必定有一组同时间无关的值 x'，y，z. 我们先把 τ 定义为 x'，y，z 和 t 的函数。为此目的，我们必须用方程来表明 τ 不是别的，而只不过是 k 系中已经依照 §1 中所规定的规则同步化了的静止钟的全部数据。

从 k 系的原点在时间 τ_0 发射一道光线，沿着 X 轴射向 x'，在 τ_1 时从那里反射回坐标系的原点，而在 τ_2 时到达；由此必定有下列关系：

---

① 本文中用大写的拉丁字母 XYZ 和希腊字母 $\varXi HZ$ 分别表示这两个坐标系（K 系和 k 系）的轴，而用相应的小写拉丁字母 x，y，z 和小写的希腊字母 ξ，η，ζ 分别表示它们的坐标值。——编译者注。

$$\frac{1}{2}(\tau_0+\tau_2)=\tau_1,$$

或者，当我们引进函数 τ 的自变数，并且应用在静系中的光速不变的原理：

$$\frac{1}{2}\left[\tau(0,0,0,t)+\tau\left(0,0,0,t+\frac{x'}{V-v}+\frac{x'}{V+v}\right)\right]$$
$$=\tau\left(x',0,0,t+\frac{x'}{V-v}\right)$$

如果我们选取 x' 为无限小，那么，

$$\frac{1}{2}\left(\frac{1}{V-v}+\frac{1}{V+v}\right)\frac{\partial\tau}{\partial t}=\frac{\partial\tau}{\partial x'}+\frac{1}{V-v}\frac{\partial\tau}{\partial t},$$

或者
$$\frac{\partial\tau}{\partial x'}+\frac{v}{V^2-v^2}\frac{\partial\tau}{\partial t}=0.$$

应当指出，我们可以不选坐标原点，而选任何别的点作为光线的出发点，因此刚才所得到的方程对于 x'，y，z 的一切数值都该是有效的。

作类似的考查——用在 H 轴和 Z 轴上——并且注意到，从静系看来，光沿着这些轴传播的速度始终是 $\sqrt{V^2-v^2}$，这就得到：

$$\frac{\partial\tau}{\partial y}=0,$$
$$\frac{\partial\tau}{\partial z}=0.$$

由于 τ 是**线性**函数，从这些方程得到：

$$\tau=a\left(t-\frac{v}{V^2-v^2}x'\right),$$

此处 a 暂时还是一个未知函数 $\varphi(v)$，并且为了简便起见，假定在 k 的原点，当 $\tau=0$ 时，$t=0$.

借助于这一结果，就不难确定 ξ，η，ζ 这些量，这只要用方程来表明，光（像光速不变原理和相对性原理所共同要求的）在动系中量度起来也是以速度 V 在传播的。对于在时间 $\tau=0$ 向 ξ 增加的方向发射出去的一道光线，其方程是：

$$\xi=V\tau，或者\ \xi=aV\left(t-\frac{v}{V^2-v^2}x'\right).$$

但在静系中量度，这道光线以速度 $V-v$ 相对于 k 的原点运动着，因此得到：

$$\frac{x'}{V-v}=t.$$

如果我们以 t 的这个值代入关于 ξ 的方程中，我们就得到：

$$\xi=a\frac{V^2}{V^2-v^2}x'.$$

用类似的办法，考查沿着另外两根轴走的光线，我们就求得：

$$\eta=V\tau=aV\left(t-\frac{v}{V^2-v^2}x'\right),$$

此处
$$\frac{y}{\sqrt{V^2-v^2}}=t;\quad x'=0;$$

因此

$$\eta=a\frac{V}{\sqrt{V^2-v^2}}y\ 和\ \zeta=a\frac{V}{\sqrt{V^2-v^2}}z.$$

代入 x' 的值，我们就得到：

$$\tau=\varphi(v)\beta\left(t-\frac{v}{V^2}x\right),$$
$$\xi=\varphi(v)\beta(x-vt),$$
$$\eta=\varphi(v)y,$$
$$\zeta=\varphi(v)z,$$

此处
$$\beta=\frac{1}{\sqrt{1-\left(\frac{v}{V}\right)^2}},$$

而 φ 暂时仍是 v 的一个未知函数。如果对于动系的初始位置和 τ 的零点不作任何假定，那么这些方程的右边都有一个附加常数。

我们现在应当证明，任何光线在动系量度起来都是以速度 V 传播的，如果像我们所假定的那样，在静系中的情况就是这样的；因为我们还未曾证明光速不变原理同相对性原理是相容的。

在 $t=\tau=0$ 时，这两个坐标系共有一个原点，设从这原点发射出一个球面波，在 K 系里以速度 V 传播着。如果（x，y，z）是这个波刚到达的一点，那么

$$x^2+y^2+z^2=V^2t^2.$$

借助我们的变换方程来变换这个方程，经过简单的演算后，我们得到：

$$\xi^2+\eta^2+\zeta^2=V^2\tau^2.$$

由此，在动系中看来，所考查的这个波仍然是一个具有传播速度 V 的球面波。这表明我们的两条基本原理是彼此相容的。[①]

在已推演得的变换方程中，还留下一个 v 的未知函数 φ，这是我们现在所要确定的。

为此目的，我们引进第三个坐标系 K'，它相对于 k 系作这样一种平行于 Ξ 轴的移动，使它的坐标原点在 Ξ 轴上以速度 $-v$ 运动着。设在 $t=0$ 时，所有这三个坐标原点都重合在一起，而当 $t=x=y=z=0$ 时，设 K' 系的时间 t' 为零。我们把在 K' 系量得的坐标叫做 x'，y'，z'，通过两次运用我们的变换方程，我们就得到：

$$t'=\varphi(-v)\beta(-v)\left\{\tau+\frac{v}{V^2}\xi\right\}=\varphi(v)\varphi(-v)t,$$
$$x'=\varphi(-v)\beta(-v)\{\xi+v\tau\}=\varphi(v)\varphi(-v)x,$$
$$y'=\varphi(-v)\eta=\varphi(v)\varphi(-v)y,$$
$$z'=\varphi(-v)\zeta=\varphi(v)\varphi(-v)z.$$

由于 x'，y'，z' 同 x，y，z 之间的关系中不含有时间 t，所以 K 同 K' 这两个坐标系是相对静止的，而且，从 K 到 K' 的变换显然也必定是恒等变换。因此：

$$\varphi(v)\varphi(-v)=1.$$

我们现在来探究 $\varphi(v)$ 的意义。我们注意 k 系中 H 轴上 在 $\xi=0$，$\eta=0$，$\zeta=0$ 和 $\xi=0$，$\eta=l$，$\zeta=0$ 之间的这一段。这一段的 H 轴，是一根对于 K 系以速度 v 作垂直于它自己的轴运动着的杆。它的两端在 K 中的坐标是：

$$x_1=vt,\quad y_1=\frac{l}{\varphi(v)},\quad z_1=0;$$

和 $$x_2=vt,\quad y_2=0,\quad z_2=0.$$

在 K 中所量得的这杆的长度也是 $l/\varphi(v)$；这就给出了函数 φ 的意义。由于对称的缘故，一根相对于自己的轴作垂直运动的杆，在静系中量得的它的长度，显然必定只同运动的速度有关，而同运动的方向和指向无关。因此，如果 v 同 $-v$ 对调，在静系中量得的动杆的长度应当不变。由此推得：

① 洛伦兹变换方程可以直接从下面的条件更加简单地导出来：由于那些方程，从

$$x^2+y^2+z^2-V^2t^2=0$$

这一关系，应该推导出第二个关系

$$\xi^2+\eta^2+\zeta^2-V^2\tau^2=0.$$——《相对性原理》编者注。

$$\frac{l}{\varphi(v)}=\frac{l}{\varphi(-v)},$$

或者 $\varphi(v)=\varphi(-v)$.

从这个关系和前面得出的另一关系，就必然得到 $\varphi(v)=1$，因此，已经得到的变换方程就变为：①

$$\tau=\beta\left(t-\frac{v}{V^2}x\right),$$

$$\xi=\beta(x-vt),$$

$$\eta=y,$$

$$\zeta=z,$$

此处 $$\beta=\frac{1}{\sqrt{1-\left(\frac{v}{V}\right)^2}}$$

§4 关于运动刚体和运动时钟所得方程的物理意义

我们观察一个半径为 R 的刚性球②，它相对于动系 k 是静止的，它的中心在 k 的坐标原点上。这个球以速度 v 相对于 K 系运动着，它的球面的方程是：

$$\xi^2+\eta^2+\zeta^2=R^2.$$

用 x，y，z 来表示，在 $t=0$ 时，这个球面的方程是：

$$\frac{x^2}{\left(\sqrt{1-\left(\frac{v}{V}\right)^2}\right)^2}+y^2+z^2=R^2.$$

一个在静止状态量起来是球形的刚体，在运动状态——从静系看来——则具有旋转椭球的形状了，这椭球的轴是

$$R\sqrt{1-\left(\frac{v}{V}\right)^2},R,\ R.$$

这样看来，球（因而也可以是无论什么形状的刚体）的 Y 方向和 Z 方向的长度不因运动而改变，而 X 方向的长度则好像以 $1:\sqrt{1-(v/V)^2}$ 的比率缩短了，v 愈大，就缩短得愈厉害。对于 $v=V$，一切运动着的物体——从“静”系看来——都缩成扁平的了。对于大于光速的速度，我们的讨论就变得毫无意义了；此外，在以后的讨论中，我们会发现，光速在我们的物理理论中扮演着无限大速度的角色。

很显然，从匀速运动着的坐标系看来，同样的结果也适用于静止在“静”系中的物体。

进一步，我们设想有若干只钟，当它们同静系相对静止时，它们能够指示时间 t；而当它

① 这一组变换方程以后通称为洛伦兹变换方程，事实上它与洛伦兹1904年提出的变换方程不同。洛伦兹原来的形式相当于：

$$\tau=\frac{t}{\beta}-\frac{\beta v}{V^2}x,\quad \xi=\beta x,\quad \eta=y,\quad \zeta=z.$$

两者只对于 β 的一次幂才是一致的。值得注意的是，对于爱因斯坦的形式，$x^2+y^2+z^2-V^2t^2$ 是一个不变量；而对于洛伦兹的形式则不是。所以以后大家都采用爱因斯坦的形式。这个变换方程，伏格特（W.Voigt）于1887年，拉摩（J.Larmor）于1900年已分别发现，但当时并未认识其重要意义，因此也未引起人们的注意。——编译者注。

② 即在静止时看来是球形的物体。——原注。

们同动系相对静止时，就能够指示时间 τ，现在我们把其中一只钟放到 k 的坐标原点上，并且校准它，使它指示时间 τ. 从静系看来，这只钟走得快慢怎样呢?

在同这只钟的位置有关的量 x，t 和 τ 之间，显然下列方程成立：

$$\tau=\frac{1}{\sqrt{1-\left(\frac{v}{V}\right)^{2}}}\left(t-\frac{v}{V^{2}}x\right) \text{和} \ x=v\,t,$$

因此， $\tau=t\sqrt{1-\left(\frac{v}{V}\right)^{2}}=t-\left(1-\sqrt{1-\left(\frac{v}{V}\right)^{2}}\right)t.$

由此得知，这只钟所指示的时间（在静系中看来）每秒钟要慢 $1-\sqrt{1-\left(\frac{v}{V}\right)^{2}}$ 秒，或者——略去第四级和更高级的 [小] 量——要慢 $\frac{1}{2}(v/V)^{2}$ 秒。

从这里产生了如下的奇特后果。如果在 K 的 A 点和 B 点上各有一只在静系看来是同步运行的静止的钟，并且使 A 处的钟以速度 v 沿着 AB 联线向 B 运动，那么当它到达 B 时，这两只钟不再是同步的了，从 A 向 B 运动的钟要比另一只留在 B 处的钟落后 $\frac{1}{2}tv^{2}/V^{2}$ 秒（不计第四级和更高级的 [小] 量），t 是这只钟从 A 到 B 所费的时间。

我们立即可见，当钟从 A 到 B 是沿着一条任意的折线运动时，上面这结果仍然成立，甚至当 A 和 B 这两点重合在一起时，也还是如此。

如果我们假定，对于折线证明的结果，对于连续曲线也是有效的，那么我们得到这样的命题：如果 A 处有两只同步的钟，其中一只以恒定速度沿一条闭合曲线运动，经历了 t 秒后回到 A，那么，比起那只在 A 处始终未动的钟来，这只钟在它到达 A 时，要慢 $\frac{1}{2}t(v/V)^{2}$ 秒。由此，我们可以断定：在赤道上的摆轮钟[①]，比起放在两极的一只在性能上完全一样的钟来，在别的条件都相同的情况下，它要走得慢些，不过所差的量非常之小。

§5 速度的加法定理

在以速度 v 沿 K 系的 X 轴运动着的 k 系中，设有一个点依照下面的方程在运动：

$$\xi=w_{\xi}\tau,\ \eta=w_{\eta}\tau,\ \zeta=0,$$

此处 w_{ξ} 和 w_{η} 都表示常数。

求这个点对于 K 系的运动。借助于 §3 中得出的变换方程，我们把 x，y，z，t 这些量引进这个点的运动方程中来，我们就得到：

$$x=\frac{w_{\xi}+v}{1+\frac{vw_{\xi}}{V^{2}}}t,$$

$$y=\frac{\sqrt{1-\left(\frac{v}{V}\right)^{2}}}{1+\frac{vw_{\xi}}{V^{2}}}w_{\eta}t,$$

$$z=0.$$

① 不是“摆钟”，在物理学上摆钟是同地球同属一个体系的。这种情况必须除外。——《相对性原理》编者注。按：普通的手表就是摆轮钟的一种。——编译者注。

这样，依照我们的理论，速度的平行四边形定律只在第一级近似范围内才是有效的。我们置：

$$U^2=\left(\frac{\mathrm{d}x}{\mathrm{d}t}\right)^2+\left(\frac{\mathrm{d}y}{\mathrm{d}t}\right)^2,$$

$$w^2=w_\xi^2+w_\eta^2,$$

$$\alpha=\arctan\frac{w_\eta}{w_\xi};$$ ①

α 因而被看作是 v 和 w 两速度之间的交角。经过简单演算后，我们得到：

$$U=\frac{\sqrt{(v^2+w^2+2vw\cos\alpha)-\left(\frac{vw\sin\alpha}{V}\right)^2}}{1+\frac{vw\cos\alpha}{V^2}}.$$

值得注意的是，v 和 w 是以对称的形式进入合成速度的式子里的。如果 w 也取 X 轴（Ξ 轴）的方向，那么我们就得到：

$$U=\frac{v+w}{1+\frac{vw}{V^2}}.$$

从这个方程得知，由两个小于 V 的速度合成而得的速度总是小于 V. 因为如果我们置 $v=V-\kappa$，$w=V-\lambda$，此处 κ 和 λ 都是正的并且小于 V，那么：

$$U=V\frac{2V-\kappa-\lambda}{2V-\kappa-\lambda+\frac{\kappa\lambda}{V}}<V.$$

进一步还可看出，光速 V 不会因为同一个“小于光速的速度”合成起来而有所改变。在这场合下，我们得到：

$$U=\frac{V+w}{1+\frac{w}{V}}=V.$$

当 v 和 w 具有同一方向时，我们也可以把两个依照 §3 的变换联合起来，而得到 U 的公式。如果除了在 §3 中所描述的 K 和 k 这两个坐标系之外，我们还引进另一个对 k 作平行运动的坐标系 k'，它的原点以速度 w 在 Ξ 轴上运动着，那么我们就得到 x，y，z，t 这些量同 k' 的对应量之间的方程，它们同那些在 §3 中所得到的方程的区别，仅仅在于以

$$\frac{v+w}{1+\frac{vw}{V^2}}$$

这个量来代替“v”；由此可知，这样的一些平行变换——必然地——形成一个群。

我们现在已经依照我们的两条原理推导出运动学的必要命题，我们要进而说明它们在电动力学中的应用。

二、电动力学部分

§6 关于空虚空间麦克斯韦-赫兹方程的变换。关于磁场中由运动所产生的电动力的本性

设关于空虚空间的麦克斯韦-赫兹方程对于静系 K 是有效的，那么我们可以得到：

① 原文是：$\alpha=\arctan\frac{w_y}{w_x}$. ——编译者注。

$$\frac{1}{V}\frac{\partial X}{\partial t}=\frac{\partial N}{\partial y}-\frac{\partial M}{\partial z},\qquad \frac{1}{V}\frac{\partial L}{\partial t}=\frac{\partial Y}{\partial z}-\frac{\partial Z}{\partial y},$$

$$\frac{1}{V}\frac{\partial Y}{\partial t}=\frac{\partial L}{\partial z}-\frac{\partial N}{\partial x},\qquad \frac{1}{V}\frac{\partial M}{\partial t}=\frac{\partial Z}{\partial x}-\frac{\partial X}{\partial z},$$

$$\frac{1}{V}\frac{\partial Z}{\partial t}=\frac{\partial M}{\partial x}-\frac{\partial L}{\partial y},\qquad \frac{1}{V}\frac{\partial N}{\partial t}=\frac{\partial X}{\partial y}-\frac{\partial Y}{\partial x},$$

此处（X, Y, Z）表示电力的矢量，而（L, M, N）表示磁力的矢量。

如果我们把§3中所得出的变换用到这些方程上去，把这电磁过程参照于那个在§3中所引用的、以速度v运动着的坐标系，我们就得到如下方程：

$$\frac{1}{V}\frac{\partial X}{\partial \tau}=\frac{\partial \beta\left(N-\frac{v}{V}Y\right)}{\partial \eta}-\frac{\partial \beta\left(M+\frac{v}{V}Z\right)}{\partial \zeta},$$

$$\frac{1}{V}\frac{\partial \beta\left(Y-\frac{v}{V}N\right)}{\partial \tau}=\frac{\partial L}{\partial \zeta}-\frac{\partial \beta\left(N-\frac{v}{V}Y\right)}{\partial \xi},$$

$$\frac{1}{V}\frac{\partial \beta\left(Z+\frac{v}{V}M\right)}{\partial \tau}=\frac{\partial \beta\left(M+\frac{v}{V}Z\right)}{\partial \xi}-\frac{\partial L}{\partial \eta},$$

$$\frac{1}{V}\frac{\partial L}{\partial \tau}=\frac{\partial \beta\left(Y-\frac{v}{V}N\right)}{\partial \zeta}-\frac{\partial \beta\left(Z+\frac{v}{V}M\right)}{\partial \eta},$$

$$\frac{1}{V}\frac{\partial \beta\left(M+\frac{v}{V}Z\right)}{\partial \tau}=\frac{\partial \beta\left(Z+\frac{v}{V}M\right)}{\partial \xi}-\frac{\partial X}{\partial \zeta},$$

$$\frac{1}{V}\frac{\partial \beta\left(N-\frac{v}{V}Y\right)}{\partial \tau}=\frac{\partial X}{\partial \eta}-\frac{\partial \beta\left(Y-\frac{v}{V}N\right)}{\partial \xi},$$

此处 $$\beta=\frac{1}{\sqrt{1-\left(\frac{v}{V}\right)^2}}.$$

相对性原理现在要求，如果关于空虚空间的麦克斯韦-赫兹方程在K系中成立，那么它们在k系中也该成立。也就是说，对于动系k的电力矢量（X'，Y'，Z'）和磁力矢量（L'，M'，N'）——它们是在动系k中分别由那些在带电体和磁体上的有重动力作用来定义的——下列方程成立：

$$\frac{1}{V}\frac{\partial X'}{\partial \tau}=\frac{\partial N'}{\partial \eta}-\frac{\partial M'}{\partial \zeta},$$

$$\frac{1}{V}\frac{\partial L'}{\partial \tau}=\frac{\partial Y'}{\partial \zeta}-\frac{\partial Z'}{\partial \eta},$$

$$\frac{1}{V}\frac{\partial Y'}{\partial \tau}=\frac{\partial L'}{\partial \zeta}-\frac{\partial N'}{\partial \xi},$$

$$\frac{1}{V}\frac{\partial M'}{\partial \tau}=\frac{\partial Z'}{\partial \xi}-\frac{\partial X'}{\partial \zeta},$$

$$\frac{1}{V}\frac{\partial Z'}{\partial \tau}=\frac{\partial M'}{\partial \xi}-\frac{\partial L'}{\partial \eta},$$

$$\frac{1}{V}\frac{\partial N'}{\partial \tau}=\frac{\partial X'}{\partial \eta}-\frac{\partial Y'}{\partial \xi}.$$

显然，为k系所求得的上面这两个方程组必定表达完全同一回事，因为这两个方程组都相当于K系的麦克斯韦-赫兹方程。此外，由于两组里的各个方程，除了代表矢量的符号以外，都是相一致的，因此，在两个方程组里的对应位置上出现的函数，除了一个因子$\psi(v)$之外，都应当相一致，而$\psi(v)$这因子对于一个方程组里的一切函数都是共同的，并且同ξ，η，ζ和τ无关，而只同v有关。由此我们得到如下关系：

$$X'=\psi(v)X,$$

$$L'=\psi(v)L,$$

$$Y'=\psi(v)\beta\left(Y-\frac{v}{V}N\right),$$

$$M'=\psi(v)\beta\left(M+\frac{v}{V}Z\right),$$

$$Z' = \psi(v)\beta\left(Z + \frac{v}{V}M\right),$$
$$N' = \psi(v)\beta\left(N - \frac{v}{V}Y\right).$$

我们现在来作这个方程组的逆变换，首先要用到刚才所得到的方程的解，其次，要把这些方程用到那个由速度 $-v$ 来表征的逆变换（从 k 变换到 K）上去，那么，当我们考虑到如此得出的两个方程组必定是恒等的，就得到：

$$\psi(v)\cdot\psi(-v) = 1.$$

再者，由于对称的缘故，①

$$\psi(v) = \psi(-v);$$

所以 $$\psi(v) = 1,$$

我们的方程也就具有如下形式：

$$X' = X,$$
$$L' = L,$$
$$Y' = \beta\left(Y - \frac{v}{V}N\right),$$
$$M' = \beta\left(M + \frac{v}{V}Z\right),$$
$$Z' = \beta\left(Z + \frac{v}{V}M\right),$$
$$N' = \beta\left(N - \frac{v}{V}Y\right).$$

为了解释这些方程，我们作如下的说明：设有一个点状电荷，当它在静系 K 中量度时，电荷的量值是“1”，那就是说，当它静止在静系中时，它以 1 达因的力作用在距离 1 厘米处的一个相等的电荷上。根据相对性原理，在动系中量度时，这个电荷的量值也该是“1”。如果这个电荷相对于静系是静止的，那么按照定义，矢量（X，Y，Z）就等于作用在它上面的力。如果这个电荷相对于动系是静止的（至少在有关的瞬时），那么作用在它上面的力，在动系中量出来等于矢量（X'，Y'，Z'）。由此，上面方程中的前面三个，在文字上可以用如下两种方法来表述：

1. 如果一个单位点状电荷在一个电磁场中运动，那么作用在它上面的，除了电力，还有一个“电动力”。要是我们略去 v/V 的二次以及更高次幂所乘的项，这个电动力就等于单位电荷的速度同磁力的矢积除以光速。（旧的表述方式）

2. 如果一个单位点状电荷在一个电磁场中运动，那么作用在它上面的力就等于在电荷所在处出现的一种电力，这个电力是我们把这电磁场变换到同这单位电荷相对静止的一个坐标系上去时所得出的。（新的表述方式）

对于“磁动力”也是相类似的。我们看到，在所阐述的这个理论中，电动力只起着一个辅助概念的作用，它的引用是由于这样的情况：电力和磁力都不是独立于坐标系的运动状态而存在的。

同时也很明显，开头所讲的，那种在考察由磁体同导体的相对运动而产生电流时所出现的不对称性，现在是不存在了。而且，关于电动力学的电动力的“位置”（Sitz）问题（单极电机），现在也不成为问题了。

---

① 比如，要是 $X = Y = Z = L = M = 0$，而 $N \neq 0$，那么，由于对称的缘故，如果 v 改变正负号而不改变其数值，显然 Y' 也必定改变正负号而不改变其数值。——原注。

§7 多普勒原理和光行差的理论

在K系中，离坐标原点很远的地方，设有一电动波源，在包括坐标原点在内的一部分空间里，这些电磁波可以在足够的近似程度上用下面的方程来表示：

$$X = X_0\sin\Phi, \qquad L = L_0\sin\Phi,$$
$$Y = Y_0\sin\Phi, \qquad M = M_0\sin\Phi,$$
$$Z = Z_0\sin\Phi, \qquad N = N_0\sin\Phi,$$

此处
$$\Phi = \omega\left(t - \frac{ax + by + cz}{V}\right).$$

这里的（X_0，Y_0，Z_0）和（L_0，M_0，N_0）是规定波列的振幅的矢量，a，b，c是波面法线的方向余弦。我们要探究由一个静止在动系k中的观察者看起来的这些波的性状。

应用§6所得出的关于电力和磁力的变换方程，以及§3所得出的关于坐标和时间的变换方程，我们立即得到：

$$X' = X_0\sin\Phi',$$
$$L' = L_0\sin\Phi',$$
$$Y' = \beta\left(Y_0 - \frac{v}{V}N_0\right)\sin\Phi',$$
$$M' = \beta\left(M_0 + \frac{v}{V}Z_0\right)\sin\Phi',$$
$$Z' = \beta\left(Z_0 + \frac{v}{V}M_0\right)\sin\Phi',$$
$$N' = \beta\left(N_0 - \frac{v}{V}Y_0\right)\sin\Phi',$$
$$\Phi' = \omega'\left(\tau - \frac{a'\xi + b'\eta + c'\zeta}{V}\right),$$

此处
$$\omega' = \omega\beta\left(1 - a\frac{v}{V}\right),$$
$$a' = \frac{a - \frac{v}{V}}{1 - a\frac{v}{V}},$$
$$b' = \frac{b}{\beta\left(1 - a\frac{v}{V}\right)},$$
$$c' = \frac{c}{\beta\left(1 - a\frac{v}{V}\right)}.$$

从关于ω'的方程即可得知：如果有一观察者以速度v相对于一个在无限远处频率为ν的光源运动，并且参照于一个同光源相对静止的坐标系，“光源-观察者”连线同观察者的速度相交成φ角，那么，观察者所感知的光的频率ν'由下面方程定出：

$$\nu' = \nu\frac{1 - \cos\varphi\frac{v}{V}}{\sqrt{1 - \left(\frac{v}{V}\right)^2}}.$$

这就是对于任何速度的多普勒原理。当$\varphi = 0$时，这方程具有如下的明晰形式：

$$\nu' = \nu\sqrt{\frac{1 - \frac{v}{V}}{1 + \frac{v}{V}}}.$$

我们可看出，当$v = -V$时，$\nu' = \infty$，[①]这同通常的理解相矛盾。

如果我们把动系中的波面法线（光线的方向）同“光源-观察者”连线之间的交角叫做φ'，那么关于a'的方程就取如下形式：

① 原文为“$v = -\infty$时，$\nu = \infty$”，显然有误。——编译者注。

$$\cos\varphi' = \frac{\cos\varphi - \frac{v}{V}}{1 - \frac{v}{V}\cos\varphi}.$$

这个方程以最一般的形式表述了光行差定律。如果 $\varphi = \pi/2$，这个方程就取简单的形式：

$$\cos\varphi' = -\frac{v}{V}.$$

我们还应当求出这些波在动系中看来的振幅。如果我们把在静系中量出的和在动系中量出的电力或磁力的振幅，分别叫做 A 和 A'，那么我们就得到：

$$A'^2 = A^2 \frac{\left(1 - \frac{v}{V}\cos\varphi\right)^2}{1 - \left(\frac{v}{V}\right)^2},$$

如果 $\varphi = 0$，这个方程就简化成：

$$A'^2 = A^2 \frac{1 - \frac{v}{V}}{1 + \frac{v}{V}}.$$

从这些已求得的方程得知，对于一个以速度 V 向光源接近的观察者，这光源必定显得无限强烈。

§8 光线能量的变换。作用在完全反射镜上的辐射压力理论

因为 $A^2/8\pi$ 等于每单位体积的光能，于是由相对性原理，我们应当把 $A'^2/8\pi$ 看作是动系中的光能。因此，如果一个光集合体的体积，在 K 中量得的同在 k 中量得的相等，那么 A'^2/A^2 就该是这一光集合体“在运动中量得的”能量同“在静止中量得的”能量的比率。但情况并非如此。如果 a，b，c 是静系中光的波面法线的方向余弦，那就没有能量会通过一个以光速在运动着的球面

$$(x - Vat)^2 + (y - Vbt)^2 + (z - Vct)^2 = R^2$$

的各个面元素的。我们因此可以说，这个球面永远包围着这个光集合体。我们要探究在 k 系看来这个球面所包围的能量，也就是要求出这个光集合体相对于 k 系的能量。

这个球面——在动系看来——是一个椭球面，在 $\tau = 0$ 时，它的方程是：

$$\left(\beta\xi - a\beta\frac{v}{V}\xi\right)^2 + \left(\eta - b\beta\frac{v}{V}\xi\right)^2 + \left(\zeta - c\beta\frac{v}{V}\xi\right)^2 = R^2.$$

如果 S 是球的体积，S' 是这个椭球的体积，那么，通过简单的计算，就得到：

$$\frac{S'}{S} = \frac{\sqrt{1 - \left(\frac{v}{V}\right)^2}}{1 - \frac{v}{V}\cos\varphi}.$$

因此，如果我们把在静系中量得的、为这个曲面所包围的光能叫做 E，而在动系中量得的叫做 E'，我们就得到：

$$\frac{E'}{E} = \frac{\frac{A'^2}{8\pi}S'}{\frac{A^2}{8\pi}S} = \frac{1 - \frac{v}{V}\cos\varphi}{\sqrt{1 - \left(\frac{v}{V}\right)^2}},$$

当 $\varphi = 0$ 时，这个公式就简化成：

$$\frac{E'}{E} = \sqrt{\frac{1 - \frac{v}{V}}{1 + \frac{v}{V}}}.$$

可注意的是，光集合体的能量和频率都随

着观察者的运动状态遵循着同一定律而变化。

现在设坐标平面 $\xi=0$ 是一个完全反射的表面，§7 中所考查的平面波在那里受到反射。我们要求出作用在这反射面上的光压，以及经反射后的光的方向、频率和强度。

设入射光由 A，$\cos\phi$，v（参照于 K 系）这些量来规定。在 k 看来，其对应量是：

$$A' = A\frac{1-\frac{v}{V}\cos\varphi}{\sqrt{1-\left(\frac{v}{V}\right)^2}},$$

$$\cos\varphi' = \frac{\cos\varphi-\frac{v}{V}}{1-\frac{v}{V}\cos\varphi},$$

$$v' = v\frac{1-\frac{v}{V}\cos\varphi}{\sqrt{1-\left(\frac{v}{V}\right)^2}}.$$

对于反射后的光，当我们从 k 系来看这过程，则得：

$$A''=A',$$

$$\cos\varphi''=-\cos\varphi',$$

$$v''=v'.$$

最后，通过回转到静系 K 的变换，关于反射后的光，我们得到：

$$A''' = A''\frac{1+\frac{v}{V}\cos\varphi''}{\sqrt{1-\left(\frac{v}{V}\right)^2}} = A\frac{1-2\frac{v}{V}\cos\varphi+\left(\frac{v}{V}\right)^2}{1-\left(\frac{v}{V}\right)^2},$$

$$\cos\varphi''' = \frac{\cos\varphi''+\frac{v}{V}}{1+\frac{v}{V}\cos\varphi''} = -\frac{\left(1+\left(\frac{v}{V}\right)^2\right)\cos\varphi-2\frac{v}{V}}{1-2\frac{v}{V}\cos\varphi+\left(\frac{v}{V}\right)^2},$$

$$v''' = v''\frac{1-\frac{v}{V}\cos\varphi''}{\sqrt{1-\left(\frac{v}{V}\right)^2}} = v\frac{1-2\frac{v}{V}\cos\varphi+\left(\frac{v}{V}\right)^2}{1-\left(\frac{v}{V}\right)^2}.$$

每单位时间内射到反射镜上单位面积的（在静系中量得的）能量显然是 $A^2(V\cos\varphi-v)/8\pi$。单位时间内离开反射镜的单位面积的能量是 $A'''^2(-V\cos\varphi'''+v)/8\pi$。由能量原理，这两式的差就是单位时间内光压所做的功。如果我们置这功等于乘积 $P\cdot v$，此处 P 是光压，那么我们就得到：

$$P = 2\cdot\frac{A^2}{8\pi}\frac{\left(\cos\varphi-\frac{v}{V}\right)^2}{1-\left(\frac{v}{V}\right)^2}.$$

就第一级近似而论，我们得到一个同实验一致，也同别的理论一致的结果，即

$$P = 2\frac{A^2}{8\pi}\cos^2\varphi.$$

关于动体的一切光学问题，都能用这里所使用的方法来解决。其要点在于，把受到一动体影响的光的电力和磁力，变换到一个同这个物体相对静止的坐标系上去。通过这种办法，动体光学的全部问题将归结为一系列静体光学的问题。

§9 考虑到运流的麦克斯韦－赫兹方程的变换

我们从下列方程出发：

$$\frac{1}{V}\left\{u_x\rho+\frac{\partial X}{\partial t}\right\}=\frac{\partial N}{\partial y}-\frac{\partial M}{\partial z},\qquad \frac{1}{V}\frac{\partial L}{\partial t}=\frac{\partial Y}{\partial z}-\frac{\partial Z}{\partial y},$$

$$\frac{1}{V}\left\{u_y\rho+\frac{\partial Y}{\partial t}\right\}=\frac{\partial L}{\partial z}-\frac{\partial N}{\partial x},\qquad \frac{1}{V}\frac{\partial M}{\partial t}=\frac{\partial Z}{\partial x}-\frac{\partial X}{\partial z},$$

$$\frac{1}{V}\left\{u_z\rho+\frac{\partial Z}{\partial t}\right\}=\frac{\partial M}{\partial x}-\frac{\partial L}{\partial y},\qquad \frac{1}{V}\frac{\partial N}{\partial t}=\frac{\partial X}{\partial y}-\frac{\partial Y}{\partial x},$$

此处：

$$\rho=\frac{\partial X}{\partial x}+\frac{\partial Y}{\partial y}+\frac{\partial Z}{\partial z}$$

表示电的密度的 4π 倍，而（u_x，u_y，u_z）表示电的速度矢量。如果我们设想电荷是同小刚体（离子、电子）牢固地结合在一起的，那么这些方程就是洛伦兹的动体电动力学和光学的电磁学基础。

设这些方程在 K 系中成立，借助于 §3 和 §6 的变换方程，把它们变换到 k 系上去，我们由此得到方程：①

$$\frac{1}{V}\left\{u_\xi\rho'+\frac{\partial X'}{\partial \tau}\right\}=\frac{\partial N'}{\partial \eta}-\frac{\partial M'}{\partial \zeta},\qquad \frac{1}{V}\frac{\partial L'}{\partial \tau}=\frac{\partial Y'}{\partial \zeta}-\frac{\partial Z'}{\partial \eta},$$

$$\frac{1}{V}\left\{u_\eta\rho'+\frac{\partial Y'}{\partial \tau}\right\}=\frac{\partial L'}{\partial \zeta}-\frac{\partial N'}{\partial \xi},\qquad \frac{1}{V}\frac{\partial M'}{\partial \tau}=\frac{\partial Z'}{\partial \xi}-\frac{\partial X'}{\partial \zeta},$$

$$\frac{1}{V}\left\{u_\zeta\rho'+\frac{\partial Z'}{\partial \tau}\right\}=\frac{\partial M'}{\partial \xi}-\frac{\partial L'}{\partial \eta},\qquad \frac{1}{V}\frac{\partial N'}{\partial \tau}=\frac{\partial X'}{\partial \eta}-\frac{\partial Y'}{\partial \xi},$$

此处

$$\frac{u_x-v}{1-\frac{u_xv}{V^2}}=u_\xi,$$

$$\frac{u_y}{\beta\left(1-\frac{u_xv}{V^2}\right)}=u_\eta,$$

$$\frac{u_z}{\beta\left(1-\frac{u_xv}{V^2}\right)}=u_\zeta,$$

$$\rho'=\frac{\partial X'}{\partial \xi}+\frac{\partial Y'}{\partial \eta}+\frac{\partial Z'}{\partial \zeta}=\beta\left(1-\frac{vu_x}{V^2}\right)\rho.$$

因为，——由速度的加法定理（§5）得知——矢量（u_ξ，u_η，u_ζ）只不过是在 k 系中量得的电荷的速度，所以我们就证明了：根据我们的运动学原理，洛伦兹的动体电动力学理论的电动力学基础是符合于相对性原理的。

此外，我还可以简要地说一下，由已经推演得到的方程可以容易地导出下面一条重要的定律：如果一个带电体在空间中无论怎样运动，并且从一个同它一道运动着的坐标系来看，它的电荷不变，那么从"静"系 K 来看，它的电荷也保持不变。

① 原文中右面三个方程的左边都少了系数 $\frac{1}{V}$.——编译者注。

§10 （缓慢加速的）电子的动力学

设有一点状的具有电荷ε的粒子（以后叫“电子”）在电磁场中运动，我们假定它的运动定律如下：

如果这电子在一定时期内是静止的，在随后的时刻，只要电子的运动是缓慢的，它的运动就遵循如下方程

$$\mu\frac{\mathrm{d}^2x}{\mathrm{d}t^2}=\varepsilon X,$$

$$\mu\frac{\mathrm{d}^2y}{\mathrm{d}t^2}=\varepsilon Y,$$

$$\mu\frac{\mathrm{d}^2Z}{\mathrm{d}t^2}=\varepsilon Z,$$

此处 x, y, z 表示电子的坐标，μ 表示电子的质量。

现在，第二步，设电子在某一时期的速度是 v，我们来求电子在随后时刻的运动定律。

我们不妨假定，电子在我们注意观察它的时候是在坐标的原点上，并且沿着 K 系的 X 轴以速度 v 运动着，这样的假定并不影响考查的普遍性。那就很明显，在已定的时刻（$t=0$），电子对于那个以恒定速度 v 沿着 X 轴作平行运动的坐标系 h 是静止的。

从上面所作的假定，结合相对性原理，很明显的，在随后紧接的时间（对于很小的 t 值）里，由 k 系看来，电子是遵照如下方程而运动的：

$$\mu\frac{\mathrm{d}^2\xi}{\mathrm{d}\tau^2}=\varepsilon X',$$

$$\mu\frac{\mathrm{d}^2\eta}{\mathrm{d}\tau^2}=\varepsilon Y',$$

$$\mu\frac{\mathrm{d}^2\zeta}{\mathrm{d}\tau^2}=\varepsilon Z',$$

在这里，ξ，η，ζ，τ，X'，Y'，Z' 这些符号是参照于 k 系的。如果我们进一步规定，当 $t=x=y=z=0$ 时，$\tau=\xi=\eta=\zeta=0$，那么 §3 和 §6 的变换方程有效，也就是如下关系有效：

$$\tau=\beta\left(t-\frac{v}{V^2}x\right),$$

$$\xi=\beta(x-vt),\qquad X'=X,$$

$$\eta=y,\qquad Y'=\beta\left(Y-\frac{v}{V}N\right),$$

$$\zeta=z,\qquad Z'=\beta\left(Z+\frac{v}{V}M\right).$$

借助于这些方程，我们把前述的运动方程从 k 系变换到 K 系，就得到：

$$\text{(A)}\quad\begin{cases}\dfrac{\mathrm{d}^2x}{\mathrm{d}t^2}=\dfrac{\varepsilon}{\mu}\dfrac{1}{\beta^3}X,\\[2ex]\dfrac{\mathrm{d}^2y}{\mathrm{d}t^2}=\dfrac{\varepsilon}{\mu}\dfrac{1}{\beta}\left(Y-\dfrac{v}{V}N\right),\\[2ex]\dfrac{\mathrm{d}^2z}{\mathrm{d}t^2}=\dfrac{\varepsilon}{\mu}\dfrac{1}{\beta}\left(Z+\dfrac{v}{V}M\right).\end{cases}$$

依照通常考虑的方法，我们现在来探究运动电子的“纵”质量和“横”质量。我们把方程（A）写成如下形式

$$\mu\beta^3\frac{\mathrm{d}^2x}{\mathrm{d}t^2}=\varepsilon X=\varepsilon X',$$

$$\mu\beta^2\frac{\mathrm{d}^2y}{\mathrm{d}t^2}=\varepsilon\beta\left(Y-\frac{v}{V}N\right)=\varepsilon Y',$$

$$\mu\beta^2\frac{\mathrm{d}^2z}{\mathrm{d}t^2}=\varepsilon\beta\left(Z+\frac{v}{V}M\right)=\varepsilon Z',$$

首先要注意到，$\varepsilon X'$，$\varepsilon Y'$，$\varepsilon Z'$ 是作用在电子上的有重动力的分量，而且确是从一个当时同电子一道以同样速度运动着的坐标系中来考查的。（比如，这个力可用一个静止在上述坐标系中的弹簧秤来量出。）现在如果我们把这个力直截了

当地叫做“作用在电子上的力”[①]，并且保持这样的方程

质量 × 加速度＝力，

而且，如果我们再规定加速度必须在静系 K 中进行量度，那么，由上述方程，我们导出：

$$\text{纵质量}=\frac{\mu}{\left(\sqrt{1-\left(\frac{v}{V}\right)^2}\right)^3},$$

$$\text{横质量}=\frac{\mu}{1-\left(\frac{v}{V}\right)^2}.$$

当然，用另一种力和加速度的定义，我们就会得到另外的质量数值。由此可见，在比较电子运动的不同理论时，我们必须非常谨慎。

我们觉得，这些关于质量的结果也适用于有重的质点上，因为一个有重的质点加上一个**任意小**的电荷，就能成为一个（我们所讲的）电子。

我们现在来确定电子的动能。如果一个电子本来静止在 K 系的坐标原点上，在一个静电力 X 的作用下，沿着 X 轴运动，那么很清楚，从这静电场中所取得的能量值为 $\int \varepsilon X\mathrm{d}x$. 因为这个电子应该是缓慢加速的，所以也就不会以辐射的形式丧失能量，那么从静电场中取得的能量必定都被积贮起来，它等于电子的运动的能量 W。由于我们注意到，在所考查的整个运动过程中，（A）中的第一个方程是适用的，我们于是得到：[②]

$$W=\int \varepsilon X\mathrm{d}x=\mu\int_0^v \beta^3 v\mathrm{d}v=\mu V^2\left\{\frac{1}{\sqrt{1-\left(\frac{v}{V}\right)^2}}-1\right\}$$

由此，当 $v=V$, W 就变成无限大。超光速的速度——像我们以前的结果一样——没有存在的可能。

根据上述的论据，动能的这个式子也同样适用于有重物体（Ponderable Massen）。

我们现在要列举电子运动的一些性质，它们都是从方程组（A）得出的结果，并且是可以用实验来验证的。

1. 从（A）组的第二个方程得知，电力 Y 和磁力 N，对于一个以速度 v 运动着的电子，当 $Y=N\cdot v/V$ 时，它们产生同样强弱的偏转作用。由此可见，用我们的理论，从那个对于任何速度的磁偏转力 A_m 同电偏转力 A_e 的比率，就可测定电子的速度，这只要用到定律：

$$\frac{A_m}{A_e}=\frac{v}{V}.$$

这个关系可由实验来验证，因为电子的速度也是能够直接量出来的，比如可以用迅速振荡的电场和磁场来量出。

2. 从关于电子动能的推导得知，在所通过的势差 P 同电子所得到的速度 v 之间，必定有这样的关系：

① 正如 M. 普朗克〔于 1906 年——编译者注〕所首先指出来的，这里对力所下的定义并不好。力的比较中肯的定义，应当使动量定律和能量定律具有最简单的形式。——《相对性原理》编者注。

② 原文中第三式积分符号左边漏了 μ.——编译者注。

$$P = \int X \mathrm{d}x = \frac{\mu}{\varepsilon} V^2 \left\{ \frac{1}{\sqrt{1 - \left(\frac{v}{V}\right)^2}} - 1 \right\}.$$

3. 当存在着一个同电子的速度相垂直的磁力 N 时（作为唯一的偏转力），我们来计算在这磁力作用下的电子路径的曲率半径 R. 由（A）中的第二个方程，我们得到：

$$-\frac{\mathrm{d}^2 y}{\mathrm{d}t^2} = \frac{v^2}{R} = \frac{\varepsilon}{\mu} \frac{v}{V} N \sqrt{1 - \left(\frac{v}{V}\right)^2},$$

或者

$$R = V^2 \frac{\mu}{\varepsilon} \cdot \frac{\frac{v}{V}}{\sqrt{1 - \left(\frac{v}{V}\right)^2}} \cdot \frac{1}{N}.$$

根据这里所提出的理论，这三项关系完备地表述了电子运动所必须遵循的定律。

最后，我要声明，在研究这里所讨论的问题时，我曾得到我的朋友和同事贝索（M. Besso）的热诚帮助，要感谢他一些有价值的建议。

世界联邦主义者协会主席（Cord Meyer）访问爱因斯坦。

7. 关于统一场论[1]

在不久前发表的两篇论文[2]中，我曾试图证明，如果我们认为四维连续区除了具有黎曼度规以外，还具有“远平行性”（Fernparal-lelismus），那么我们就可以得到引力和电的统一理论。

赋予引力场和电磁场以统一的意义，这在实际上也是可以做到的。与此相反，从哈密顿原理导出场方程却提供不出简单的和完全无歧义的方法。在更加严密的思考过程中，这种困难就更集中了。可是，从那时起，我成功地找到了一个令人满意的推导场方程的方法，下面我将报告这个方法。

§1 形式上的准备

我所利用的符号，是魏岑伯克（Weitzen-böck）先生新近在他关于这个题目的论文中提出的[3]。因此 n 个轴（Bein）中的第 s 轴的 v 分量用 ${}_sh^{v}$ 来表示，而对应的标准的子行列式则用 ${}^sh_v$ 来表示。局部的 n 个轴全都是“平行地”安置着。平行的而且相等的矢量就是它们——对于它们的局部的 n 个轴来说——具有同样的坐标。一个矢量的平行位移由公式

$$\delta A^{\mu} = -\Delta^{\mu}_{\alpha\beta}A^{\alpha}\delta x^{\beta} = {}_sh^{\mu}\,{}^sh_{\alpha,\beta}A^{\alpha}\delta x^{\beta}$$

给出，其中 ${}^sh_{\alpha,\beta}$ 中的逗点应当表示在通常意义下的关于 x^{β} 微分。由（对 α 和 β 不对称的）$\Delta^{\mu}_{\alpha\beta}$ 构成的“黎曼曲率张量”恒等于零。

我们只把那种由 Δ 构成的［量］作为“协变微分”来使用。如果按照意大利数学家的习惯，它是用一个分号来表示，于是

$$A_{\mu;\sigma} \equiv A_{\mu,\sigma} - A_{\alpha}\Delta^{\alpha}_{\mu\sigma},$$

$$A^{\mu}_{\ ;\sigma} = A^{\mu}_{\ ,\sigma} + A^{\alpha}\Delta^{\mu}_{\alpha\sigma},$$

既然 ${}^sh_v$ 以及 $g_{\mu\nu}$（$\equiv {}^sh_{\mu}\,{}^sh_{\nu}$）和 $g^{\mu\nu}$ 具有等于零的协变导数，那么这些量就可以作为一个同协变微分算符可以随意互换的因子。

同以往的标号法不同，我用下面的等式

$$\Lambda^{\alpha}_{\mu\nu} \equiv \Delta^{\alpha}_{\mu\nu} - \Delta^{\alpha}_{\nu\mu}$$

来定义张量 Λ $\left(略去因子\dfrac{1}{2}\right)$。

［新的公式］同引进一种不对称的位移规则所必然要求的绝对微分运算中流行的公式的主要区别，就在于散度构成。令 $T{::}^{\sigma}$ 是任何一个

① 译自 1929 年 1 月出版的《普鲁士科学院会议报告，物理学数学部分》（*Sitzungsber.preuss.Akad.Wiss.*，*Phys.-math.Kl.*）1929 年，Ⅰ、Ⅱ期合刊，2—7 页。——编译者注。

②《普鲁士科学院会议报告，物理学数学部分》，1928 年，VIII 期，217—221 页；XVII 期，224—227 页。——原注。

③《普鲁士科学院会议报告，物理学数学部分》，1928 年，XXVI 期，426 页。——原注。

带有上标 σ 的张量，如果我们只写下同上标 σ 有关的增项，那么上述张量的协变导数就是

$$T::{}^{\sigma}_{;\tau} \equiv \frac{\partial \mathfrak{T}::{}^{\sigma}}{\partial x_{\tau}} + \cdots + T::{}^{\alpha}\Delta^{\sigma}_{\alpha\tau}.$$

如果我们在对这个等式进行关于 σ 和 τ 的降秩之后，用行列式 h 来乘它，那么在右边引进张量密度 $\mathfrak{T}$ 之后，我们就得到

$$hT::{}^{\sigma}_{;\sigma} \equiv \frac{\partial T::{}^{\sigma}}{\partial x^{\sigma}} + \cdots + \mathfrak{T}::{}^{\alpha}\Lambda^{\sigma}_{\alpha\sigma}.$$

如果位移规则是对称的，右边最后一项就不存在。它本身是一个张量密度，从而右边所有其他项也是如此。按照通常的记号法，我们把它们记为张量密度 $\mathfrak{T}$ 的散度，并写成

$$\mathfrak{T}::{}^{\sigma}_{/\sigma}.$$

于是我们得到

$$hT::{}^{\sigma}_{;\sigma} \equiv \mathfrak{T}::{}^{\sigma}_{/\sigma} + \mathfrak{T}::{}^{\alpha}\Lambda^{\sigma}_{\alpha\sigma}. \qquad (1)$$

最后，我们还要引进一个符号，它——在我看来——增加了［公式的］直观性。我有时用在一个指标下划线的办法来表示有关指标的升降。因此，举例说吧，我用（$\Lambda^{\sigma}_{\underline{\mu\nu}}$）来表示对应于（$\Lambda^{\sigma}_{\mu\nu}$）的纯抗变张量，用（$\Lambda^{\underline{\sigma}}_{\mu\nu}$）表示对应于（$\Lambda^{\sigma}_{\mu\nu}$）的纯协变张量。

§2 几个恒等式的推导

恒等式

$$0 \equiv -\Delta^{i}_{kl,m} + \Delta^{i}_{km,l} + \Delta^{i}_{\sigma l}\Delta^{\sigma}_{km} - \Delta^{i}_{\sigma m}\Delta^{\sigma}_{kl} \qquad (2)$$

表示“曲率”转变为0. 我们利用这个恒等式来推导张量 Λ 所满足的一个恒等式。如果我们从（2）循环移置指标klm来构成两个等式，并且把这三个等式相加。于是，我们通过适当的归并，就直接得到恒等式

$$0 \equiv (\Lambda^{i}_{kl,m} + \Lambda^{i}_{lm,k} + \Lambda^{i}_{mk,l}) + (\Delta^{i}_{\sigma k}\Lambda^{\sigma}_{lm} + \Delta^{i}_{\sigma l}\Lambda^{\sigma}_{mk} + \Delta^{i}_{\sigma m}\Lambda^{\sigma}_{kl}).$$

我们引进协变导数来代替 Λ 的通常导数，这样来改变这个等式的形式。那么在把这些项适当加以归并之后，就很容易得出恒等式

$$0 \equiv (\Lambda^{i}_{kl;m} + \Lambda^{i}_{lm;k} + \Lambda^{i}_{mk;l}) + (\Lambda^{i}_{ka}\Lambda^{a}_{lm} + \Lambda^{i}_{la}\Lambda^{a}_{mk} + \Lambda^{i}_{ma}\Lambda^{a}_{kl}). \qquad (3)$$

这正是 Λ 可以由 h 用上述方式来表示的条件。

通过对（3）进行一次降秩，并且为了简便起见，用 ϕ_{μ} 代替 $\Lambda^{a}_{\mu\alpha}$，我们得到一个对于以后很重要的恒等式：

$$0 \equiv \Lambda^{a}_{kl;a} + \phi_{l;k} - \phi_{k;l} - \phi_{a}\Lambda^{a}_{kl}. \qquad (3a)$$

当我们引进对于 k 和 l 为反对称的张量密度

$$\mathfrak{B}^{a}_{kl} = h(\Lambda^{a}_{kl} + \phi_{l}\delta^{a}_{k} - \phi_{k}\delta^{a}_{l}), \qquad (4)$$

并且改变这个恒等式的形式，那么（3a）就化为简单的形式

$$(\mathfrak{B}^{a}_{kl})_{/a} \equiv 0. \qquad (3b)$$

这个张量密度还满足第二个恒等式，它对于以后是有意义的。为了推导这个恒等式，我们在构成任何秩的张量密度的散度时，将按照下列位移法则：

$$\mathfrak{A}:{}^{ik}_{/i/k} - \mathfrak{A}:{}^{ik}_{/k/i} \equiv -(\mathfrak{A}:{}^{ik}\Lambda^{\sigma}_{ik})_{/\sigma}. \qquad (5)$$

$\mathfrak{A}$ 旁边的点表示任意的指标，它们在等式的所有三项中都是相同的，也就是说，这些指标同构成散度无关。

（5）的证明除了依靠定义公式

$$\mathfrak{A}^{\sigma}_{\tau}::{}^{i}_{/i} = \mathfrak{A}^{\sigma}_{\tau}::{}^{i}_{,i} + \mathfrak{A}^{\alpha}_{\tau}::{}^{i}\Delta^{\sigma}_{\alpha i}\cdots - \mathfrak{A}^{\sigma}_{\alpha}::{}^{i}\Delta^{\alpha}_{\tau i}\cdots, \qquad (6)$$

还特别依靠恒等式（2）。等式（5）同协变微分的位移规则紧密地联系在一起。为了完整起见，我也要说明它。如果T是任意的一个张量，为了简便起见，我略去它的指标，那么等式

$$T_{;i;k}-T_{;k;i}\equiv-T_{;\sigma}\Lambda^{\sigma}_{ik}\qquad(7)$$

就该成立。

现在我们把恒等式（5）应用到张量密度$\mathfrak{B}^{\alpha}_{\underline{k}\,\underline{l}}$上，它的下标我们认为是升高的。我们就这样求得唯一的不平凡的恒等式

$$\mathfrak{B}^{\alpha}_{\underline{k}\,\underline{l}/l/\alpha}-\mathfrak{B}^{\sigma}_{\underline{k}\,\underline{l}/\alpha/l}\equiv-(\mathfrak{B}^{\alpha}_{\underline{k}\,\underline{l}}\Lambda^{\sigma}_{l\alpha})_{/\sigma},$$

考虑到（3b），我们可以把它转化为下列形式

$$(\mathfrak{B}^{\alpha}_{\underline{k}\,\underline{l}/l}-\mathfrak{B}^{\sigma}_{\underline{k}\,\underline{\tau}}\Lambda^{\alpha}_{\sigma\tau})_{/\alpha}\equiv0.\qquad(8)$$

§3　场方程

在我发现了恒等式（3b）之后，我就很清楚，在我们所考察的那一种流形的自然限制的表征中，张量密度$\mathfrak{B}^{\alpha}_{kl}$必定起着重要的作用。既然它的散度$\mathfrak{B}^{\alpha}_{kl/\alpha}$恒等于0，首先自然会想到提出这样的要求（场方程）：另一个散度$\mathfrak{B}^{\alpha}_{\underline{k}\,l/l}$也应当等于0. 于是我们实际上得到这样一些方程，它们的**一级近似**给出熟知的真空中的引力场定律，就像从已有的广义相对论中所知道的那样。

相反，这样就得不到可以使所有具有散度为零的ϕ_a都满足那些场方程的关于ϕ_a的矢量条件。这一点的根据是，在一级近似时，（由于通常的微分的交换可能性）恒等式

$$\mathfrak{B}^{\alpha}_{\underline{k}\,\underline{l}/l/\alpha}\equiv\mathfrak{B}^{\alpha}_{\underline{k}\,\underline{l}/\alpha/l}$$

成立，但是右边的量由于（3b）而恒等于0. 因此，也就是说这个方程组的四个方程$\mathfrak{B}^{\alpha}_{kl/l}=0$不再适用了。

但是我已发现，这个缺陷能够很容易地加以补救，只要我们假定不是$\mathfrak{B}^{\alpha}_{kl/l}$等于0，而是方程

$$\overline{\mathfrak{B}}^{\alpha}_{kl/l}=0,$$

其中$\overline{\mathfrak{B}}^{\alpha}_{kl}$表示一个同$\mathfrak{B}^{\alpha}_{kl}$有任意小的偏差的张量[①]

$$\overline{\mathfrak{B}}^{\alpha}_{kl}=\mathfrak{B}^{\alpha}_{kl}-\varepsilon\,h(\phi_l\delta^{\alpha}_{k}-\phi_k\delta^{\alpha}_{l}).\qquad(9)$$

如果我们（按照指标α）构成场方程的散度，那么，我们就正好得到麦克斯韦方程（全部在一级近似中）。此外，——由于我们趋近极限$\varepsilon=0$——我们仍旧得到方程$\mathfrak{B}^{\alpha}_{kl/l}=0$，它们在一级近似时正好给出真正的引力定律。

因此，电和引力的场方程在一级近似上由表示式

$$\overline{\mathfrak{B}}^{\alpha}_{kl/l}=0$$

和必须趋近极限$\varepsilon=0$这个附加条件来正确地给出。于此，（以一级近似有效的）恒等式

$$\mathfrak{B}^{\alpha}_{kl/l/\alpha}\equiv0\qquad(8a)$$

的存在必然要求在一级近似的场方程中出现这样一种分解，它一方面分解为引力定律，另一方面分解为电［磁］定律，而这种分解正好描述了自然界的一种如此显著的特征。

① 为了消除在有奇点存在的情况下出现的退化（Degeneration），这正是经常使用的方法。——原注。

现在，必须使在一级近似上所获得的知识对于严密的考察有用。很清楚，我们在这里也必须从一个对应于（8a）的恒等式出发，显然这就是恒等式（8）。特别因为两个恒等式所依据的，除了（3b）之外，就是微分算符的一个对换规则。

因此，我们必须把

$$\overline{\mathfrak{B}}^{\alpha}_{\underline{k}\,\underline{l}/l} - \overline{\mathfrak{B}}^{\sigma}_{\underline{k}\underline{\tau}}\Lambda^{\alpha}_{\sigma\tau} = 0 \qquad (10)$$

规定为场方程，并附加规定（即在运算“$/\alpha$”进行之后）趋近［极限］$\varepsilon=0$. 如果我们把（10）的左边用 $\mathfrak{G}^{k\alpha}$ 来表示，那么我们就得到场方程

$$\mathfrak{G}^{k\alpha} = 0, \qquad (10a)$$

$$\frac{1}{\varepsilon}\,\overline{\mathfrak{G}}^{kl}_{/l} = 0. \qquad (10b)$$

考虑到（8）和（9），（10b）立即给出

$$\{[h(\phi_k\delta^{\alpha}_l - \phi_{\underline{l}}\delta^{\alpha}_{\underline{k}})]_{/l} - h(\phi_{\underline{k}}\delta^{\sigma}_{\underline{\tau}} - \phi_{\tau}\delta^{\sigma}_{k})\Lambda^{\alpha}_{\sigma\tau}\}_{/\alpha} = 0.$$

现在我们为简便起见，暂时引进张量密度

$$\mathfrak{W}^{\alpha}_{kl} = h(\phi_k\delta^{\alpha}_l - \phi_l\delta^{\alpha}_k).$$

根据（5），得到

$$\mathfrak{W}^{\alpha}_{\underline{k}\,\underline{l}/l/\alpha} = \mathfrak{W}^{\alpha}_{\underline{k}\,\underline{l}/\alpha/l} - (\mathfrak{W}^{\alpha}_{\underline{k}\,\underline{l}}\Lambda^{\sigma}_{l\alpha})_{/\sigma},$$

那么这样算出的方程也可以写成形式

$$(\mathfrak{W}^{l}_{\underline{k}\,\underline{\alpha}/l} - \mathfrak{W}^{\sigma}_{\underline{k}\,\underline{l}}\Lambda^{\alpha}_{l\sigma} - \mathfrak{W}^{\sigma}_{\underline{k}\,\underline{\tau}}\Lambda^{\alpha}_{\sigma\tau})_{/\alpha} = 0,$$

在这个方程中，最后两项相消。通过直接的计算得到

$$\mathfrak{W}^{l}_{\underline{k}\,\underline{\alpha}/l} \equiv h(\phi_{\underline{k};\underline{\alpha}} - \phi_{\underline{\alpha};\underline{k}}).$$

因此，改变了形式的方程（10b）为

$$[h(\phi_{\underline{k};\underline{\alpha}} - \phi_{\underline{\alpha};\underline{k}})]_{/\alpha} = 0, \qquad (11)$$

这个方程组同

$$\mathfrak{B}^{\alpha}_{\underline{k}\,\underline{l}/l} - \mathfrak{B}^{\sigma}_{\underline{k}\,\underline{\tau}}\Lambda^{\alpha}_{\sigma\tau} = 0 \qquad (10a)$$

一道构成一个完整的场方程组。

假如我们不从（10）而直接从（10a）出发，那么我们就得不到“电磁”［场］方程（11）。而且我们也就失去方程组（11）和（10a）相互一致的任何基础。但是，既然原来的方程组（10）是关于16个量 ${}^{s}h_{\mu}$ 的16个条件，所以看来这必能保证这些方程相互一致。在（10）的16个方程中，由这些方程的普遍协变性，必定有4个恒等式存在。因此，在（11），（10a）的20个场方程中，一共有8个恒等的关系式，当然，在本文中我们只明显地给出其中的4个。

已经指出，方程组（10a）在一级近似上包含引力［场］方程，方程组（11）（结合一个矢势的存在）［给出］真空中的麦克斯韦方程。我也能够证明，反过来，对于这些方程的每一个解，都存在一个满足方程（10a）的 h 场[①]。通过对方程（10a）的降秩，我们得到关于电势的散度条件

① 只有在讲到一级近似的线性方程时，这一切才是正确的。——原注。

$$\left.\begin{array}{l} f^{l}_{/l} - \frac{1}{2}\mathfrak{B}^{\sigma}_{\underline{k}\,\underline{\tau}}\Lambda^{k}_{\sigma\tau} = 0 \\ (2f^{l} = \mathfrak{B}^{\alpha}_{\alpha\underline{l}} = 2h\phi^{l}) \end{array}\right\}. \qquad (12)$$

对场方程（11），（10a）的结果的更深入研究必定会表明，黎曼度规结合远平行性是否确实给出对于空间的物理性质的合适理解。根据我们这里的研究，这未必是不可能的。

向H. 明兹（Müntz）博士先生致谢，这对我是一项愉快的任务，他根据哈密顿原理对中心对称问题作了艰辛的严格的计算。他的这项研究成果使我接近发现这里所走的道路。我在这里也要感谢“物理基金会”，它使我在去年有可能聘请一位像格罗梅尔（Grommer）博士先生那样的研究助手。

在校样上的补充 本文中所提出的这些场方程，同其他可设想的方程在形式上相对比，其特征可以表明如下。依靠恒等式（8）可以做到，这16个量 ${}^{s}h_{\nu}$ 不仅可以服从16个，而且服从20个独立的微分方程。“独立”一词在这里是这样理解的：即使这些方程之间存在着8个恒等的（微分）关系式，也没有一个方程可以从其余方程得出。

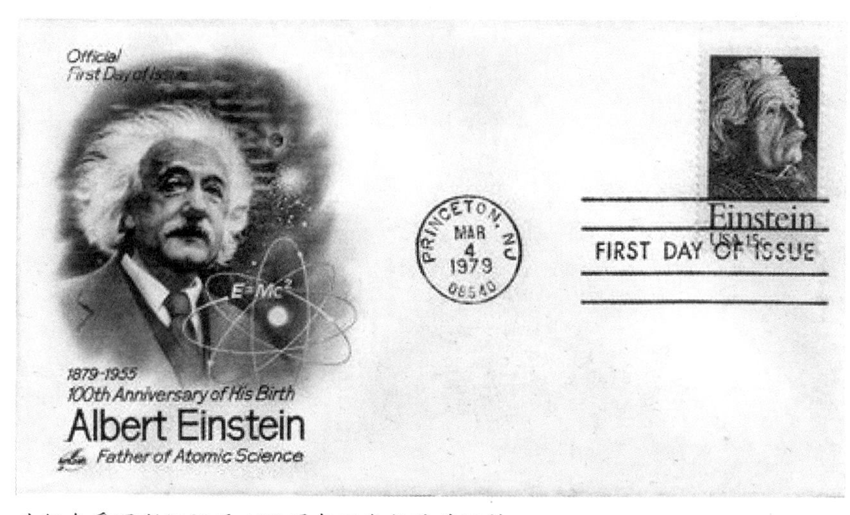

为纪念爱因斯坦诞辰100周年而发行的首日封。

工作中的宇宙天才——爱因斯坦。[路·格兰特(Lou Grant)创作的漫画]

附录Ⅲ

· *Appendices* Ⅲ ·

广义相对论是人类认识大自然的最伟大的成果，它把哲学的深奥、物理学的直观和数学的技艺令人惊叹地结合在一起；它也是一件伟大的艺术品，供人远远欣赏和赞美。

——玻恩 (M. Born，1882—1970)，量子力学奠基人之一，
1954 年诺贝尔物理学奖获得者。

$E=mc^2$ 是一个极其神奇的公式，原子弹的基本原理就出于这个公式。正因为它的神奇，所以很多有关爱因斯坦的漫画上，都画有这个公式。

诺贝尔奖委员会给爱因斯坦的颁奖辞

瑞典皇家科学院诺贝尔物理学奖委员全主席阿雷纽斯教授致辞：

今天在世的物理学家恐怕没有谁的名字能够像阿尔伯特·爱因斯坦的名字那样广为世人所知。大家议论的中心大多是他的相对论。这个理论从根本上说是与认识论有关的，因而它一直是哲学界中热烈讨论的课题。著名的哲学家贝格森（Bergson）在巴黎批评了这个理论，而另外一些哲学家却全心全意地赞同它，这并不是什么秘密。上述理论与天文学有关，目前正受到严格的验证。

在本世纪的头10年中，所谓布朗（Brownian）运动激起了人们最强烈的兴趣。1905年爱因斯坦创立了分子运动理论来解释这个现象，他用此理论得出了有固体粒子悬浮其中的悬浮液的主要特性。以经典力学为基础的这一理论帮助人们解释了所谓胶体溶液的性质，这个问题是在已发展成为一大科学分支的胶体化学领域内斯威德伯格（Svedberg）、佩兰（Perrin）、塞格蒙第（Zsigmondy）和其他许许多多科学家们一直在研究的问题。

爱因斯坦的第三方面的研究是关于普朗克（Planck）在1900年所创立的量子理论的研究，特别是由于他的此项研究才获得诺贝尔奖。量子理论认为，辐射能是由称为“量子”的单个的粒子所组成，就像物质是由原子组成的一样。普朗克为此理论的1918年获得了诺贝尔物理学奖，由于这一非凡的理论有许多缺点，在本世纪头10年的中期处于某种停顿状态。爱因斯坦却以他对比热和光电效应的研究走到了前面。光电效应是在1887年由著名物理学家赫兹（Hertz）发现的。他发现，如果两球体之间的路径用其他放电所产生的光去照射，那么两小球之间更容易产生电火花。哈耳瓦克斯（Hallwachs）对这个有趣的现象作了更透彻的研究，他指出，在一定的条件下，带负电的物体，例如金属薄片，受紫外光照射时会有更强的效应：失去负电荷，同时获得正电荷。1899年勒纳德（Lenard）把此原因解释为电子以一定的速度从带负电的物体中发射出来。这个效应最异常的一点是，电子的发射速度与照射光的强度无关，后者只与电子数成正比；但电子的速度随照射光频率的变高而增大。勒纳德强调指出，这一现象与当时通行的概念不相符合。

同时产生的一个现象是光致发光，即磷光和荧光。当光照射在物体上时，该物体有时发出磷光或荧光。由于光量子的能量随频率而增大，显然，一定频率的光量子只能引起一个较低频的、或至多是频率相同的光量子。否则，能量会被创生。因此，磷光或荧光的频率要低于引起光致发光的光。这就是斯托克斯定律，爱因斯坦用量子理论解释了这个定律。

同样，当一光量子射到金属薄片上时，它至多可能将全部能量给予电子；其中一部分用于把电子带到空气中，剩下的能量变成为电子的动能。这适用于金属表面层的电子。由此可以计算出由照射而使金属带电的正电势。只要光量子具有足够的能量对电子做逸出功，电子就能离开金属飞到空气中。因此，只要照射光的频率大于某一限度，它才会引起光电效应，不论照射光的强度是多大。如果超过某一限度，在频率一定时，光电效应与光强度成正比。气体分子的电离也有类似的情况，而且如果能够使气体电离的光的频率是已知的，那么所谓的电离电势就可计算出来。

爱因斯坦的光电效应定律已由美国的密立根（Millikan）及其学生们做了非常详尽的检验，并且胜利地通过了。由于爱因斯坦的这些研究，量子理论得到了高度的完善，而且在这方面诞生了一部巨著，证明了这一理论的非同一般的价值。如同法拉第（Faraday）定律是电化学的基础一样，爱因斯坦的理论成了定量光化学的基础。[①]

爱因斯坦与中国
（视频版）

爱因斯坦与中国
（音频版）

爱因斯坦与中国
（读书人高清视频版）

① 由于去瑞典路途太远，爱因斯坦教授未能出席授奖仪式。

附录Ⅳ

· *Appendices* Ⅳ ·

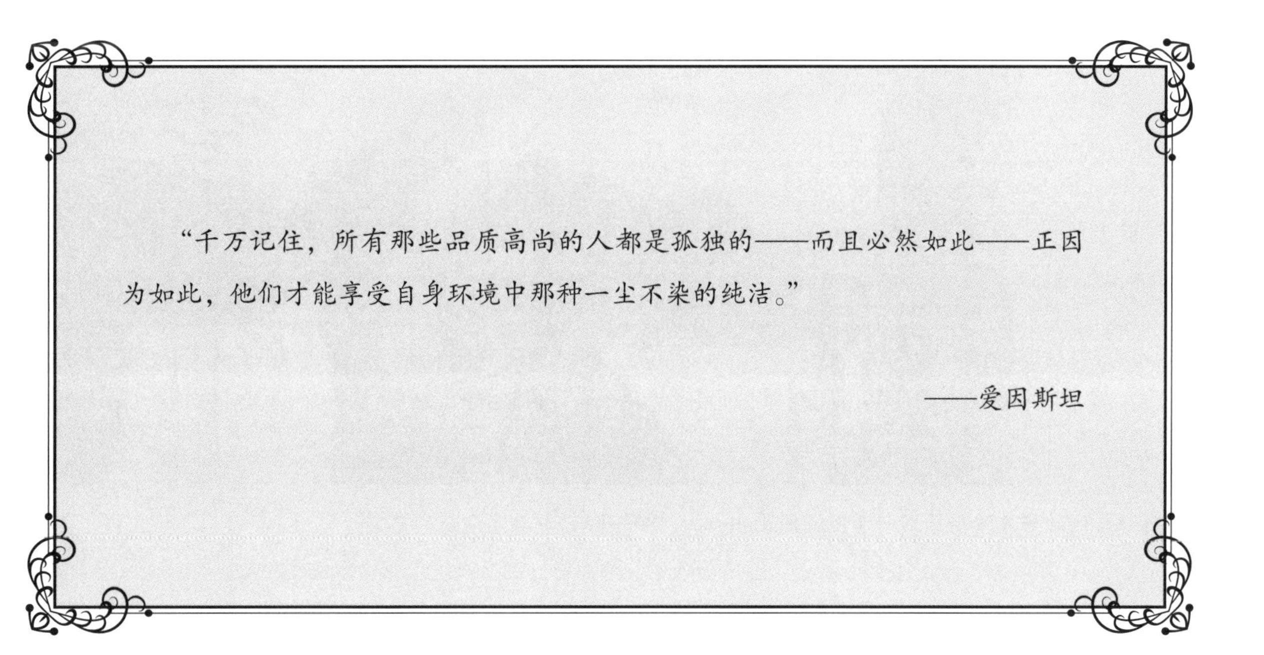

“千万记住，所有那些品质高尚的人都是孤独的——而且必然如此——正因为如此，他们才能享受自身环境中那种一尘不染的纯洁。”

——爱因斯坦

爱因斯坦与他的好友埃伦菲斯特（Paul Ehrenfest，1880—1933）共享演奏的乐趣。

爱因斯坦年表

1879 年：3 月 14 日上午 11 点 30 分，阿尔伯特 · 爱因斯坦出生于德国的乌尔姆市火车站街 20 号。这是赫尔曼夫妇的第一个孩子。

1881 年：11 月 8 日，爱因斯坦的妹妹玛利娅（又叫玛雅）出生。

1884 年：10 月 1 日，上花木街彼得学校二年级。

1888 年：10 月 1 日，经过考试，进入卢伊特波尔德高级文科中学学习。

1894 年：全家迁往意大利，起初在米兰，后来到帕维亚，最后又回到米兰。爱因斯坦为了读完中学留在慕尼黑。

1895 年：春，爱因斯坦没有毕业就离开了卢伊特波尔德高级文科中学。他到帕维亚与家人团聚。秋，爱因斯坦投考 ETH（苏黎世瑞士联邦技术大学），未录取。

10 月 28 日—1896 年初秋，他到州首府阿劳市的州立中学就读在阿劳中学（1895 年 10 月到 1896 年初秋）偶然想到人以等于光速速度追随光波的运动，此即所谓“追光悖论”。

1896 年：1 月 28 日，爱因斯坦不再是德国公民。随后的五年他没有国籍。

秋，爱因斯坦在阿劳中学毕业，并考取了苏黎世联邦理工学院。

1899 年：10 月 19 日，爱因斯坦正式申请瑞士公民权。

1900 年：7 月 27 日，爱因斯坦大学毕业。

秋，爱因斯坦努力获取联邦理工学院的助教职位，没有成功。

12 月 13 日爱因斯坦从苏黎世向《物理学年鉴》（*Annalen der Physik*）寄去他的第一篇关于分子间相互作用的论文《由毛细现象得出的结论》。

1901 年：2 月 21 日，爱因斯坦成为瑞士公民。

3—4 月，爱因斯坦找工作，向莱比锡的奥斯特瓦尔德和莱顿的卡麦林-昂内斯申请工作，没有结果。

5 月 19 日—7 月 15 日，爱因斯坦在温特图尔（Winterthur）的中等技术学校任临时数学教师。

10 月 20 日—1902 年 1 月，在萨夫豪森任临时代课教师。

12 月 18 日，爱因斯坦申请在伯尔尼专利局工作。

1902 年：1 月，爱因斯坦与米列娃的第一个孩子女儿莉译尔出世。

6 月 16 日，瑞士联邦委员会任命爱因斯坦为伯尔尼专利局的试用三级技术专家。

6 月，完成《关于热平衡和热力学第二定律的运动论》一文。

6 月 23 日，爱因斯坦开始在伯尔尼专利局工作。

10 月 10 日，爱因斯坦的父亲在米兰去世。

1903 年：1 月 6 日，爱因斯坦与米列娃结婚。

1904 年：3 月底，完成重要论文《热的分子理论初步》。

5 月 14 日，爱因斯坦的长子汉斯出世。

9 月 16 日，爱因斯坦由试用人员转为专利局的正式人员。

1905 年：3 月 17 日，爱因斯坦完成了关于光量子学说的论文。

4 月 30 日，爱因斯坦完成博士论文《分子大小的新测定法》。

5 月 11 日，关于布朗运动的论文被接受。

6 月 30 日，第一篇关于狭义相对论的论文被接受。

9 月 27 日，第二篇关于狭义相对论的说文被接受。

12 月 19 日，第二篇关于布朗运动的论文被接受。

1906 年：4 月 1 日，爱因斯坦晋升为二级技术专家。

11 月，爱因斯坦完成关于固体比热的论文，这是关于固体的量子论的第一篇论文。

1907 年：10—11 月，发现等效原理，从而向广义相对论迈出了最初的几步。

12 月 4 日，完成了相对性原理的综合性的文章《关于相对性原理和由此得出的结论》。

1909 年：7 月 6 日，向专利局提出辞职（10 月 15 日生效）。

7 月 8 日，爱因斯坦接受日内瓦大学的第一个名誉博士。

10 月 15 日，爱因斯坦成为苏黎世大学的副教授。

1910 年：7 月 28 日，爱因斯坦的次子爱德华出世。

10 月，爱因斯坦完成关于临界乳光的论文，这是他在经典统计物理学中的最后一篇重要的著作。

1911 年：被任命爱因斯坦为布拉格大学的正教授，4 月 1 日生效。

8 月，爱因斯坦移居布拉格。

10 月 30 日—11 月 3 日，第一次索尔维会议。爱因斯坦作题为《比热问题的现状》的演讲。

1912 年：2 月初，爱因斯坦被任命为苏黎世瑞士联邦理工学院的教授。

7 月 25 日，爱因斯坦离开布拉格，迁回苏黎世。

1912—1913 年：爱因斯坦与格罗斯曼合作，探索广义相对论，第一次用度规张量描述引力。

1913 年：6 月 12 日，普朗克、能斯特、鲁本斯和沃尔伯格正式提议爱因斯坦为柏林普鲁士科学院的院士。

12 月 7 日，爱因斯坦在柏林接受院士职位。

1914 年：4 月 6 日，爱因斯坦和妻子、孩子一起移居柏林。不久之后，爱因斯坦夫妇分居，米列娃和孩子们回到苏黎世。爱因斯坦搬到维特尔斯巴彻（Wittelsbacher）街 13 号单身公寓居住。

7 月 2 日，爱因斯坦在普鲁士科学院作就职演说。

8 月 1 日，第一次世界大战爆发。

1915 年：爱因斯坦在《告欧洲人书》上签名，它号召一切珍惜欧洲文化的人都参加“欧洲人同盟”，这是爱因斯坦签名的第一份政治文献。

11 月 18 日，得出水星近日点进动每百年 43″，还发现光的弯曲度比他 1911 年所想的要大一倍。

11 月 20 日，希尔伯特向哥廷根的“科学研究会”交一篇论文，其中包括引力场方程的完整形式。

11 月 25 日，完成广义相对论的逻辑结构。

1916 年：3 月 20 日，《物理学年鉴》发表系统总结广义相对论的第一篇论文《广义相对论基础》，后来此文出版发行，成为爱因斯坦的第一本书。

5 月 5 日，继普朗克之后，爱因斯坦任德国物理学会会长。

12 月，完成《狭义相对论和广义相对论浅说》，这是爱因斯坦最著名的书，后来被译成许多种文字。

1917 年：2 月，爱因斯坦著述第一篇关于宇宙学的论文，引入宇宙项。

1918 年：2 月，爱因斯坦发表关于引力波的第二篇论文。

1919 年：1—6 月，在苏黎世大学讲学。

2 月 14 日，与米列娃离婚。

5 月 29 日，日全食，是测量光弯曲的好机会。这项工作由爱丁顿和克罗梅林率领，分别在普林西比岛（Principe）和巴西的北部进行。

6 月 2 日，爱因斯坦与离了婚的堂姐爱尔莎（1874 年生）结婚。家住哈柏兰街 5 号。

11 月 6 日，皇家学会和皇家天文学会在伦敦举行联合会议，宣布 5 月日全食的观测与爱因斯坦的预测相吻合。

1920 年：3 月，爱因斯坦的母亲在他家中去世。

6 月，爱因斯坦和玻尔在柏林第一次相见。

9 月 23 日，在瑙海姆温泉会议上，爱因斯坦与勒纳短兵相接。

10 月 27 日，爱因斯坦作为特邀访问教授在莱顿发表就职演说。这个职位可使他每年到莱顿待几周。

1921 年：4 月 2 日—5 月 30 日，爱因斯坦同魏茨曼一起首次访问美国。

1922 年：1 月，完成关于统一场论的第一篇论文。

10 月 8 日，爱因斯坦和爱尔莎在马赛乘轮船赴日本。沿途访问科伦坡、新加坡、香港和上海。

11 月 9 日，爱因斯坦被授予 1921 年诺贝尔物理学奖。

11 月 17 日—12 月 29 日，爱因斯坦访问日本。

12 月 10 日，德国公使纳多尔尼代表爱因斯坦出席诺贝尔奖金授奖大会。

1923 年：2 月 2 日，从日本返回途中，爱因斯坦到巴勒斯坦访问，逗留 12 天。2 月 8 日，他成为特拉维夫市（以色列港市）的第一个名誉公民。从巴勒斯坦返回德国途中，访问了西班牙。

7 月，爱因斯坦在哥德堡发表相对论的讲演，作为对得到诺贝尔奖金的感谢。

1924 年：建在波茨坦的天文台“爱因斯坦塔”开始工作，其主要设备是“爱因斯坦望远镜”。

12 月，爱因斯坦最后一个重大发现，从统计涨落的分析中得出一个波和物质缔合的独立的论证。此时，他还发现了玻色-爱因斯坦凝聚。

1927 年：10 月，第五届索尔维会议，爱因斯坦和玻尔开始了关于量子力学的争论。

1928 年：4 月 13 日，星期五，海伦·杜卡斯开始为爱因斯坦工作。

1929 年：爱因斯坦第一次访问比利时皇室，与伊丽莎白女王结下终生友谊。

6 月 28 日，普朗克得到第一枚普朗克奖章，爱因斯坦得到第二枚普朗克奖章。

1930 年：爱因斯坦的长孙伯纳德·凯泽（Bernhard Caesa）出世。

1931 年：12 月 30 日—1932 年 3 月 4 日，爱因斯坦第三次在美国逗留，依然是在加利福尼亚州理工学院。

1932 年：10 月，爱因斯坦被任命为新泽西州普林斯顿高等研究所教授。

12 月 10 日，爱因斯坦和妻子离开德国去美国，此后再也没有踏上德国的领土。

1933 年：1 月 30 日，纳粹上台，3 月 20 日在爱因斯坦不在的情况下，纳粹突然搜查他在卡普斯的夏季别墅。

3 月 28 日，爱因斯坦重返欧洲，向普鲁士科学院辞去院士之职；和妻子暂时居住在比利时的一个小村庄里。

9 月 9 日，爱因斯坦永远离开欧洲大陆，前往英国。

10 月 17 日，爱因斯坦与妻子到达普林斯顿。

1936 年：9 月 7 日，格罗斯曼去世。

12 月 20 日，爱尔莎去世。

汉斯获得瑞士联邦工技术大学技术科学的哲学博士学位。

1939 年：玛雅到默瑟街与哥哥聚集，她在这里度过了自己的余生。

8 月 2 日，上书罗斯福总统，让总统注意原子能的军事应用。

1940 年：10 月 1 日，福尔曼法官在特伦敦（Trenton）宣布玛戈特、杜卡斯和爱因斯坦为美国公民。爱因斯坦仍保留瑞士国籍。

1944 年：在堪萨斯州，爱因斯坦重新抄写了 1905 年狭义相对论论文，以 600 万美元拍卖，作为对支持战争的捐献。

1945 年：12 月 10 日，爱因斯坦在纽约发表演说:《赢了战争并没有赢得和平》。

1946 年：玛雅中风，卧床不起。

1947 年：汉斯被任命为伯克利加州大学的工程教授。

1948 年：8 月 4 日，米列娃在苏黎世去世。

12 月，爱因斯坦作剖腹手术，在腹部主动脉里发现一个大动脉瘤。

1949 年：爱因斯坦写了科学回顾的长篇文章，题名为《自述》。

1950 年：3 月 18 日，爱因斯坦在遗嘱上签字盖章。

1951 年：玛雅在普林斯顿去世。

1952 年：11 月，以色列请爱因斯坦出任总统，爱因斯坦拒绝接受。

1954 年：4 月 14 日，正当美国政府迫害奥本海默之际，爱因斯坦在报上发表声明，支持奥本海默。在普林斯顿与玻尔最后一次见面。

1955 年：3 月 15 日，贝索去世。

4 月 11 日，爱因斯坦在最后一封信（给罗素的信）上表示同意在一项声明上签字。

4 月 13 日，动脉瘤破裂。

4 月 15 日，住进普林斯顿医院。

4 月 18 日，凌晨 1 时 15 分，爱因斯坦去世。

当天下午 4 时遗体在特伦敦火化。他的骨灰撒在没有外人知道的地方。

11 月 21 日，长孙伯纳德 · 凯泽的儿子托马斯 · 马丁在伯尔尼出生。

（杨建邺　编）

科学元典丛书

1	天体运行论	[波兰] 哥白尼
2	关于托勒密和哥白尼两大世界体系的对话	[意] 伽利略
3	心血运动论	[英] 威廉·哈维
4	薛定谔讲演录	[奥地利] 薛定谔
5	自然哲学之数学原理	[英] 牛顿
6	牛顿光学	[英] 牛顿
7	惠更斯光论(附《惠更斯评传》)	[荷兰] 惠更斯
8	怀疑的化学家	[英] 波义耳
9	化学哲学新体系	[英] 道尔顿
10	控制论	[美] 维纳
11	海陆的起源	[德] 魏格纳
12	物种起源(增订版)	[英] 达尔文
13	热的解析理论	[法] 傅立叶
14	化学基础论	[法] 拉瓦锡
15	笛卡儿几何	[法] 笛卡儿
16	狭义与广义相对论浅说	[美] 爱因斯坦
17	人类在自然界的位置(全译本)	[英] 赫胥黎
18	基因论	[美] 摩尔根
19	进化论与伦理学(全译本)(附《天演论》)	[英] 赫胥黎
20	从存在到演化	[比利时] 普里戈金
21	地质学原理	[英] 莱伊尔
22	人类的由来及性选择	[英] 达尔文
23	希尔伯特几何基础	[德] 希尔伯特
24	人类和动物的表情	[英] 达尔文
25	条件反射:动物高级神经活动	[俄] 巴甫洛夫
26	电磁通论	[英] 麦克斯韦
27	居里夫人文选	[法] 玛丽·居里
28	计算机与人脑	[美] 冯·诺伊曼
29	人有人的用处——控制论与社会	[美] 维纳
30	李比希文选	[德] 李比希
31	世界的和谐	[德] 开普勒
32	遗传学经典文选	[奥地利] 孟德尔 等
33	德布罗意文选	[法] 德布罗意
34	行为主义	[美] 华生
35	人类与动物心理学讲义	[德] 冯特
36	心理学原理	[美] 詹姆斯
37	大脑两半球机能讲义	[俄] 巴甫洛夫
38	相对论的意义:爱因斯坦在普林斯顿大学的演讲	[美] 爱因斯坦
39	关于两门新科学的对谈	[意] 伽利略
40	玻尔讲演录	[丹麦] 玻尔
41	动物和植物在家养下的变异	[英] 达尔文
42	攀援植物的运动和习性	[英] 达尔文
43	食虫植物	[英] 达尔文

44 宇宙发展史概论 [德] 康德
45 兰科植物的受精 [英] 达尔文
46 星云世界 [美] 哈勃
47 费米讲演录 [美] 费米
48 宇宙体系 [英] 牛顿
49 对称 [德] 外尔
50 植物的运动本领 [英] 达尔文
51 博弈论与经济行为(60周年纪念版) [美] 冯·诺伊曼 摩根斯坦
52 生命是什么(附《我的世界观》) [奥地利] 薛定谔
53 同种植物的不同花型 [英] 达尔文
54 生命的奇迹 [德] 海克尔
55 阿基米德经典著作集 [古希腊] 阿基米德
56 性心理学、性教育与性道德 [英] 霭理士
57 宇宙之谜 [德] 海克尔
58 植物界异花和自花受精的效果 [英] 达尔文
59 盖伦经典著作选 [古罗马] 盖伦
60 超穷数理论基础(茹尔丹 齐民友 注释) [德] 康托
61 宇宙(第一卷) [德] 亚历山大·洪堡
62 圆锥曲线论 [古希腊] 阿波罗尼奥斯
63 几何原本 [古希腊] 欧几里得
化学键的本质 [美] 鲍林

科学元典丛书(彩图珍藏版)

自然哲学之数学原理(彩图珍藏版) [英] 牛顿
物种起源(彩图珍藏版)(附《进化论的十大猜想》) [英] 达尔文
狭义与广义相对论浅说(彩图珍藏版) [美] 爱因斯坦
关于两门新科学的对话(彩图珍藏版) [意] 伽利略
海陆的起源(彩图珍藏版) [德] 魏格纳

科学元典丛书(学生版)

1 天体运行论(学生版) [波兰] 哥白尼
2 关于两门新科学的对话(学生版) [意] 伽利略
3 笛卡儿几何(学生版) [法] 笛卡儿
4 自然哲学之数学原理(学生版) [英] 牛顿
5 化学基础论(学生版) [法] 拉瓦锡
6 物种起源(学生版) [英] 达尔文
7 基因论(学生版) [美] 摩尔根
8 居里夫人文选(学生版) [法] 玛丽·居里
9 狭义与广义相对论浅说(学生版) [美] 爱因斯坦
10 海陆的起源(学生版) [德] 魏格纳
11 生命是什么(学生版) [奥地利] 薛定谔
12 化学键的本质(学生版) [美] 鲍林
13 计算机与人脑(学生版) [美] 冯·诺伊曼
14 从存在到演化(学生版) [比利时] 普里戈金
15 九章算术(学生版) (汉)张苍 耿寿昌
16 几何原本(学生版) [古希腊] 欧几里得

爱因斯坦与中国
（视频版）

爱因斯坦与中国
（音频版）

扫描二维码，
收看科学元典丛书微课